U0176737

本书由中国城市规划设计研究院资助出版

朱子瑜
陈振羽
李　明
刘力飞

编　著

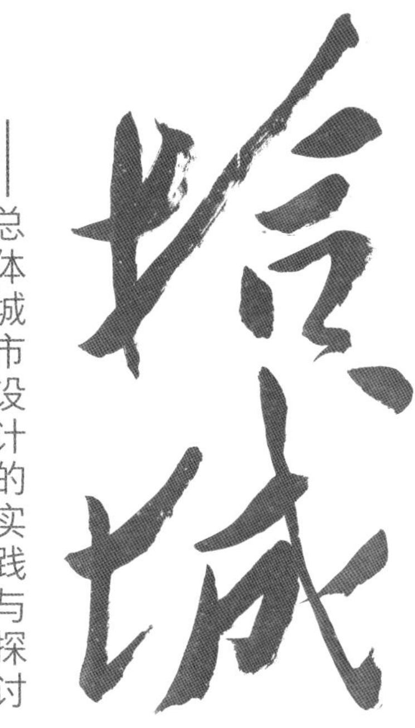

中国建筑工业出版社

序言

城市设计是对城市形态和空间环境所作的整体构思和安排，是提高城镇建设水平、塑造城市特色风貌的重要手段。我国的城市建设经过近四十年的快速发展，问题与成绩并存。从20世纪80年代到21世纪初期，我国的城市发展和建设追求高效率、标准化和统一化，要求“更快更好”，而非“更好更快”，忽视了城市的文化魅力、空间品质，忽视了人的情感需求，也由此产生了一系列的问题。随着经济社会的发展、国家城镇化水平的提升，以往重“量”而轻“质”，重“生产”而轻“生活”的发展模式，已经不能适应当下城市居民的生活需要和城市经济的发展需要，必须做出改变。“人们为了生活来到城市，为了更好的生活而居留于城市”，亚里士多德的话体现了城市最本质的属性，今后城市工作的核心价值，就在于“人民城市为人民”，让城市成为市民生活的幸福家园。

在这一时代背景下，城市设计被赋予了新的意义。2015年，中央城市工作会议首次在国家层面提出将城市设计纳入制度建设，要求“加强城市设计，提升城市设计水平”。在2017年通过的《城市设计管理办法》中，明确将城市设计作为“落实城市规划、指导建筑设计、塑造城市特色风貌的有效手段”，并将总体城市设计作为城市设计工作的重要工作层次，首次明确了在宏观层面开展总体城市设计工作的必要性。在这一制度建立的背后，需要大量的规划实践对其内容进行支撑。

城市设计研究分院（前身为城市设计研究室）作为中国城市规划设计研究院中开展城市设计工作的专业机构，全程服务于《城市设计管理办法》制定过程中的相关研究。本书包括了城市设计研究分院从2014年起开展的一系列重要总体城市设计实践——北京、延安、石家庄、济南、长沙、南昌、海口、东营、马鞍山和新乡。其中，有国家首都，也有省会城市和重要的城市设计试点城市，是对这一时期总体城市设计工作的一份重要总结，也是一本全面、深入，具有较强可读性，可以同时面对专业人员和城市居民的书籍。它展现了规划师通过自身的专业素养，在实践中因地制宜，不断探索，努力让城市满足人们对生活环境中的品质、个性、特色、多样、文化等更高层次审美追求的思考，和对提升城市建设水平的不懈探索。

杨保军

目录

序言

谈认识：综述

识城市：实践

01 北京

02 延安

谈认识：综述

面向认同与行动的总体城市设计实践与探讨

李明　朱子瑜

【摘要】

经过近三十年的发展，总体城市设计作为国内城市设计实践重要的组成部分已经被广为认可。新时期背景下总体城市设计技术内核将聚焦于城乡空间形态本体，需要更为关注有效回应设计对象的真实需求，有序地提升城乡人民生活空间的环境品质等问题。本文试图从生态文明、价值共识、存量更新与战术实施等四个方面探讨总体城市设计实践，从认同与行动的维度提出对未来总体城市设计实践工作的思考。

【关键词】

总体城市设计；发展趋势；生态文明；价值共识；存量更新；战术实施

国内的城市设计实践从20世纪八九十年代伊始，一直呈现为一种规模宏大的叙事方式，这其中的总体城市设计因其研究对象一般是城市整体，而更是体现出“面广量大”的发展态势。2016年住房和城乡建设部在《城市设计管理办法》（以下简称《办法》）中首次明确提出，在城乡总体规划编制中，“应当设立专门章节，确定城市风貌特色，优化城市形态格局，明确公共空间体系，建立城市景观框架，划定城市设计的重点地区。如有必要可开展总体城市设计。”这是“总体城市设计”这一概念第一次明文出现在部门规章中，而此时总体城市设计在业内已经经过了近20年的理论与实践探讨。这里面经历了从20世纪90年代的危机论，到21世纪初的竞争论，到2015年中央城市工作会议以来的品质论，再到国土空间规划新体系建立的新时期，总体城市设计理论与实践体系在概念内涵、内容体系和成果载体等诸多方面始终处于不断探索与尝试的动态演进之中。

1

国内总体城市设计发展历程

由于城市设计在国内起步较晚，早期的总体城市设计多以景观风貌或风貌特色规划为名，伴随着20世纪八九十年代的城市特色探讨而出现。随着当时城市建设发展提速导致城市物质空间与传统文化生活出现的种种问题，以视觉形象为主要关注点的一系列的“保护”“挽救”乃至“夺回”等风貌保护、强化行为在全国各地普遍展开。这些聚焦于城市风貌、城市特色、城市景观的设计类工作，可以说是国内总体城市设计的雏形（扈万泰，1998）。当时的风貌规划是一种风貌“危机论”的产物，具有鲜明的问题导向特征，但整个实践活动五花八门，无疑需要系统建构，深入研究和进步一步规范。

而随着全球化时代的到来，面对更为复杂的发展资源与发展机会的竞争，总体城市设计的意义已经不局限于特色风貌层面上的美化城市视觉空间环境，而更多地关乎如何塑造城市形象，繁荣城市文化，打造城市品牌，强化城市竞争的“软实力”。2000年后，总体城市设计，无论是在学术研究领域还是业务实践中都已经由个别大中城市逐渐推广开来。这一时期的总体城市设计带有一定的城市营销特征，侧重于宏大愿景的展示和完整体系的建构。研究与实践工作在宏观、中观、微观三个层面日趋完善的同时，也开始出现无所不包的倾向，主要涉及内容可以多达16项（杨震，2015），大到区域格局、生态体系，小到广告标识、街道家具，这些努力对于总体城市设计边界的探索和体系建构的尝试值得肯定。但在快速城镇化的大背景下，相关的问题也日渐突出：体系中的“失位”，纠结于是独立编制还是作为总体规划专题存在；内容上的“失焦”，众多子项泛泛而谈，浅尝辄止，最终导致设计“初心”的模糊；管控上的“失效”，系统要素分解落实不足，转译实施困难，无法指导后续持续发力。

随着2015年中央城市工作会议的召开，城市设计工作得到了前所未有的高度重视。中央城市工作会议明确指出要加强对城市的空间立体性、平面协调性、风貌整体性、文脉延续性等方面的规划和管控，留住城市特有的地域环境、文化特色、建筑风格等“基因”。《中共中央　国务院关于进一步加强城市规划建设管理工作的若干意见》也提出城市设计是落实城市规划、指导建筑设计、塑造城市特色风貌的有效手段，鼓励开展城市设计工作，通过城市设计，从整体平面和立体空间上统筹城市建筑布局，协调城市景观风貌，体现城市地域特征、民族特色和时代风貌。显而易见，总体城市设计在从增量规划的速度诉求到存量规划的品质诉求的转变中大有可为。制度化、品质化、精细化的发展诉求也促成了新时期总体城市设计发展趋势的变化。

随着国家规划体系调整，在落实生态文明建设、优化国家治理体系、提升城市治理能力的宏观背景下，新的国土空间规划提出应当开展总体城市设计，研究市域生产、生活、生态空间的总体关系，优化生态、农业和城镇等功能布局，塑造具有特色和优势的市域国土空间总体格局和结构形态。面对国土空间规划的全新体系，总体城市设计的研究对象拓展到了国土空间全域，技术体系与实施路径也面临着相应的调整。如何从协同、管控与实施的角度增益空间规划“一张蓝图”的价值，无疑是新时期总体城市设计研究与实践工作的新方向。

2 国内总体城市设计基本要求

由于早期的“风貌”一词属于偏文学化的概念，具体内容包含物质空间与非物质文化两方面，界定较为宽泛，这也直接导致了总体城市设计内容的庞杂。作为非法定规划，身份的灵活也让其陷入需要对设计相关的全部要素事无巨细地做出回应的尴尬，在内容体系上难以取舍。面对技术体系需要广度还是精度的取舍，城市设计的制度建设成了城市规划改革的重要突破口。总体城市设计作为对接城市规划体系的重要层次和组成部分，不仅在《办法》中加以明确，更在后续的《城市设计技术管理基本规定》(以下简称《规定》)中进行了详细介绍。《规定》提到：“总体城市设计的基本任务在于整体地保护自然山水格局，传承历史文脉，优化城市空间结构，防止城市过度连绵扩张，塑造城市整体空间意象，引导城市健康有序发展。其基本内容包括明确城市风貌与特色定位，确定城市总体形态格局、城市景观框架、公共空间系统，划定城市设计重点地区并提出原则性要求等。”《规定》以底线思维的模式对总体城市设计的“1+3+1”的主体内容进行了界定，涵盖了“风”的研究与“貌”的组织、感知体验与活动体验、结构设计与行动设计等多种架构，无论是对平行的城乡总体规划工作，还是后续的区段或专项工作都具有较强的互动价值。相较以前总体城市设计内容的林林总总，《规定》的干练值得肯定。

国土空间规划体系也对总体城市设计表达了重点关注，提出将开展总体城市设计作为国土空间规划的前期基础工作。从安全的角度，优化城镇乡村与山水林田湖草等自然环境的整体空间关系，提出开发保护的约束性条件和管控边界；从品质的角度，加强自然与历史文化遗产和蓝绿空间的保护，研究城市开敞空间系统、城市景观体系、城市眺望系统等有关城市空间秩序的控制引导方案，提高国土空间的艺术性，提升国土空间的品质感。

我们不难发现制度研究中对于总体城市设计的一贯重视。总体城市设计无论是作为一种工作方法还是一种技术形式，无疑都有着广阔的理论深化与实践发展的空间。其技术内核也越来越聚焦于城乡空间形态本体，回归空间本体，聚焦价值研究，笔者认为这将是总体城市设计基本要求未来一段时期内重要的发展趋势。

┤3├

国内总体城市设计趋势探讨

结合发展背景的变化，以及新时期减速提质、由增转存等背景下总体城市设计项目的影响力与时效性等具体情景，我们认为有以下四种趋势值得着重探讨。

3.1 面向生态文明

党的十八大以来，生态文明建设纳入中国特色社会主义事业的总体框架，十九大报告更是对生态文明建设提出了系列新思想、新目标、新要求和新部署，为建设美丽中国提供了根本遵循和行动指南。生态文明已经成为国内空间规划设计体系的核心价值观念，总体城市设计也不例外。树立生态价值观念，基于山水林田湖草的生命共同体的保护基底，强调多样性、包容性以及特色性的系统设计，正成为总体城市设计的重要发展方向。本书的研究较多地聚焦于中心城区，更为清晰的实践特征主要体现在“风”环境、“水”环境和“绿”环境三要素的整体设计。

“风”环境设计指的是通过开展总体城市设计来落实通风廊道的控制要求，以此来改善城市通风状况，提高城市环境宜居性。无论是改善城市热岛效应，还是消解城市雾霾的不利影响，北京、广州、南京等越来越多的大中型城市开始在法定规划或者专项规划中尝试城市尺度大型风廊的规划设计。在宏观层次基于气象和遥感数据，识别区域风环境特征，对应城市整体山水格局，构建通风廊道网络体系，研究冷源、风廊等要素及其周边地区的开发管控方式；中微观尺度结合道路格局与开敞空间规划，以及建筑相关的开发强度、建筑高度、建筑间距与朝向等要素，优化局地风环境设计。整体控强风、引清风、破静风，将通风廊道的模拟、评估与规划融入总体城市设计的技术体系之中，强化生态环境导向对城市空间结构的决定作用（图1）。

“水”环境设计多是在传统灰色基础设施的基础上，强调绿色基础设施的融入，建立城市设计与传统水环境、水资源管理的联系，打造具有雨洪管理、生态休闲等功能的复合化城市公共空间体系，在减轻灰色基础设施负荷压力的同时，通过设计管控与引导，提升复合设施的景观化与市民生活的融合度。基于水环境技术，总体城市设计可以根据雨水径流与淹没模拟组织城市及片区的空间结构，合理布局网络化的绿地体系，优化城市道路格局，通过断面设计形成行人友好的暴雨适应性街道，形成住宅庭院—社区绿地—城市公园—生态绿廊的系列化多层次的雨洪管理融合型公共空间体系等。通过结构优化、路网顺应和公共空间的适应性设计，形成晴雨变化、体验多元的城市水环境系统。

“绿”环境也是传统总体城市设计的核心内容，以山水格局为依托，涉及城市景观框架与公共空间体系。生态文明建设背景下的“绿”环境，不仅仅如上面提到的有水有树、蓝绿一体，更要从关注形态转向重视生态，一退一进，一减一加，形成保护与利用并重的发展格局。一方面强调山水林田湖草一体化的资源保护，界定城绿发展格局，以生境多样性促生物多样性，识别对生态环境保

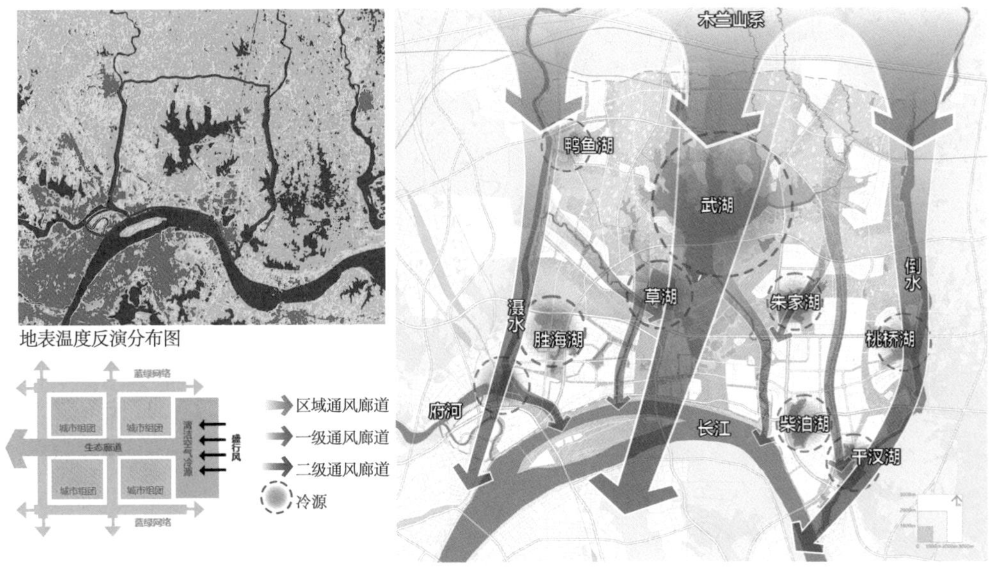

图1 基于主导风向和局地环流构建城市通风体系（以武汉长江新城为例）

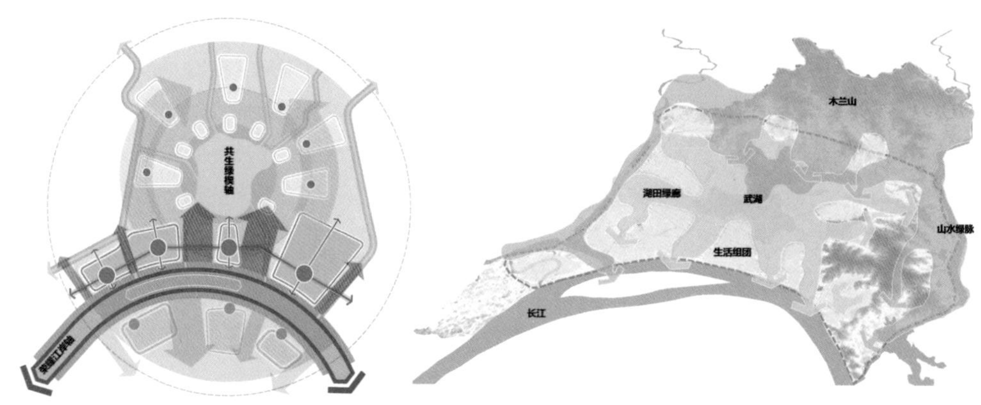

图2 蓝绿一体的生态环境塑造（以武汉长江新城为例）

护具有重要意义的区域与廊道，控制人类活动，引导逐步腾退（图2）；另一方面从空间的“量”转向生活的“景”，正如十九大报告指出的，应聚焦人民日益增长的美好生活需要，坚持以人民为中心，围绕生活的需求，在空间规划中融入更多的细节设计，建构“生态+”的场景体系，从使用者角度积极建设多样场所，策划多种活动，增强空间归属感，通过功能融入、设施完善、场景建构，营建城市生活消费与就业创新的多元化场景。

3.2 面向价值共识

总体城市设计带有其面向价值共识的天然战略性属性。促成总体城市设计的战略性思维的根源，一是对总体城市设计技术诉求差异的回应。大到千万人口的特大城市，小到几十万人口的中小城镇，不同的城市规模，不同的发展阶段，需要基于全盘考虑的差异化的对应。二是对总体城市设计体系“大而全”的反思。“大而全”的体系脱胎自将总体城市设计作为局部城市设计的简单的尺度扩大化处理，其思路和方法并没有根本性的变化，这种转变需要针对性的取舍。三是存量规划时代，城市物质空间形态基本已经固化，理想化系统设计的可能性越来越小，繁复的设计往往劳而无功，这种情境下，设计成果需要的是关于城市空间形态的整体性、框架式的提炼与构思，更多的是反映一种价值观念的共识的达成，以及相应的价值观念的传播与配套政策的指引。

在规划建设管理体制机制相对完善的大中城市，总体城市设计工作中价值共识工作往往受到更多重视。以《北京市城市设计战略》（以下简称《战略》）为例，《战略》以首都核心职能为城市设计战略总体目标，通过对北京城市景观风貌要素的研究，梳理城市历史文脉，结合城市人工建设与自然环境特征，提出北京城市总体风貌的9字愿景：“古都味、东方韵、国际范”。这一简明的共识涵盖了民族特色、地域特征与时代风貌的多方面考虑，符号精要，意象清晰，便于记忆和传播，在项目全程取得了极佳的反响与共鸣，并在后期强化“首都”概念形成了北京城市特色的共识。基于这种清晰的城市意象与价值共识，设计战略提炼、归纳出城市中最具代表性、对城市空间有着决定性作用的核心战略要素，以此为超大城市空间设计管控的突破口。要素选择兼顾发展动力上的上下结合，以城市格局和城市形态的塑造自上而下加强政策管控，以公共空间和建筑风貌的设计自下而上改善体验（表1）。设计要素的选取和对策的研究都是紧扣9字共识，组合构成了城市设计战略思维的核心内容。

表1 城市设计战略技术框架（以北京为例）

	总体目标	愿景定位	要素选择	相关保障	
战略思维	推动城市设计战略，服务首都核心职能	**古都味** 保护与传承灿烂深厚的历史积淀 **东方韵** 延续与发扬博大精深的东方文化与哲学思想 **国际范** 鼓励与开拓与时俱进的创意精神和时代潮流	**城市格局** 目标：以开放空间为抓手，构建融汇城市发展、生态安全、景观品质等要素的城市平面虚实格局 策略：“多廊聚心、双龙拱卫、环翠贯通、绿水穿城”	**政策制定** 包括编制办法、地方条例和技术标准	战略行动
			城市形态 目标：以突出山水环境与城市建设天人合一为原则的三维起伏形态（高度）控制 策略：“枕山望海、轴环束形、外高内低、边缘过渡”	**机制建议** 划定区域、明确要求、突出重点 专家领衔、科学评估、重点管控	
			城市空间 目标：强调以人为本的空间体验，突出公共空间艺术性，引领城市公共空间环境全面提升与改善 策略：梳理空间秩序，塑造宜人环境，强化视觉美学	**总规对接** 明确提出城市设计战略的概念；结合总体规划的建设控制内容，强化城市整体空间形态控制；结合总体规划中空间结构、绿地系统、生态环境等内容，明确城市战略性开放空间体系；新增城市战略性眺望系统规划与城市公共空间体系规划	
			城市风貌 目标：以建筑风貌的管控为抓手，明确与强化城市整体风貌特色 策略：分区、分级、分类、分元素	**后续跟进** 专项规划的跟进与深化 重点地区的示范与推广	

价值思维的落实主要是从政策机制设计上提供顶层设计保障。政策设计主要通过编制办法、地方条例和技术标准明确城市设计的地位与效力，提供相应保障；机制建构一是通过在规划编制阶段，划定城市重点区域，明确管制原则、管制依据、管控要素，方便管控要素纳入控规成果中；二是建立以责任规划师制度、重大项目专家评审制度为主，以专家库及规划师建筑师准入制度、公共空间艺术品质评价制度、规划设计方案例行评价制度、城市设计专项资金保障制度等为辅的机制体系，等等。

面对北京这一作为大国首都的超大城市，城市设计战略的构建保持了相当的“克制”，战略性地突出了城市风貌特色共识的达成与城市整体形态的控制，选择以建筑风貌和公共空间为抓手，行动强调机制构建和实践示范，实施积极对接总体规划修改与关键问题跟进。

3.3 面向存量更新

国内城市建设在经历了快速发展阶段之后，即将进入更可持续的转型发展阶段，尤其是部分大城市与特大城市的城市发展已经进入存量更新时期。与“增量”时代的“白纸绘蓝图”的城市设计相比，“存量”时代的城市设计“蓝图”，面临更为复杂的建成环境，总体城市设计的研究对象也越来越多地以城市建成地区为主体。

在存量规划的背景下，总体城市设计必须以详细的现状调研和完备的基础资料为基础，“以具体问题为靶向，以成果落实为目标”的工作思路也日益受到重视（段进，2015）。不求系统的“大而全”，而在负载现状与有限资源的约束下，寻求具有空间结构性和社会包容性的“解题”策略，重点关注生态恢复、历史文脉与人文生活。随着“城市修补，生态修复”的理念在中央城市工作会议后的中央文件中得以明确，城市双修将成为新时期城市转型发展的重要方法。城市双修其实也是一种基于存量主体的问题导向与目标导向相结合的总体城市设计新实践。相关实践主要是通过运用总体城市设计的方法，对城市空间格局中的各类要素进行系统梳理，针对突出问题，因地制宜地进行设计介入，研究范围涵盖了城市功能完善、道路交通改善、基础设施改造、城市文脉延续、社会网络建构等多项综合性内容。这一类实践的突出特点，一是存在问题的综合性，多需要通过规划、景观、建筑、市政等多专业的技术协作和现场磨合，以高效解决实际问题；二是关键项目的示范，在系统梳理的基础上，明确重点实施区域，强调具体的建设项目的落实，通过“以点带线、以点带面”，起到触媒发展的整体效应；三是长期制度的保障，短期见效靠项目，长期维护靠制度，通过完善各项制度标准，提升治理的综合绩效，推动城市精细化管理的进步。

面向存量更新的总体城市设计在技术体系上最为显著的变化无疑是数据辅助设计。数字化技术的发展使得大尺度空间设计能够深入关系复杂的细颗粒层面，关注、探索人类活动和城市环境之间在时空维度上的联系，让规划设计人员有能力实现从关注物质层面到人本关怀的转变。随着大数据技术的应用和移动网络使用的普及，结合POI、手机信令等大数据和问卷调查，总体城市设计可以通

图3 数据分析支撑的海淀大院边界设计优化（以海淀总体城市设计为例）

过综合分析结果，考虑居民需求、城市不同地区的实际情况等，深入挖掘大数据背后的居民行为模式和诉求，做到真正从“人”出发（图3）。再结合传统的行为活动调研，大数据将极大地丰富总体城市设计的技术体系。而这种技术进步在面对存量地区总体城市设计，面对更为集中和丰富的数据样本时，相较新区设计对象的“空空荡荡”与服务主体的“模糊不定”，无疑具有更好的现实操作意义。

3.4 面向战术实施

近二十年来的总体城市设计实践表明，总体城市设计已经远远不限于总体意象的建构，对于实施性的强调正成为近年来发展的重中之重。一般意义上的总体城市设计传导，我们会强调分区传导与专项配合。通过分区图则的转译，将总体城市设计的目标、策略与管控指引拆分，以指导各个片区的下一步规划开展。同时就总体设计提出的特定专项，如历史保护、公共空间、建筑高度等专项内容，以专项规划的形式加以协调深化。而我们认为，在关注城市空间品质存量规划的背景之下，应当更为重视从战略、策略到战术层面的转化，以产品策划的思维将短平快的小规模的渐进式开发与空间质量提升融入总体城市设计之中，从增强市民生活体验获得感的角度，提升城市公共空间场所的引力与活力。

这种产品化的战术性思维不同于自上而下、高屋建瓴的战略性思维，它是通过带有策划性质的开放式、短期的、连续的、小规模的设计干预，促成城市空间品质的提升。战术性（tactical）的提法来源于国外对于小尺度空间实践勃兴的重视，其认为提升城镇宜居性更多的应基于街道、街坊以及建筑等小尺度空间。基于这一尺度的渐进的、实验性的空间设计优化有助于鼓励多元参与，复兴公共空间，被称为“游击城市主义”（guerilla urbanism）、“快闪城市主义”（pop-up urbanism）、“DIY城市主义”(D. I. Y. urbanism)、“战术性城市主义”(tactical urbanism)等。国内也有类似的实践，如深圳的趣城计划、北京的微小空间改造等。

毫无疑问，战术性城市主义以城市设计为核心手段，其最突出的特点，笔者认为不在于小，而在于以下三点。一是需求的真实。总体城市设计核心是强化与千千万万人的视觉感知与活动体验建立起来的空间框架，这一框架的真实性是总体城市设计工作的基础，而在城镇化高速发展时期，这一框架设计的精英化倾向值得反思。二是合力的凝聚。不仅仅是权力和资本的力量，技术与公众力量的加入需要建立全新的工作平台，总体城市设计应是多元参与、多样学科、多种视角的综合空间实践。三是产品思维下形式的灵活。在有限的时间之内，框定有限的空间，集中优势的资源，寻找切实可行的切入点，强化环境提升的获得感(图4)。总体城市设计的战术性思维不在于对标国外的小微空间的设计实践，而在于如何在原有的系统工作中凸显这种面向问题、行动导向的工作特质，避免浮夸、臃肿、无效等现实问题。

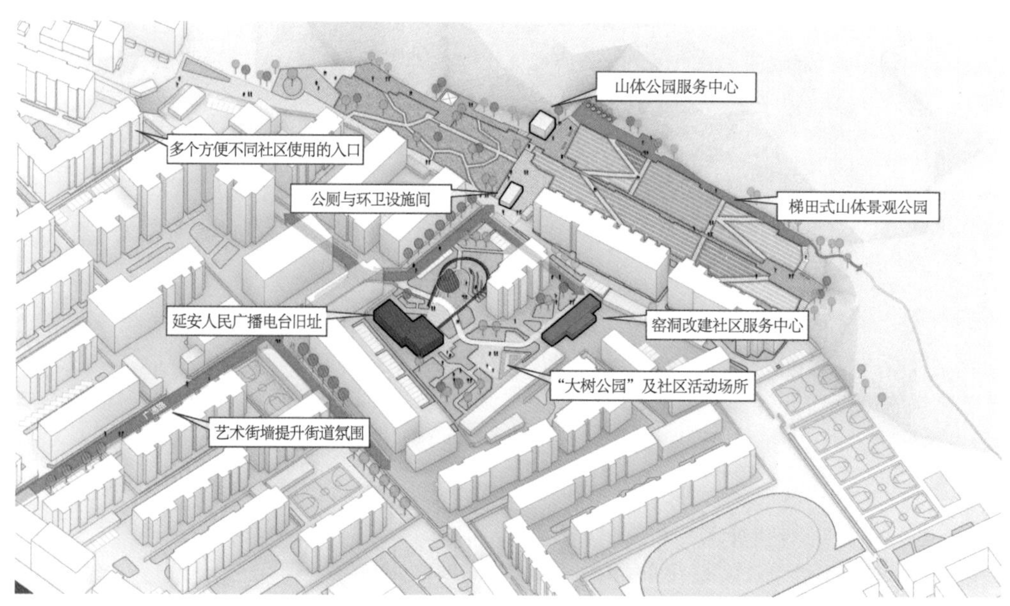

图4 战术导向的设计优化与实施(以延安为例)

┤4├

认同与行动——关于总体城市设计发展的思考

未来总体城市设计的发展取决于自身的技术号召力。笔者认为总体城市设计的号召力首先来源于认同的力量。这种认同一是来自城市真实需求的把握。了解需求并转化为空间行动力，需要战略性的思维和构架。这是没有个案可循的，也是城市设计创新能力的体现，《城市设计技术管理基本规定》在于“筑底”，并非对创新能力的束缚。二是来自国家制度的建设。制度建设不是杜绝争议，而是促进相关领域的深度思考，促进相关实践的规范与繁荣。制度建设不代表僵化，而是一种成熟的努力。笔者认为在国家城市规划体系改革的背景下，无论是总体规划改革、城市设计制度建设还是生态修复、城市修补的城市双修工作，再到最新的《指南》，总体城市设计的制度层面的“聚焦”正在形成。更为紧迫的是形成技术层面的“聚焦”，把握真实需求，聚焦空间层面的框架设计与政策层面的机制设计。

其次，总体城市设计的号召力来源于行动的力量。行动不是肤浅的、零散的、短期的风貌抢救或环境整治的运动式突击，而是需要考虑长短期的结合。长期的行动需要科学的机制探讨与安排，需要与现行的制度体系相互融通；短期的行动需要合理的秩序安排，需要提供一种综合化、模式化的服务平台，为科学决策提供研究咨询，为多元合作提供技术统筹，为精细管理提供现场服务，为各方参与提供沟通辅助等。这就要求总体城市设计重视“对接”工作，重视“接口”的设计，考虑多种多样的积极形式，如以研究报告形式与总体规划的直接对接，以片区导则形式与控制性详细规划的对接，以统一空间要素列表形式与专项规划的对接，以项目统筹与平台服务形式与城市双修工作的对接，等等。

认同与行动，无论哪种趋势在总体城市设计中都不是独立存在的，融合二者的综合性思维是大多数总体城市设计需要面对和运用的，而孰轻孰重则需要结合设计对象的不同空间尺度、不同发展阶段、不同具体需求加以辨识，如大中型城市本身具有较高的城市设计编制、建设、管理的综合能力，因而只需要基于共识的空间战略指引，而中小型城镇长期忽视城市环境和生活品质，亟需通过一系列的综合整治提升行动来改变城市的空间环境品质，因而更需要稳与快的战术性组合的辅助。识别真实有效的需求，才能达成多方的认同与共识，才能转化成高效的空间行动力，才能增强存量规划背景下总体城市设计的号召力，真正推动城市空间的品质化营造，强化市民从总体城市设计之中的获得感。

参考文献

[1] 中国城市规划设计研究院等. 北京市城市设计战略和建筑风貌管控专题研究[Z]. 2014.

[2] MIKE LYDON, DAN ARTMAN, RONALD WOUDSTRA, AUSH KHAWARZAD. Tactical UBANISM: Short Term Action | Long Term Change [M]. 2011. http://issuu.com/streetplanscollaborative/docs/tactical-urbanism_vlo.1.

[3] 杨震. 总体城市设计研究述评与再思考：2004—2014 [J]. 城市发展研究，2015，22（4）：65-73.

[4] 扈万泰，郭恩章. 论总体城市设计[J]. 哈尔滨建筑大学学报，1998，31（6）：99-104.

[5] 段进，季松. 问题导向型总体城市设计方法研究[J]. 城市规划，2015，39（7）：56-62.

[6] 陈天，刘君男，王柳璎. 国土空间规划视角下的总体城市设计方法思考[C]. 中国城市规划学会、重庆市人民政府. 活力城乡 美好人居——2019中国城市规划年会论文集（07城市设计）. 中国城市规划学会、重庆市人民政府：中国城市规划学会，2019：122-130.

[7] 谷鲁奇，范嗣斌，黄海雄. 生态修复、城市修补的理论与实践探索[J]. 城乡规划，2017（3）：18-25.

[8] 杨俊宴，曹俊. 动・静・显・隐：大数据在城市设计中的四种应用模式[J]. 城市规划学刊，2017（4）：39-46.

识城市：实践

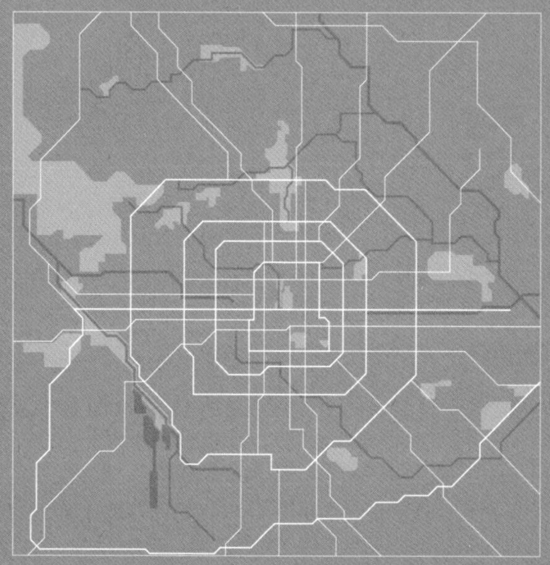

01

北京

作为总体城市设计战略，站在战略性特色风貌角度，总结提出“古都味、东方韵、国际范” 的北京城市总体风貌定位，并自上而下确定战略框架，自下而上提出战略行动，构建北京城市总体规划和城市设计重点专项行动的基本框架。以本次总体城市设计战略工作为起点，一以贯之系统性参与到全市总体战略、分区总体城市设计、街区指引和街区控规及责任规划师的工作中。

高屋建瓴，纲举目张

——北京总体城市设计战略研究

顾宗培　王颖楠

"燕都地处雄要，北依山险，南压区夏，若坐堂隍，俯视庭宇。"

——《金史·梁襄传》

"以形胜论，燕蓟内跨中原，外挟朔漠，真天下都会。形胜甲天下，依山带海，有金汤之固。"

——唐代杨益

【摘要】

作为支撑新版总体规划编制的前期研究，《北京市总体城市设计战略研究》一方面落实了习近平总书记在考察北京时提出的"四个中心"战略目标，同时应对当时北京城市设计工作系统性不完善、抓手不突出等实际问题，重点聚焦于城市设计工作的"战略性"，形成可延续的战略框架与技术体系。创新性地提出"古都味、东方韵、国际范"的总体风貌定位，抓住核心战略要素，首次提出在北京通过战略性眺望系统的打造，优化城市形态，展现北京最具标志性的城市景观。明确完善城市设计管控机制的要求，首次提出在北京设立责任规划师。研究有效支撑了新版城市总体规划，并为城市设计工作在后续分区规划、街区指引、街区控规中的层层落实打下了坚实基础。

【关键词】

北京；总体城市设计；战略研究；风貌定位；眺望系统

┤1├

工作背景

1.1

缘起

2014年，还是“城市设计研究室”的我们，接到了一个重要研究——“《北京城市总体规划（2004—2020年）》修改——综合方案（二）”中的“支线小任务”：专题24“确定整体城市设计原则及重点地区城市设计总体要求”；专题25“提出建筑风貌分区管制总体思路和实施管理机制”。

城市总体规划需要关注的内容无比庞杂，从专题序号和任务分配来看，城市设计在其中都不过是一个“辅助角色”。然而，当时的研究室主任朱子瑜却觉得这并不是一件小事，而是一件大事。而让一件事情从小变大的开端，必须得从名字开始。他将两个专题合并，让这两个汇报起来十分拗口的专题名称，变成了“北京市总体城市设计战略研究”。

北京（图1），一个在诞生之初就具有总体城市设计视角，近年来却没有开展过全域总体城市设计工作的特大城市，迎来了一个在城市设计领域，甚至在全国可能都是独一无二的“战略研究”。中国城市规划设计研究院与北京城市规划设计研究院、中国建筑设计研究院有限公司、中央美术学院四家单位一起，从大处着眼，小处着手，自上而下确定战略框架，自下而上提出战略行动，构建了北京新一轮城市总体规划和城市设计重点专项行动的基本框架。

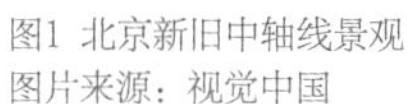

图1 北京新旧中轴线景观
图片来源：视觉中国

1.2

北京为什么要开展总体城市设计战略研究？

2014年2月习近平总书记在北京考察时，提出北京的核心功能是全国政治中心、文化中心、国际交往中心、科技创新中心，北京要努力建设成为国际一流的宜居之都。为了落实新的城市战略定位，应对日益突出的人口过快增长、环境污染、交通拥堵、资源紧张等各种“大城市病”问题，北京迎来了新一轮总体规划的修编工作。

作为支撑新版总体规划编制的前期研究，“北京市总体城市设计战略研究”工作的开展，体现了北京城市建设工作从重“量”到重“质”的思路转变。北京有着两千多万人口，城乡建设用地近3000km^2，体量巨大，难以通过一个“总体城市设计”来完成对全市的设计指引。因此，需要先通过宏观层面的总体城市设计战略研究，来明确北京市城市设计工作的总体思路、方向，提出需要重点把控的系统和要素，进而支撑城市总体规划工作的开展，指导后续的分区总体城市设计工作。

┤2├

框架：北京总体城市设计战略要应对哪些问题？

2.1

从城市设计角度看北京城市建设现实问题

北京作为重要的世界城市之一，城市建设随着社会经济的快速发展也表现出强劲的势头。在这样的背景下，北京的城市建设整体品质是位于国内前列的，城市建设技术水平普遍较高，城市建设管理机制也相对完善，较好地保护与体现了北京城市景观风貌特色。但我们也不能忽略，在地标建筑拔地而起的同时，北京城市建设在宏观与微观方面对于城市整体空间形态、新旧风貌关系和公共空间环境品质等要素的研究和管控上，仍然存在诸多不足。

在本研究开始之时，北京城市建设仍然缺乏整体的、系统的城市设计专项研究，对全市城乡空间意象缺乏宏观战略定位。近20年来，北京高层建筑大量增多，致使城市空间形态的构成日趋复杂，对城市三维空间的设计就显得格外重要。从城市设计的角度来看，如何控制城市总体格局，如何定位与塑造城市风貌，如何提升城市建成环境的空间品质，是本研究亟待解决的核心问题。

2.1.1 城市总体格局如何控制？

随着城市人口与规模的不断扩张，城市人工建设环境与自然生态环境的冲突愈发明显。山前地区、滨水地区以及城市中的绿化隔离带地区，都面临着空间被侵蚀、景观被阻隔、生态被破坏的严峻威胁。对于生态绿化空间的保护与控制不仅仅是对生态环境的保护，同时也是塑造城市特色、控制城市发展健康格局与规模的重要手段。因此在未来总体规划修改中，对于城市空间格局的构建与完善，应在考虑城市交通、功能等因素的基础上，进一步强调从城市设计角度来进行研究与管控。

2.1.2 城市风貌如何定位与塑造？

城市风貌的形成是一个长期历史累积的过程，同时也是一个多元素共同影响的结果。尤其是北京这样一个悠久历史与国际潮流共存、国家首都与市民乐土一体的城市，其城市景观表现必然是多样复合的，但在多样复合的景观元素中，如果不能分清主次，明确从属，城市景观必将混乱无序，从而失去北京的形象特质与身份感。因此，需要找到北京最为核心的景观风貌要素，统领城市的总体风貌，形成一个鲜明而独特的城市意象，并且能够有效地指导未来的城市建设与发展。

2.1.3 城市建成环境的品质亟待提升！

北京城市建设势头增长强劲，但与市民生活最为贴近的公共空间建设却发展缓慢，远远滞后于城市建设的发展步伐。随着城镇化水平达到一定高度，北京未来的城市发展建设思路必将转变，对城市建成环境品质的关注将成为一个重要的主题。公共空间是城市建成环境中最为重要与复合的空间类型，必须从规划设计上、管理实施上进一步加强研究、制定对策，从而建设好真正宜人宜居的城市公共空间。

2.2

战略框架

通过分析伦敦、纽约、东京等世界城市中的一系列“城市设计战略”，可以发现其规划均聚焦于“探索城市发展的可能性”和“控制限定城市核心要素”两方面。

本次北京城市设计战略框架的构建突出城市整体形态与风貌的控制，以建筑风貌和公共空间为抓手，强调机制构建和实践示范，通过战略性思维，自上而下明确宏观层面空间政策和管控机制，引导城市建设；通过战略行动，自下而上促进微观层面景观风貌和空间体验的全面提升。战略思维主要明确城市设计希望达到的目标、北京城市的整体风貌定位、北京城市设计的核心战略性要素以及针对这些要素提出的核心策略；战略行动则偏重实施与管理，通过相关城市设计政策法令的颁布强化城市设计参与城市规划管理机制，明确从城市设计角度提出对本次总体规划编制的技术支撑内容（图2）。

图2 构建战略框架

┫3┣

定位：如何总结北京城市风貌？

城市风貌定位的提出，是为了让人们对城市风貌的塑造方向达成共识。在落实和深化北京“四个中心”战略定位的基础上，本研究明确了北京以首都职能为核心，以建设具有实力、魅力与活力的大国首都为城市设计战略目标。通过研究北京城市景观风貌要素，梳理城市历史文脉，结合城市人工建设与山水格局特征，以城市设计战略目标为指导，提出北京城市总体风貌定位为“古都味、东方韵、国际范”。

其中，“古都味”体现了大国首都的文化底蕴和气质内涵，“东方韵”是城市建设的基调和本底，展现了东西方文明在北京的交融碰撞、积淀迸发，“国际范”强调北京应充分彰显时代文明与创新精神，通过先进的设计理念，满足国际化的功能需求。

研究结论很好地支撑了总体规划中对于北京城市特色的定位，2017年批复的《北京城市总体规划（2016—2035年）》里，明确了北京的城市特色是“首都风范、古都风韵、时代风貌”，并提出“加强城市设计，塑造传统文化与现代文明交相辉映的城市特色风貌”，正是在本研究提出的战略目标与风貌定位基础上，进行的不断完善和共识凝聚。

┤4├

策略：通过塑造哪些战略要素来实现风貌定位？

为了实现城市设计战略的核心目标、城市风貌的总体定位，需要提炼与归纳出城市中最具代表性，对城市空间有着决定性作用的核心战略要素，进行相应的设计与管控，以此为突破，全面推行城市设计战略。

本研究抓住城市格局、城市形态、城市空间和城市风貌等四项战略要素，形成相应核心策略。

1）综合考虑城市发展、生态安全、景观品质，构建融会城市发展、生态安全、景观品质的城市平面虚实格局，形成多廊聚心、双龙拱卫、环翠贯通、绿水穿城的战略性开放空间体系（图3）。

其中，“多廊聚心”策略是指北京中心城外围大型面状绿化空间通过不同形态的绿色廊道，直抵旧城，总体呈现聚心之势，包括完善外围绿化空间和建设绿色廊道体系两方面。“双龙拱卫”策略通过保护和治理永定河、温榆河，完善河道两侧的公园、绿廊，改善地区整体生态环境，同时进一步完善北京城市战略性开放空间的基本构架。“环翠贯通”策略是指在完善道路防护绿化带，构筑城市结构性绿地的基础上，连通主要的城市公园，从而形成点线结合的城市绿化体系。“绿水穿城”策略是指通过连通现有水系和绿地，逐步更新完善城市内部开放空间，完善市民活动休憩的场所。

2）从城市整体山水观出发，强化与引导城市形态塑造，明确北京城市建设和燕山山脉、太行山山脉的关系；传承北京以南北中轴线、旧城为核心，两侧逐渐隆起的基本特征，形成东高、西缓、北控、南疏、中心低的城市整体形态控制原则（图4）。

具体而言，强调顺应自然、天人合一的理念，将自然山水与城市建设相融合，运用“合形辅势”的传统城市建设手法来控制与塑造城市三维形态，在城市东部形成高层建筑连绵的“人工山脉”，与西部、北部的自然山体遥相呼应，共同构成城市的“背靠山环”。同时严格控制南部城市建设强度，在保证“明堂开阔，俯瞰庭宇”的古都空间特色的前提下，灵活布局簇状高层建筑，形成点状的城市建筑景观；结合城市形态特征，构建城市战略性眺望系统，提供观赏城市风貌与形态的空间场所。

3）划定特色风貌分区。中心城区形成以体现北京历史文化为主的“古都片区”，以体现东方审美与意境为主的“本底片区”，和以体现时代特征为主的“国际片区”。城市外围组团依据其所处位置与自然山水的空间关系，分为“山环水绕”“近山临水”“远山望水”三类不同风貌。

4）以城市风貌特色片区为基础，划定各片区内的建筑重点管控地区，基于风貌分区与建筑功能，形成控制指引要求。

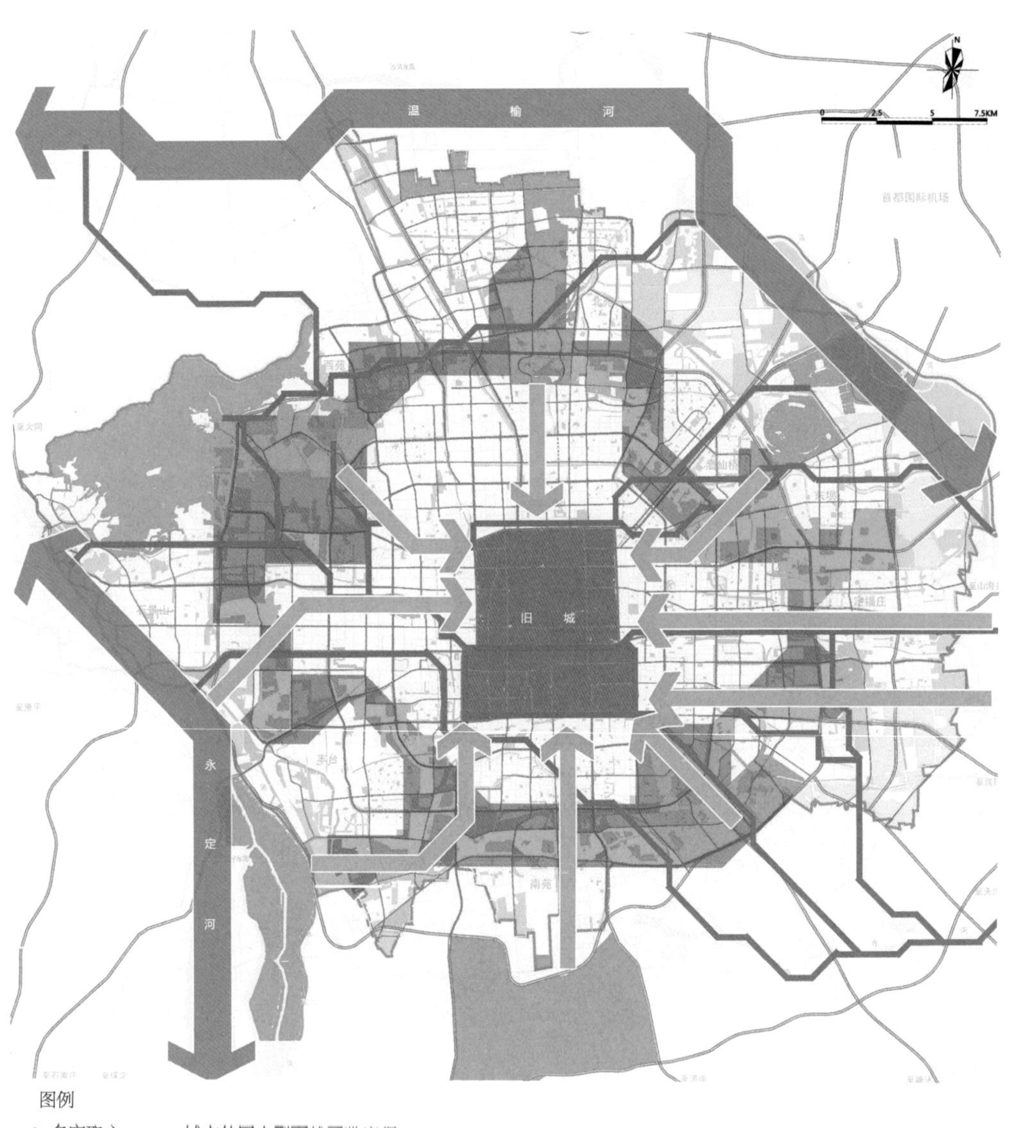

图3 城市战略性开放空间体系示意图

形成多廊聚心、双龙拱卫、环翠贯通、绿水穿城的战略性开放空间体系。

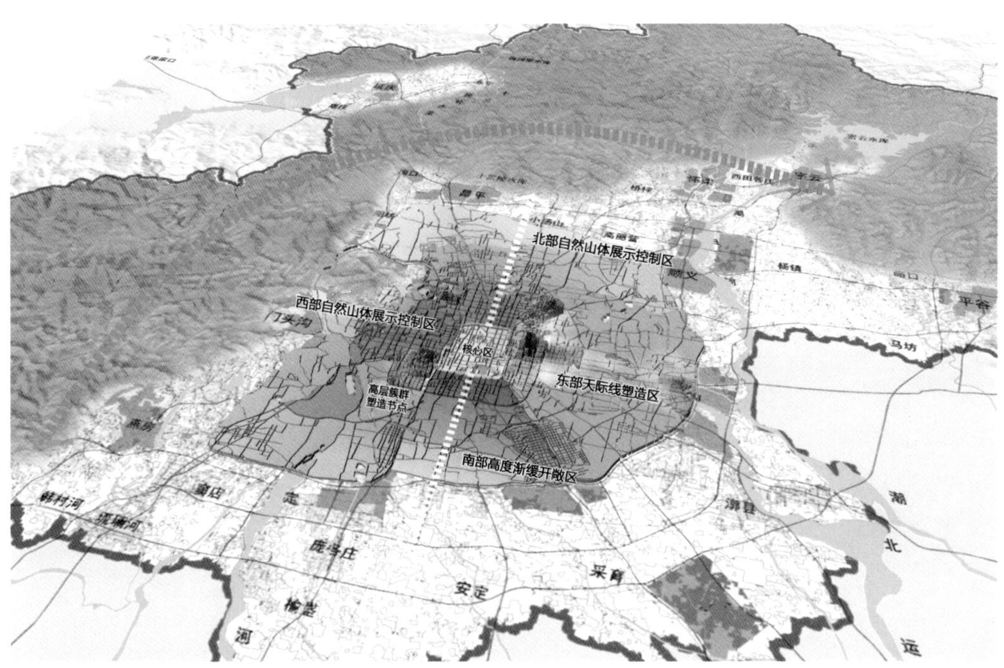

图4 城市整体形态引导示意图
形成东高、西缓、北控、南疏、中心低的城市整体形态控制原则。

┤5├

重点：通过哪些战略行动实现风貌整体提升？

在战略框架的基础上，本研究针对城市景观眺望、公共空间及城市设计管控进行三个专项的深入研究：

5.1

打造战略性眺望景观系统

优化城市形态，展现北京最具标志性的城市景观。

“看城市”视廊：以控制城市整体形态为目标，从标志性建筑物俯瞰，组织城市群体建筑的整体秩序和韵律（图5）。

“看山水”视廊：以展示山水环境特色为目标，保护银锭观山等重要景观，管控从城市内部眺望外围山水的视线廊道。

“看历史”视廊：以延续历史特色为目标，从文脉传承角度，维护北京乃至国家的景观形象及符号意象（图6）。

“看风景”视廊：以组织城市内部景观，提升城市门户识别性为目标，利用重要交通廊道组织眺望视线，打造北京新名片。

图5 从中央电视塔向东眺望北京

图6“看历史”视廊：以延续历史特色为目标，从文脉传承角度，维护北京乃至国家的景观形象及符号意象

图片来源：右下角故宫图片：视觉中国

5.2

全面提升公共空间环境品质

依托城市开放空间格局，通过“以线串点”的方式，组织战略性公共空间体系，充分整合和挖掘城市绿道、水系等空间的潜力，完善战略性公共空间体系的网络化，增加公共空间的覆盖度、丰富度，提高可达性和共享性。

5.3

完善城市设计管控机制

建议在北京探索城市设计全过程参与项目建设的管理机制。将城市设计管控要求纳入地方法规，明确管理办法，完善评估制度，形成专家领衔、科学评估、精明决策的管理机制。

建立以复合责任规划师制度、重大项目专家评审制度为主，以专家名库及规划师建筑师准入制度、公共空间艺术品质评价制度、规划设计方案例行评价制度、城市设计专项资金保障制度为辅的机制体系。

┤6├

后续

6.1

城市总体规划与专题研究

2014年底，专题研究顺利完成。次年，北京启动了“北京中心城高度控制规划方案”的编制工作，落实本研究对城市形态管控的总体思路，项目组继续参与其中，承担了“中心城街道空间控制”和“城市设计在规划管理中心的应用”两项专题。2017年，《北京城市总体规划（2016—2035年）》正式获得批复，该版总体规划首次就城市设计、城市风貌进行单独论述，提出首都风范、古都风韵、时代风貌的北京城市特色。在“加强城市设计，塑造传统文化与现代文明交相辉映的城市特色风貌”一节中，本研究提出的城市设计战略框架，包括进行城市风貌分区，构建城市整体景观格局，加强建筑高度管控，构建看城市、看山水、看历史、看风景的城市景观眺望系统，优化城市公共空间等技术内容，都明确纳入了总体规划，构成该篇章的基本内容，对总体规划起到了重要的支撑作用。

其后，为了进一步深化《北京城市总体规划》编制中关于构建城市整体景观格局、加强城市设计、体现城市特色等内容，突出城市品质提升与精细化管理目标，北京市开展《北京城市第五立面及景观眺望系统规划》，其中，我们负责“北京城市景观眺望系统研究”和“北京城市第五立面美化研究”两个专题。

“北京城市景观眺望系统研究”作为《北京城市总体规划》进一步深化延续的专项研究工作，重点在延续已经确定的“看城市、看山水、看历史、看风景”眺望景观系统的基础上，进一步筛选细化需要管控的市级层面眺望点，并对相应的景观形成建设管控或引导策略。在这里，我们需要重点解决两个问题：第一，选择哪些眺望景观？第二，这些景观应该如何管控？

在眺望景观的选择上，我们始终坚持不应该以“碰运气”的方式，对全北京城扫街搜寻，而是应该像历史上北京城的规划者一样，从设计城市整体环境景观格局出发，将城市建设与山川秩序，利用视觉秩序进行有效的联系组织，引导城市在需要打造眺望景观的地方，进行组织塑造，从而建立别具特色的城市景观意象。在眺望景观的管控上，最根本的，是对眺望景观管控目标的明确——哪些需要通过限定高度来避免破坏现有眺望景观，哪些需要确定特定眺望点，通过持续的城市设计研究、建筑风貌管控，实现对眺望对象（地区）的优化提升。

在“北京城市第五立面美化研究”中，我们对第五立面提出了创新性的定义，不再拘泥于建筑屋顶，而是将“第五立面”的概念扩大到城市尺度，提出应重点通过“远景”（优化空间秩序，塑造天际线）、“中景”（管控建筑形式、风格与体量）以及“近景”（控制建筑屋顶及其附属物）三个层次，分别明确控制要素和重点抓手，形成可以延续开展的系列行动（图7）。

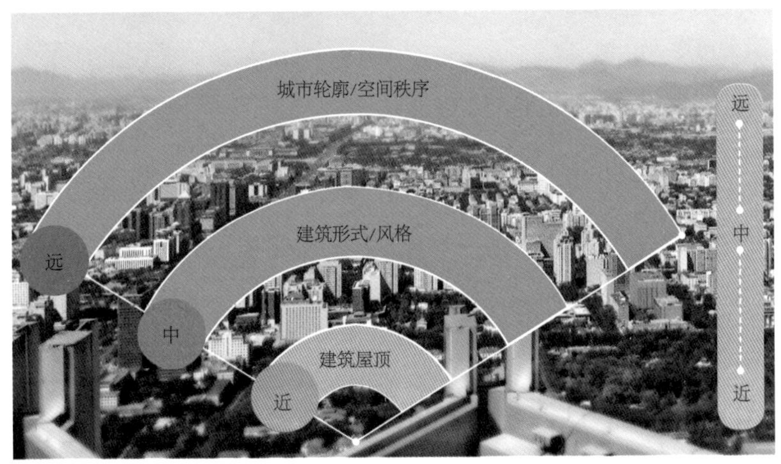

图7 城市第五立面远、中、近景的不同管控内容

6.2

分区总体城市设计

2018年，北京开展了有史以来第一次由各区主导的分区规划编制工作。我们有幸负责海淀、大兴两个地区的分区总体城市设计的编制。在这个过程中，项目组并没有在设计思路上另起炉灶，而是坚持延续《北京市总体城市设计战略研究》《北京城市总体规划（2016—2035年）》中已经得到认可的总体城市设计工作框架。我们认为北京城市设计工作的开展，应当延续同样的理念，逐层递进，通过在不同尺度的持续运用，更大程度上推进总体规划内容在区级层面落实深化，并随着尺度变化而逐渐细化。

在大兴和海淀的总体城市设计的深化完善中，我们进一步基于两个地区各自的特色，延续总体城市设计理念，更加精准、深入地解决实际问题；将总体规划中的条款，从极度简练的工作描述，逐渐变成影响实际建设的高度、形态、肌理等信息，逐渐影响城市微观的建设“基因”，从而更有效地保证同一地区设计意图的持续有效落地。同时，大兴与海淀在成果上的差异，也证明相同的设计理念的应用并不会造成设计成果了无新意，过于雷同，毕竟每个地区的自然环境、发展特征都是独一无二的。这就好比川菜、淮扬菜或者粤菜，正是因为有了各自独特的烹饪理念，并持续贯彻于每道菜，才能让大家一吃之下便能知道是哪个菜系，而每个菜系内部的各色菜式却不会让人觉得雷同。

6.3

街区指引与街区控制性详细规划

大兴与海淀总体城市设计工作的相关结论，都纳入了分区规划。而在分区规划之后，北京市进一步开展了衔接分区规划（国土空间规划）与控制性详细规划的街区指引工作。在大兴区的街区指引工作中，我们将分区规划中的城市设计重点地区、景观眺望视廊等内容，从全区的宏观尺度，进一步向更微观的街区尺度和地块尺度落实，明确需要开展重点地区城市设计工作的空间边界。

2019年，北京开始在各个区县推进街区控制性详细规划的编制工作，在《北京市控制性详细规划编制技术标准与成果规范》中，“重点地区规划”“特色风貌与公共空间”各自有独立的章节，体现了城市设计工作在项目建设层面的思路延续和控制引导作用。我们有幸在2020年参与其中，负责大兴区清源街道的控制性详细规划编制工作，在城市存量地区开展新的探索和研究。

6.4

责任规划师

在《北京市总体城市设计战略研究》一步步影响北京不同层次的规划设计工作的同时，这个“小小的研究”竟然还发酵出了一个影响整个北京规划设计行业的崭新工作——“责任规划师”。2014年，在编制《北京市总体城市设计战略研究》时，我们借鉴了北川、玉树等抗震救灾工作中的责任总师工作方式，提出北京应该通过建立责任规划师、责任建筑师制度，提升城市品质，塑造城市风貌。伴随着2015年中央城市工作会议的召开，各地对城市风貌的改善提升形成了快速的政策性反馈。2016年，北京市第一次在《关于全面深化改革提升城市规划建设管理水平的意见》中提出了建立责任规划师制度，以此回应如何从建设管理角度推动塑造具有首都特色的城市风貌这一问题。在2017年批复的新版《北京城市总体规划（2016—2035年）》中延续了建立责任规划师制度，提升城市规划建设水平这一思路，使责任规划师工作明确成为落实北京城市总体规划的重要举措。

在机缘巧合之下，我们再一次走到了这次变革的前沿。2018年，我们率先为海淀区编制了《海淀街镇责任规划师工作方案（试行）》，并全面参与了制度的深化和运营，为北京2019年推出全市层面的责任规划师工作办法，提供了海淀的独特经验。我们不敢说自己在北京责任规划师制度建设过程中是发起者或者带队人，更客观地说，责任规划师工作的全面推进，是新时期城市建设发展的实际需求所致，是规划设计行业顺应机构改革、减量提质、城市更新、现代化城市治理时代来临的必然选择，而我们因缘际会置身其中参与这场变革是何其有幸！

7

结语

2021年，是我们系统性参与北京本轮城市设计工作的第八年。

作为规划设计工作者，我们为自己在北京规划设计工作中产生的持续影响感到分外欣喜。从全市总体城市设计战略到分区总体城市设计，再到街区指引和街区控制性详细规划，我们的工作在一步步细化；从提出一个想法，到开展专项研究，进而全程跟进责任规划师的实施，我们的想法在一天天落地。在这个过程中，我们不断面临着新的挑战，同时，持续性参与北京的城市设计工作，也让我们更深刻地明白，城市设计工作不仅仅是一张蓝图，一本项目成果，更是一种思想和工作方法，只有全程开展，逐步落实，才有可能创造北京更美好的明天。

项目负责人：

朱子瑜　陈振羽

项目成员：

王颖楠　顾宗培　魏钢　叶楠　邓艳　刘宇光

尤明　苏勇　曹仿橘

山水营城

——中国传统山水理念在当代城市整体形态塑造中的应用

王颖楠

【摘要】

本文介绍了在北京总体城市设计战略中，如何从北京山水格局保护延续角度出发，破题北京城市整体形态塑造的理念方法。将中国传统山水营城理念的形势观引入当代城市建设中，在宏观尺度上对城市整体景观格局发展态势进行判断，实现了基于北京城市建设山水立意的长远建设发展共识。

【关键词】

总体城市设计；中国传统城市设计；山水格局；城市形态；本土城市设计

┥1┝

双重背景

1.1

秩序延续

在北京总体城市设计战略这一项目立题之初，北京市规委就提出希望本次研究为长期困扰北京城市规划管控的几大问题找到一个简明有力的答案。其中之一，就是希望明确城市未来的新建高层区，明确哪里可以建设高层，哪里则应避免高层建设。这个问题不仅仅困扰着北京的城市发展，更是困扰着快速建设中的绝大多数中国城市。由于中国的城市发展长期依托土地财政，高层建筑快速蔓延，特别是在一波一波的地产热潮下，高层居住区大范围无序蔓延。城市整体形态的生长，脱离了中心地理论描述的中心地区高强度集聚，并逐渐降低强度向外围扩散的基本地理经济学模型，呈现出杂乱无章的发展态势。为此2015年的中央城市工作会议明确指出："要加强对城市的空间立体性、平面协调性、文脉延续性等方面的规划和管控。"因此，我们在北京总体城市设计战略中，要做的不仅仅是根据现有建设情况，依托城市发展规律，从城市发展需求上对北京城市高层建设区进行设计规划控制，更需要从根本上梳理北京城市整体空间秩序的塑造逻辑，从城市文脉延续角度出发，回到城市设计之初的空间秩序原型，去建构、延续整个北京城市空间的立体性与协调性。

1.2

气质延续

另一方面，自1995年中国城镇化达到30%的水平后，中国的城镇化进入快速发展阶段。至2010年，仅仅15年的时间，中国的城镇化水平就迅速达到50%，进入快速城镇化的后半段。在这个时期，单纯的城市增量发展已经不能满足人们对城市的期盼，人们对于城市文化、城市品质深层次提升的要求，转化为对城市风貌、城市特色塑造的关注。而2014年开展的北京总体城市设计战略工作正处于这样一个城市发展转型的大背景下。作为大国首都，如何让未来的北京城持续保持北京味儿，更能展现中国气质，自然也成了这一课题必须面对的问题。那什么样的空间最有北京味儿，更具中国气质？面对这一问题，自觉很难一言以蔽之。从北京故宫、颐和园的皇家气象，到胡同、四合院的市井烟火，再到银锭观山、西山晴雪的山水画卷，虽然空间景象迥然不同，但我们不得不承认这几者都是北京城市空间中极具中国气质的典型代表。在这些典型的京味儿空间中，除了微观视角下传统建筑形式产生的影响外，更多的是设计布局和结构建构中，中国传统设计理念对山、水乃至气候天时的理解与表现。因此，面对越来越现代化、国际化的大城市发展步伐，我们要想坚持中国气质城市空间的塑造，势必回到中国传统城市山水营造理念中，探索发觉根植于中国传统文化、传统美学观点的设计手法，从认识原点上为城市空间埋下中国气质的根骨。这就好比中国黄酒和英国威士忌，虽然表面色泽相近，但是只要介入其中，根植于酿造技术当中的水土作物、人文传承，就可以轻松分辨其各自的文化归属。

因此，无论是对于北京城市空间秩序的进一步延续建构，还是对于北京城市风貌、城市气质的延续凸显，都促使我们回归中国传统城市山水营造理念，溯本逐源，探索适应当代城市发展需求的本土化城市设计手法。

┤2├

山水逐源

中国传统城市设计理念在世界城市发展建设史上独树一帜，甚至漂洋过海影响到整个亚洲地区。这其中蕴含的城市山水营造理念更是由来已久，最早可追溯到先秦时期就已经盛行的堪舆学。“堪”字在说文解字中释为地形突出之地，“舆”则为地形描绘之意，从字面上看，“堪舆”一词可以理解为描绘记载山川特征的意思，进而引申作为一门独立的学问总称，代表了中国传统临场校察地理，为宫殿、村落、墓地选址建设的方法及原则。在《汉书》中甚至记载“堪舆”是编制《图宅》一书的神仙名字，这就如同尝百草的神农一样，人们用同样的神话方式，表达了“堪舆”在中国传统城市建设中的重要作用和特殊地位。

在数千年的中华文明发展过程中，虽然堪舆学或多或少地夹杂了一些玄学异术，形成对人心幽暗与脆弱的蛊惑安抚，但其更多地记载了中国古人从地理学、气象学、景观学、生态学、心理学等不同视角，对山川地理环境是否适合城市建设做出的综合性判断，这其中更多地诠释了中国文化所展现的哲学观，是中国文化基因在城市建设中的综合表达。在这种综合表达中，既涵盖了道家“人法地，地法天，天法道，道法自然”[1]的先天文化，又涵盖了儒家“法出于礼，礼出于治……万物待治礼而后定”[2]和“礼法为纲”的后天文化。如果说“道法自然”源于道家

---

1 “有物混成，先天地生。寂兮寥兮，独立而不改，周行而不殆，可以为天地母。吾不知其名，字之曰道，强为之名曰大。大曰逝，逝曰远，远曰反。故道大，天大，地大，人亦大。域中有四大，而人居其一焉。人法地，地法天，天法道，道法自然。”——《道德经》

上文解释为：有一种物体混混沌沌、无边无际、无象无音、浑然一体，早在开天辟地之前它就已经存在。独一无二，无双无对，遵循着自己的法则而永远不会改变，循环往复地运行，永远不会停止，它可以作为世间万物乃至天地来源的根本。我不能准确地描述出它的本来面目，只能用道来笼统地称呼它，勉强把它形容为“大”。“大”是指不停地运转、变幻，也就是说它无处不在、无远不至，穿行于古往今来、八荒六合，到达极远处又返回事物的根本。正因为道是如此无穷无尽，所以说道很大，从而遵循于道的天、地、人都很大。宇宙有四“大”，人也是其中之一。人必须遵循地的规律特性，地的原则是服从于天，天以道作为运行的依据，而道就是自然而然，不加造作。

2 出自《管子·枢言》，其核心观念即：法——法则、规则是一切事物的运行的根本，大到治国之道、营城之策，小到百姓之行、民生之营无不需要法的约束与规范。同一时期孔子则以恢复周礼为根本，提出“礼治”，其目的在于维护等级秩序，建立行为规范。时至西汉汉武帝时期，董仲舒以儒家路线为基础，以法家路线为辅助，形成了礼法为纲的儒家思想体系。这一思想统治了中国封建社会数千年，并深远影响到整个亚洲，时至今日仍根深蒂固。

文化，是传统城市空间中的“气”，无形，恍恍不可描述，却又无处不在。那么对应到实际的空间建设中，“气”便象征着古人在城市与自然环境塑造中追求的整体意境。而源自儒家文化的“礼法为纲”的观念则可以看作传统城市空间中的“骨”，清晰明确，触手可及。对应到实际的空间建设中，“骨”更多的体现在城市的建筑空间秩序中（图1）。这种“气”与“骨”并重的传统营城理念，使得中国传统城市在塑造过程中，将自然山水与城市空间看作一个统一的整体进行设计考量。

图1 中国传统城市中“气”与“骨”的对比　图片来源：视觉中国

一方面，传统营城中的山水园林空间是中国城市空间的气韵所在，如杭州的西湖地区，北京老城的北海、什刹海、积水潭地区，集中展现了道法自然的空间哲学观；另一方面，在建筑为主体的空间组织中，如天坛、故宫、四合院等都展现了以轴线为核心、“礼法为纲”的空间哲学观。

图片来源：上图：视觉中国

┤3├

古今形势

这种整体性设计从设计伊始就展开了。在中国传统城市的选址过程中，人们将趋利避险的生产生活需求与对理想居住环境模式的追求相结合，将自然山水要素作为城市建设不可或缺的一部分，进行大尺度的地理山川格局组织谋划，为城市建构起整体环境景观格局。

3.1

格局大势

以北京为例，早在宋代，朱熹就描绘过其南向的山水格局大势："冀都是正天地中间……前面黄河环绕，右畔华山耸立为虎，自华来至中原为嵩山，是为前案。遂过去为泰山，耸于左，是为龙。淮南诸山为第二重案，江南诸山及五岭又为第三、四重案。"到了元代，黄文仲的《大都赋》更清晰地记述了时人眼中，元大都借山川地理要素所形成的由远及近，直至内城的四重整体环境景观格局。最远一重至"混同、鸭绿浮其左，五台、常山阻其右"，第二重至"易河、沱水带其前，龙门狐岭屏其后"，第三重至城外近郊"近则东有潞河之饶，西有香山之阜，南有柳林之区"，第四重至城内"因内海以为池，即琼岛而为囿"。由此可见古人对北京整体环境景观格局的组织建构由来已久，其范围更是横跨数个省份，囊括了整个华北、华中平原，后枕万顷山川层峦叠嶂，左拥太行，右环东海，黄河、长江、五岳皆成为其整体环境景观格局中的"喝形"之景（图2）。这幅辽阔的古都山水画卷，充分展现了古代帝王"北倚山险，南压区夏，若坐堂煌，俯视庭宇"[1]一统天下的雄心壮志，是古人政治意图、军事需求、经济发展等因素与传统理想城市环境模式的融合，也是北京城市空间的气象根基、意境精华。

这种利用超尺度山水要素所形成的都城气魄，在城市尺度范围内依然得到了延续表达。北以燕山山脉—凤凰坨统领城市北部山骊，西面以太行山—香山点睛城市西侧山景，东面依托潮白河形成城市界限屏障，南面则以大面积的园囿景观（南苑）塑造城市对景。这一城市尺度的山水格局，在延续古都西北山环、东侧水绕的整体山水大势基础上，活用城南自然林地要素，既在北京南侧形成对景，避免城市空间毫无遮拦，一览无余，又限定了对景平缓的高度，确保了更大尺度山水环境的气韵贯通（图3）。因此在这一轮的北京总体城市战略中，对于城市整体形态秩序的塑造，根本上可以看作在时代发展的背景下，如何保护延续这种气贯山河的北京整体环境景观格局大势。

1　金代梁襄上疏。

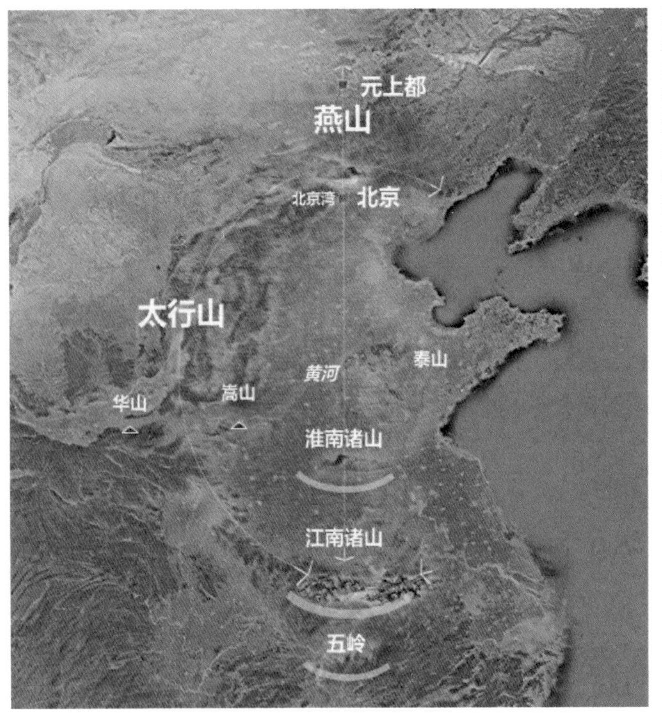

图2 北京超尺度的大山水格局

北京古都中轴线在空间上存在建筑物标定的区域是从钟楼到永定门。但从中国古人对于山水格局的理解上看，城市选址中确定的天心十字中的纵轴（也就是中轴）是超出实际实体轴线范畴一直延续伸展统领山川格局的。古人对北京山川格局的组织超过了常规的地域范畴，而是放眼整个版图，以轴线组织山川关系，展示理想栖居的山水模式构成。

图3 北京城市尺度的山水格局

北京古都轴线在城市尺度组织形成的山川关系。

3.2

今昔形态

上述北京整体环境景观格局，自800多年前元大都建设时，通过中轴线的有形塑造得以明晰强化。在明清时期虽然发生了城市南北界限的调整，但并未影响这一整体环境景观格局在中轴线统领下所展现的山水城整体空间秩序。而中华人民共和国成立以后，北京中心城区的发展始终延续了同心圆式的扩张，虽然随着技术发展、高层建筑大规模涌现，城市整体形态发生了变化，但是围绕北京城市传统轴线所统领的城市格局根骨并未产生本质的变化。时至今日北京城市整体形态可以概述为："枕山望海、轴环束型、外高内低、边缘过渡。"

但另一方面，越来越多的高层建设也已经开始悄悄地蚕食、影响到了格局大势在城市中的连贯表达，比如曾经作为对景的南苑景观如今已经彻底消失。虽然二环以内基本维持了原有的古都风貌，但沿东西二环形成的高层带如同城墙一般，划分出了内低外高的空间突变界限，形成与中轴线建筑体量一争高下的态势。城市东侧从望京至CBD区域摩天大厦集结成簇，散布于北四环至东三环之间，逐步撼动着城市空间中山川和轴线建筑所共同构成的中轴统领地位。而城市西北的中关村西区核心区的高层簇已然形成，城市西南的丽泽商务片区和城市北侧的北京科技商务区的高层簇群也在酝酿崛起。城市边缘地区的建设规模缺乏整体协调控制，已经逐渐逼近山林，危及城市根本的自然山水环境。

因此，北京的城市形态发展急需与城市整体山水景观格局大势相协调。虽然现有城市形态雏形已经初定，无法推倒重来，但是必须对缺乏整体组织已有四面开花趋势的高层、超高层建筑进行整体谋划，优化现有高层建筑与山川关系，从而延续传统城市山水格局与空间秩序性，避免不可逆转的结构性破坏。

┤4├

合形辅势

现代化的城市和古代城市最直观的区别莫过于体量上的对比。古代城市建筑以低层多层为主体，高度鲜过半百。因此城市很容易通过轴线建筑的塑造，使城市形态骨架与自然山川相呼应，形成整体形态的统领骨架。而在现代城市中，高层和超高层建筑随处可见，生活在钢筋混凝土丛林中的人们，越来越难在城市中看到外围的山川景观，难以感受到城市依托自然山川形成的整体环境景观格局与空间秩序。而随着城市的扩张，城市建设甚至已经突破了原有自然山水要素所限定的城市空间发展范围。那么我们应该如何去应对呢？这还要借用古人在塑造整体环境景观格局时的“合形辅势”的手法。古人在整体环境景观塑造的过程中，并不强调单纯的个体要素特征，而是统筹自然、人工要素，作为可以相互助力、相互关联的整体，凝练总结其动态趋势，并通过造型有力的自然、人工要素进行强化、突出，从而完成对城市整体环境景观格局的构想。

因此，在现代城市的建设中我们应该考虑通过整体形态的布局来强化、再现原有的整体环境景观格局，即“辅势”；通过合理的建筑体量布局来延续、修复原有的城市空间秩序，即“合形”。我们将城市中的集中高层建设区视为人工山体，作为城市传统山水格局中“青龙”“白虎”“砂山”的代替或者延续，建立人工与自然结合的整体环境场。当然这种由高层形成的“山”，不能代替自然山体在城市中的地位，毕竟中国文化强调的是天人合一，而非人定胜天。

4.1

散山连势，立山水新貌

结合北京已经初步建设形成的整体形态趋势，我们要如何布局未来的城市高层建设，以实现“合形辅势”保护北京整体环境景观格局呢？总体来说，古都建立之初，依托西北山脉形成了半包围的态势，东边依托潮白河界定空间范围，南边主要以开敞的态势，接连千里江山。而现今北京新建高层特别是超高层簇群主要集中在望京至CBD一线，与城市东部原本相对开敞的空间形态并不一致。但是我们从中国传统理想城市模型中的山水布局关系可以看到，古人认为城市周围三面环山的空间格局最佳。从现代科学的角度来看，山环的意象如同人坐于椅子上，有靠背和扶手的保护、支撑，人才能在生理和心理上保持放松自如。如果人坐在没有靠背和扶手的礅或者凳上时，则必须保持上半身肌肉的紧绷状态以稳定身体姿态，在心理上也会相应地觉得无依无靠，保持着警惕与紧张感。从这一点上看，城市东侧现有的高层簇群并没有破坏北京整体环境景观格局设计的初衷。在未来的城市高层布局中，可以

4.2

碎石合形，塑砂山美景

结合城市功能发展需求，有意识地在望京至CBD一线集中布局高层建设区，将原本点簇散落的东部高层簇群，逐渐串点成线，散山连势，形成城市东侧的人工山脉，与城市西侧自然山脉遥相呼应，共同组成U字形“山环”格局。并进一步结合CBD东扩区域建设，优化东侧高层带收束部分的形态亮点，塑造如自然山体一样趋势鲜明、起伏有度的优美“山形”，而非高度过度统一的巨型高层墙或骤起骤伏的“穷山乱石”(图4)。

对于其他散落布局于城市中的高层簇，由于其各自相对独立、分散，很难联立建势，故可以将其看作是城市中的“砂山”进行形态优化。在传统的山水观中，砂山的作用不在于改变城市的整体空间格局，其多因形态别致秀美，而成为城市中最具有代表性的景观要素，形成城市的重要景观标志。砂山形成重在强调“合形”，即以“垂俯之势，为案为几，不显乖戾之心”，更不应影响城市的整体格局大势。因此，在城市未来的高层簇群布局中，应尽可能地减少单一孤立的高层散布模式，结合现有高层分布形成高层簇群，化“碎石”为砂山(图5)。同时，还应摆脱只注重建筑单体形象的孤立设计视角，从建筑高层簇的群体形象入手组织控制城市高层建筑的整体体量与造型。

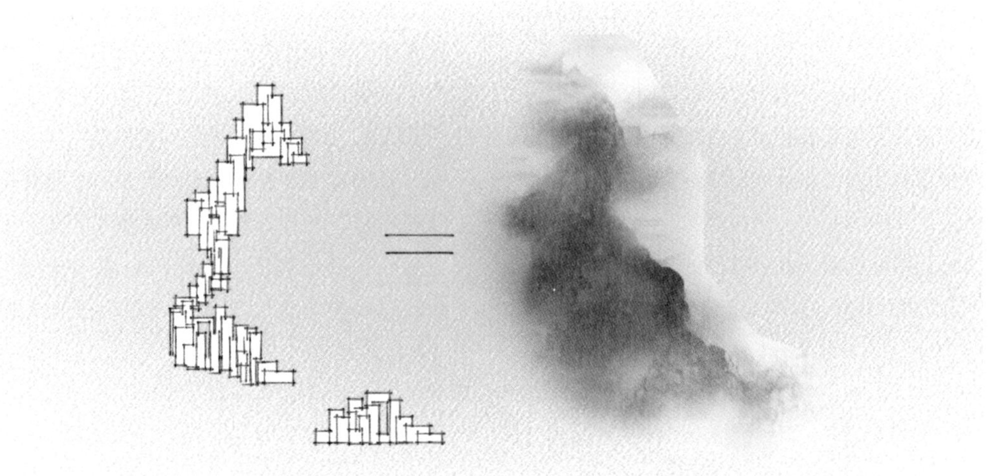

图4 城市东侧：散山连势，立山水新貌
模拟北京城市东部若形成连续高层带，则可以视作形成了绵延的人工山体态势。

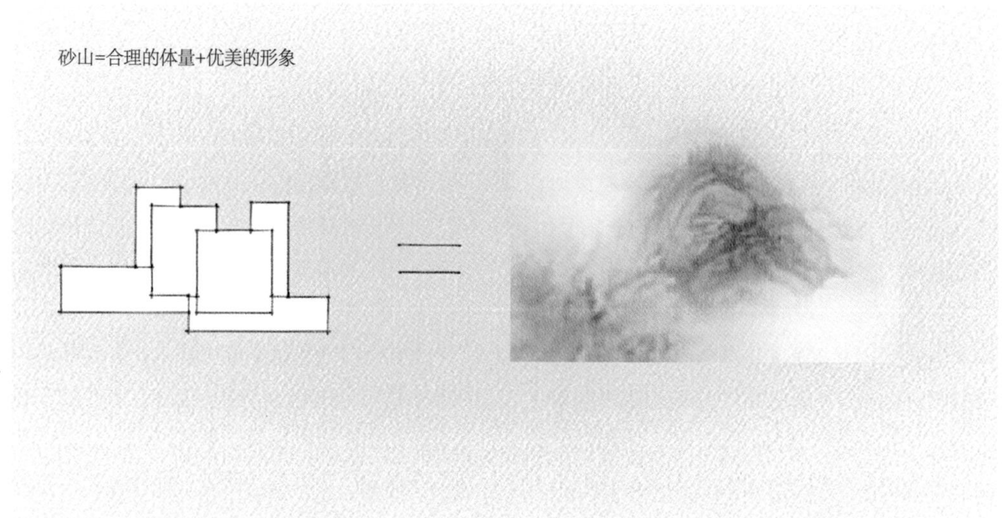

图5 碎石合形，塑砂山美景

城市中重要地区的高层建筑，如果分散独立存在，不利于城市天际轮廓线的组织，也不利于设立轨道设施组织运力。而通过高层建筑群组的集中组织布局，特别是通过优化高层建筑群的整体体量关系，可塑造良好的城市重点地区形象，削弱个体建筑可能对城市景观产生的致命影响与破坏。

结合北京的高层簇群建设现状和各核心区规划来看，城市未来可能存在的高层簇群，主要有中轴线北端的科学城商务区，城市西北的海淀中关村地区，城市西南的丽泽商务区、丰台科技园，以及东侧的通州新城。由于科学城商务区处于北京城市中轴线的北端、五环之外，与中轴线北端自然山体所形成的对景山体距离过近，极易破坏这一城市重要背景环境天际线，打乱城市中轴线的景观秩序。因此，建议控制科学城商务区的建设高度，保护城市北侧山体景观与城市中心区，特别是中轴线北望地区的视廊连续。而西北的海淀中关村地区，由于其距离自然山体较近，因此，其整体形态应呈现为西山山脉余韵的形势，保持绵延平缓，避免过高的突兀效果，使三山五园地区成为“两山[1]相挟之地”。城市西南的丽泽商务区和丰台科技园，则应顺应整个西侧山脉走势，以丽泽商务区为主体，整体体量向西南逐步削减。作为砂山主景的丽泽商务区，其高层建筑的群体形态将成为整个片区控制的关键。而城市东侧的通州新城，其高层布局可以看作是东部人工山脉的外扩延续，不会影响以中轴线为空间秩序核心的传统北京整体环境景观格局。城市南部，特别是中轴线地区则应尽可能限制建筑高度，避免超高层建筑的存在，以保护北京城市南向开敞的整体格局态势（图6）。

---

1 这里的两山指香山与中关村核心区人工山体。如果中关村核心区高层建筑不限制高度，势必影响颐和园、圆明园地区历史眺望景观。

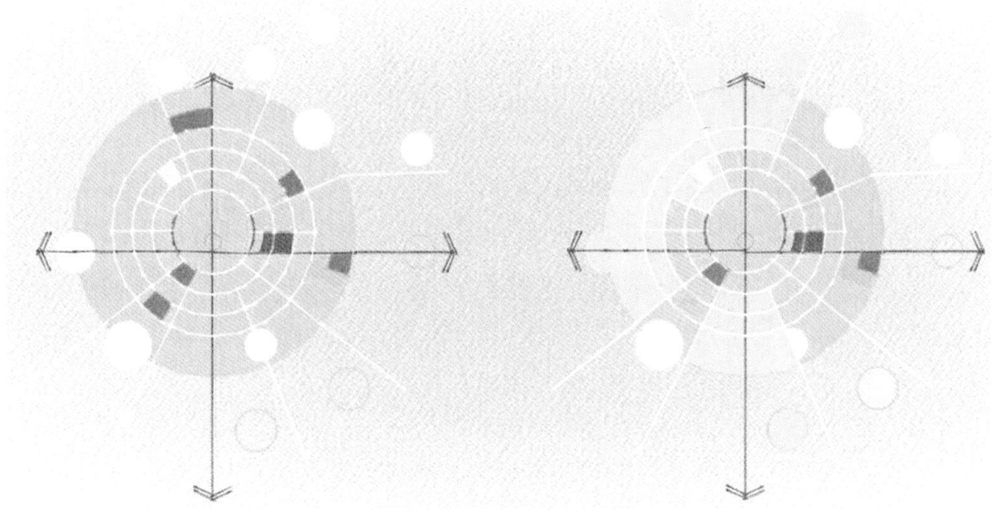

图6 北京建筑高度整体控制建议
左图为原有各独立规划形成的高层建设区，右图为在“新山水格局”下形成的建筑高度控制体系。

4.3

势为根本，形如英蕊

在整个对北京城市整体形态的理序中，我们并未大刀阔斧不切实际地提出某些宏大设计愿景，而是以延续北京整体环境景观格局为根本，依托已经形成的城市基本空间形态骨架，延续内低外高边缘过渡的整体形态变化趋势，通过“以脉蓄势，以砂为景，山为城倚，城借山势”的合形辅势原则，对整个传承800余年的城市整体环境景观格局进行合理延续。设计强调了中轴线作为北京城市空间秩序统领不可动摇的地位；通过控制城市南北的建设高度，延续北枕山林千顷、南统平原万亩的宏大山水气魄；优化限定西北、西南潜在高层建设区的整体形态，集中优势资源打造城市东部高层带，打造城市东、西人工山体与自然山体相呼应的“山环”新态势（图7）。

对于城市外围组团的空间形态定位则依据其主要建设区所处位置与自然山水的空间关系分为以下三类进行具体管控：

1）主要建设用地处于首都生态涵养区以内的怀柔、密云、延庆、门头沟，划定为山环水绕型，着重强调其周边山水环境在城市形态中的主导地位。

2）主要建设用地处于生态涵养区边界附近的昌平、平谷、房山，划定为近山临水型，

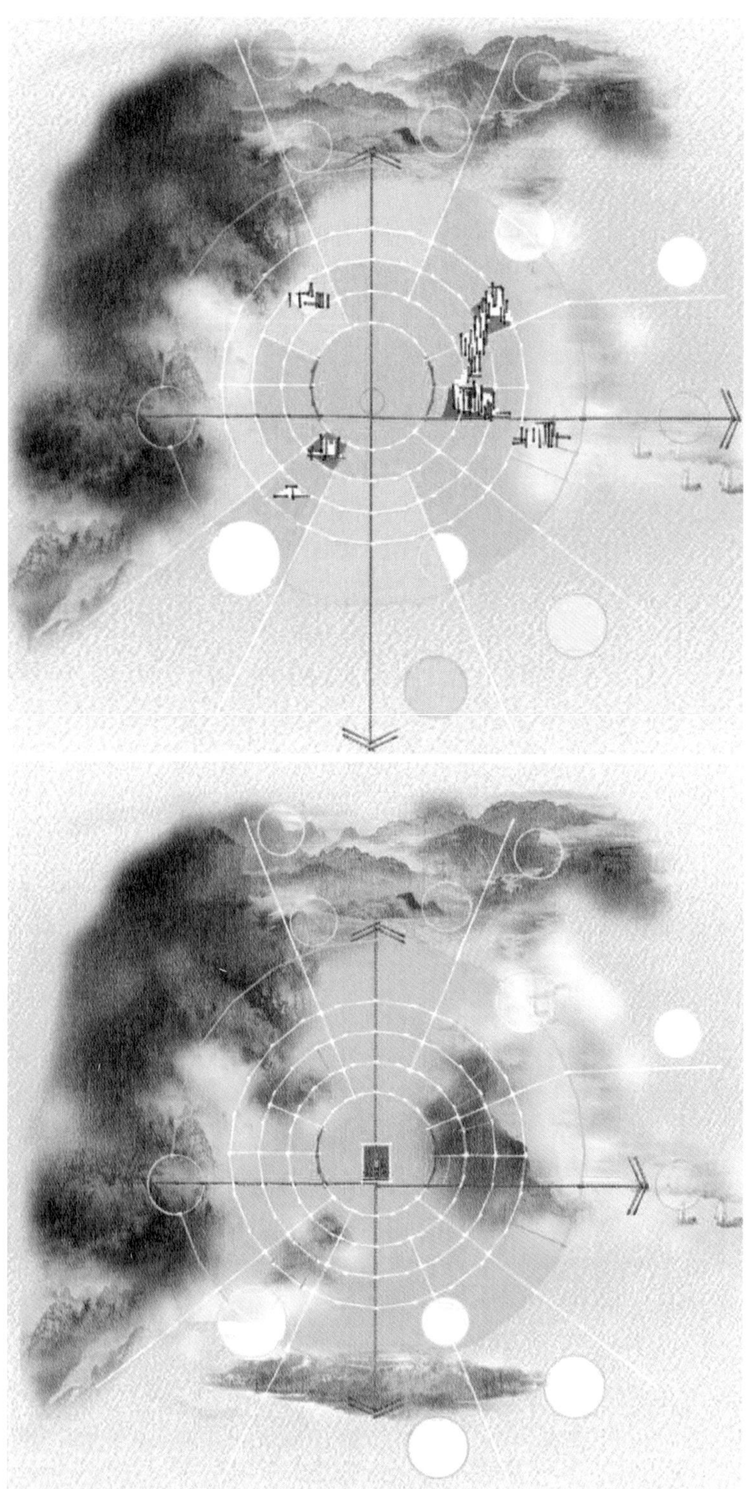

图7 合形辅势理念下北京“山环”新形态
把未来主要高层区域看作人工山体，结合原有自然山水，构筑新的城市整体“山水格局”，并满足北京古都人居环境的建构理念。

是中心城向生态涵养区过渡的重要交替区，应适度控制建筑体量，着重塑造近山亲水的生态景观环境。

3）主要建设用地远离城市生态涵养区的顺义、通州、亦庄、大兴，划定为远山望水型，在大规模建设发展时，应通过其与北京中心城的东南西北方位关系限定其整体形态发展趋势。

5

后续影响

这一尊重传统历史文脉延续又兼顾城市发展现状的整体城市形态控制发展思路，很快得到了北京城市建设管理部门的认可，并且结合城市战略性眺望景观的控制，进一步融入北京城市高度控制专项规划中得以深化。在这个过程中，我们提出的并不是一套复杂的理念，更不是一些直白的口号，而是将已经为大家所认知、所认可的传统城市山水建设理念进行了适应性应用，形成一套管理者可以简单快速进行理解和判断的原则。同时，这种从设计原点出发，对城市进行剖析和理解的方法，将潜藏在其中的中国文化、中国城市气质保留在城市整体形态的建设发展中。

在北京初试获得认可后，我们在思考这种古为今用的本土化城市设计理念是否只适应于北京。为此，在之后数年内，我们先后在南京江北新区、石家庄、马鞍山、洛阳等地的总体城市设计中进行持续探索，希望可以将中国气质的根骨留在更多的城市当中。除此之外，时隔6年后，我们再一次从北京出发，承担了城市中轴线北延的设计研究工作，并再一次从山川形势出发，从传统城市设计理念中汲取养分，探索属于当代中国本土化的城市设计理念。如果以鲁迅先生的一句话概括这种探索的使命，那就是“外之既不后于世界之思潮，内之仍弗失固有之血脉”。

俯仰因借

——中国传统城市景观组织手法在当代城市景观组织中的延续与应用

王颖楠

【摘要】

本文介绍了在北京总体城市设计战略中，如何通过对中国传统营城、造园思想中视觉景观组织理念手法的梳理，探索在当今城市建设发展中系统性设计组织眺望系统，实现对城市山水格局的延续和具有符合中国文化气质特征的城市战略性景观意象的构建。

【关键词】

总体城市设计；中国传统城市设计；眺望景观；城市意象；本土城市设计

┤1├

俯仰因借

1.1

溯源

正如前面所述，在这一版的北京总体城市设计战略中，提出北京要立足整体环境景观格局的保护与延续，展现大国首都所独有的城市特征和气质。那么落实在具体的设计管控上，除了上面通过合形辅势、比拟山川的方式，建立城市整体的形态格局意象外，如何将这一诉求更精准、更可控地落实在为来的城市建设控制中呢？这还要回到中国传统城市营造理念中剖析景观组织手法，延营城古法，存中国风骨。

中国古人在进行城市整体环境景观格局塑造时，除了通过堪舆术建立超越感知体验尺度的宏大山水格局外，更强调塑造真实的视觉景观。古人常通过特定的手法将城市与周边山水进行组织、关联因借，使缥缈的山水格局，转变为切实的城市景观，展示于世人面前。当代人最常体验到的是中国传统园林中的借景，即通过特定视点，或远或近，或俯或仰，将院内之景与院外之景相结合，就如《园冶》所述“构园无格，借景有因”。这种方式在城市尺度中，就是利用城市中特定空间使人远距离地感受特定的景观意图，比如去感受城市外部山水环境，进而使人们将山水与城市作为一个整体去感知。这种远距离的俯视或仰望，即眺望。

“眺望景观”一词虽然源于西方的风景规划（也被称为“景观总体规划”，是通过“超越由建筑及城市设计构成的地区内景观问题的范围，涉及城市的、由地形构成的大骨架以及眺望、远望的景观来展开讨论”[1]），但是“登高远望”“凭水远眺”在中国的历史由来已久。在中国传统营城理念中，讲究“相土尝水，象天法地”。其中“相”字意为察看，“相土”则涵盖远看地势山形、近察土壤地质的两重意思。由此可见，眺望可以说是中国传统营城过程中不可缺少的工作。另一方面，“象天法地”要求中国古人在营城的过程中观测天象，遵循天地运行的自然规律。这种“象天”的特定工作场所最早以“台”的形式出现，其原型即为传说中“嵩山之巅，禹之生地的天台”；并在后世作为观测、祭祀、瞭望之用得以延续，如曹魏邺城的铜雀台。随着宗教，特别是道教的风行，近天会仙，促进了“台”这种基础形式与其他建筑形式的结合，或借势，或悬空，或高建，最终形成了阙、阁、楼三种适用于不同场景的“眺望”建筑，并使眺望这种“少数人”的工作，转变为普罗大众都可以接触的生活体验。现在仍有诸多历史上延续下来的著名城市眺望景观保存完好，甚至仍为现代人所津津乐道，成为城市最重要的山水、人文名片，如杭州的雷峰夕照、南昌的滕王阁等。

1　西村幸夫+历史街区研究会编著. 城市风景规划：欧美景观控制方法与实务. 张松，蔡敦达译. 上海：上海科学技术出版社，2005：7.

2　《庄子》：“道一也，在天则为天道，在人则为人道。”

3　汪德华说：“人是天地之心。”王守仁说：“心无体，以天地万物感应为一体。”

1.2

逐本

虽然“眺望景观”这一词汇并没有见诸中国古典营城典籍或文献记载，但是从现存的实际案例来看，其作为一种重要的传统城市设计手法，可以用来组织城市山水关系，感知城市整体形象，建立城市意象，形成特定空间氛围。同时，中国传统景观眺望的建构有别于西方20世纪30年代以后逐渐兴起的眺望景观规划，其作为城市建设之初就存在的核心环境景观组织手法，以刻画展现城市及其山水格局为根本。而西方的眺望景观规划出现在城市高层建筑兴起的时期，更多的是为了保护和延续城市原有的风貌及特色而对相关建成及非建成地区进行建设管控（表1）。

这种差异源于中国传统营城理念中以“天人合一”为根本的哲学观。其中，“天”代表世间万物，天道纲常；“人”除了代表现实意义中的人外，还代表了人的一切行为和思想；而“合”字则道出了人与万物之间的关系，天道即为人道[2]。而天道本无体，需借人去感知表达[3]。因此，在城市整体环境景观的具象化表达中，古人更倾向于从人的行为习惯出发，以视觉景观引导为根本，去展现传统城市空间在山水自然之道中的统一。另一方面，这种强调体悟与引申的文化习惯，使得中国传统营城理念中的眺望景观，势必不会强调某一建筑个体，而是通过建筑物或构筑物来组织整个景观，强化景观的核心特点或表达特定意境氛围，起到点睛的作用。这就如同中国书画重在意境的表达一样，不强调个体建筑物的恢宏亮丽，而是通过建筑物

表1 西方眺望景观规划的四类典型案例

代表城市	编制管控目标	编制管控重点	落实手段
英国伦敦（日本松本）	保护及延续城市历史性景观	通过定性的视觉评估和定量的景观评估，对象征国家形象、展现地域文化定位的眺望景观进行保护与改善	跨区域协作，立法保护，计算机辅助模拟评估
加拿大温哥华（中国香港）	保护及展示城市地理环境特色	保护具有标志性的环境山体景观，从视觉上体现该区域的自然环境特色	眺望景观保护导则限定眺望开发强度 区划条例分区管控 城市管理信息系统监管
德国慕尼黑（斯图加特）	调节控制城市整体形态	眺望控制整个城市天际轮廓线，强化城市风景之“窗”的标志性建筑的天际线控制力度	利用区划限定建筑开发高度分区
法国巴黎	组织协调城市内部景观	通过纺锤形控制，建立“景观-视点-视廊”组织、设计城市景观，突出城市空间结构	成为法定土地占用规划（POS）的一部分 建设申请许可审查的重点内容

资料来源：作者自绘

与自然环境之间的关系烘托整体的环境景观氛围。可以说，环境氛围是古人眺望景观所要表达的主体，这与中国传统诗词中的审美取向一致。例如，王勃的《滕王阁序》中就有“落霞与孤鹜齐飞，秋水共长天一色”的描写，其中既没有大段的细节描述，也没有连篇累牍的赞美之词，却可使人在短短数字间细细品悟。因此，中国传统营城理念所塑造的眺望景观可以说是将诗词之体、歌赋之律、书画之美融于其中，形成山水环境“有情于我”[1]的整体景观氛围。在堪舆学中这种“有情于我”的山水意境，实际上是对于聚落、城市或者“穴”周围山水景观的向心引导，即展现一种“万众归心，百景朝穴”的整体态势。因此，古人设计这些眺望景观的目的并不在于造景建境，而是对城市整体山水格局的展示。这是古人“心识开通，瞻视明远”才能达到“见微知著”[2]的全局观的具体展现。中国古人正是通过对于眺望景观的营造，使人们破开“只缘身在此山中”的局部视角，构建出意象中的城市整体山水格局，形成并建立城市景观和文化的可识别性。

1 郑同点校. 堪舆：下册. 北京：华龄出版社，2008：383.

2 张杰. 中国古代空间文化溯源. 北京：清华大学出版社，2016：344.

┤2├

眺望今朝

2.1

实践

时至今日，随着中国大规模快速城镇化建设逐步走向尾声，诸多城市已经逐步从大规模推动新区建设，逐步走向城市建成区更新提升改善的发展建设。对比资料文献，可以发现现有眺望景观规划的出发点与西方眺望景观规划更为接近。对于眺望视点与视廊的选择，则主要是基于大范围的地毯式搜索、街景影像检索，以及三维仿真技术模拟进行的。例如张伟一就通过对北京旧城西城区内的文物建筑的调研走访，提出了相关的视线走廊、对景和建筑高度的控制构想和原则（张伟一，2004）。这与国外眺望规划的眺望点设定选择过程基本一致，但与中国传统营城理念中以设计视角出发、有选择性地展示城市特色有了本质的差别。

另一方面，就我国现有的规划体系来看，并没有具有独立法律意义的城市景观规划。城市景观问题通常是依附于城市总体城市设计和区段城市设计，乃至一系列的非法定设计规划，如城市风貌规划（研究）进行编制。而眺望景观规划在欧美诸多国家作为一个专门的类型独立存在。以最早开始进行眺望景观规划的英国为例，自1938年开始对圣保罗大教堂的眺望景观进行控制，时至今日已经形成了由战略性眺望景观（strategic view）和地方眺望景观（local view）组成的眺望景观规划控制体系[1]，并一直作为大伦敦城市发展战略的重要组成部分。自1991年颁布之后，历经2000年和2007年两次修订，形成了26处眺望点，成为城市开发指引的重要法律依据[2]，并建立了明确的眺望景观选择评估体系机制，形成了长期的持续跟踪维护过程。而我国并没有专门的固定渠道展开眺望景观规划，也没有形成关于眺望景观视点视廊选择的评价体系，这使得我国眺望规划中眺望点的选择具有很大的主观性和片面性，相关的规划设计成果也很难持续跟踪维护（表2）。

1　详情可以参见：西村幸夫+历史街区研究会编著．城市风景规划：欧美景观控制方法与实务．张松，蔡敦达译．上海：上海科学技术出版社，2005.

2　https://www.google.com/amp/s/landscapeis-kingston.wordpress.com/2015/09/07/the-london-plan-strategic-view-management/amp/

表2 国内部分眺望景观规划开展渠道及控制目标

案例	眺望景观规划依附的规划类型	控制目标
南京市总体城市设计	总体城市设计	历史城市景观[1]眺望保护、城市天际线控制
澳门总体城市设计		历史城市景观眺望保护、城市天际线控制
无锡总体城市设计		城市自然山水要素保护
南京江北新区城市风貌专题研究	城市风貌专题研究	城市自然山水要素保护、城市天际线控制、城市内部景观组织
烟台城市高度控制专项规划	城市密度（高度）专项规划	城市自然山水要素保护
桂林高度控制专项规划		城市自然山水要素保护
环滇池空间形态与天际线控制规划	区段城市设计	城市自然山水要素保护、城市天际线控制
海南金融区景观风貌规划		城市天际线控制
西湖东岸城市景观规划——西湖申遗之城市景观提升工程	环境景观整治提升专项	历史城市景观眺望保护

项目来源：作者亲身参与，院内项目库，期刊介绍

2.2

反思

人们常常感叹现代城市认同感和归属感的缺失，而这其中除了城市超尺度的聚集发展外，更多时候是因为我们的城市没能给人们提供全面了解城市的视角。有人会说，不是很多地方建了超高的眺望天台，可以从上面360° 无死角地俯瞰整个城市，这仍然不全面吗？确实，动辄数百米高的眺望塔的眺望视野在物理上是无死角而全面的，但这种眺望看到的画面太全，也就意味着没有主题和实际的眺望目标。而这种信息量过于庞杂的眺望，可能会在短时间内带来激动人心的震撼感，但却很难指引人们认识到城市所独有的山川意象和城市特色。其根源在于这种眺望景观没能把重要的城市要素组织成具有强烈识别性的画面，以帮助人们理解城市、感悟城市。同时，由于这种眺望性景观过于连续，人们通常只能产生实时的感慨，而无法建立深刻的特征记忆，更难谈及其画面的艺术性和精神意义。

1　刘颂，高健．西欧历史城市景观的保护．城市问题，2008（11）：5.

在科学技术主导世界的今天，多数中国城市遵从西方规划建设的理念，同时大量的现代建筑更模糊了中国的城市特色。想在中国城市中重新凝聚中国气质，我们不能依靠古风建筑和中国新古典主义建筑的大规模修造，这是对历史不负责任的模拟。我们应超越简单的建筑风格形式探讨，转而从城市整体的角度出发，以中国式眺望为载体，营造极具主题性的眺望景观。回归人本体验，有目的地设计符合中国人文审美需求的眺望景观。这样的眺望景观才有实际的认知意义和存在价值，才能为人们提供更具文化象征意义的整体意象，才能重新凝聚城市空间中的中国气质。因此，我们应将城市眺望景观作为城市视觉体验系统的精华和亮点，使之作为城市景观文化资产转化为实际的城市经济资产和社会资本，成为一个城市最为独特的无形资产。这些城市核心形象的眺望景观也应该纳入总体规划的专项章节，赋予明确的法定地位。在未来，我国是否也可以像诸多西方国家一样，明确形成针对城市景观，特别是眺望景观保护的法律条例，使眺望景观规划成为保护公民眺望权利、展现城市特色乃至延续中国气质、保护国家形象的有效工具？

┤3├

北京之道

作为中国古代建城史的典范，北京城对于眺望景观的处理是极其综合全面的。有由远及近地眺望整个城市，感受城市与整个山川关系，体现都城气象的整体性眺望景观；有通过组织山水视廊，引远山入城景，眺望城市背景环境的自然性眺望景观；亦有结合文化、宗教等特殊场景，形成民俗信仰、精神统治意象的象征性眺望景观；更有塑造极具识别性的人工、自然景观要素，形成城市场所印记、区域界线标识作用的标志性眺望景观。

因此，在这一轮总体城市设计战略的研究过程中，我们放弃了地毯式筛选眺望景观的策略，而是通过深入研究北京传统城市设计理念，分析总结北京传统眺望景观构建的目标意境及方式手法，从设计的视角出发，保护延续北京城根本性的城市整体环境景观格局，并结合现今城市建设特征运用传统城市景观塑造思路与手法，建构北京战略性眺望景观框架。这一框架的建立旨在突破了无目的、片面性眺望景观的罗列，以设计视角甄别最能表现城市环境禀赋和历史特色的眺望景观，同时借鉴古法对城市中具有特殊价值的地区，提前进行眺望景观组织，为城市整体意象系统的完善提供持续引导。

3.1

格局展示之道

整体环境景观格局作为中国传统城市营造的根本，在传统城市营造中并不是简单的平面设想，而是通过视觉引导，构建中式如画的诗意栖居环境景观。北京城借水体构建，挖土堆山，形成北京内城的制高点景山。在其上修建观景亭台，可以环眺整个北京城（虽然这个设计当初仅为皇帝享用），看西北山峦环抱，曲水穿城东去，向南轴线巍峨庄严，向北晨钟暮鼓掩映肃穆山林，四个方向的眺望景观都各自展示出了山水城的一番独特气象（图1）。

图1 景山南眺景观　资料来源：视觉中国

以景山西眺为例，我们可以发现，站在景山望春亭向西看，北海白塔成为整个画面的视觉中心，而其位置恰巧处于西山山脉错叠交接之处。古人通过在眺望点和大面积连续的环境景观中，设置点睛的白塔，有效强化了西山在整个画面中的地位，并进一步点出了西山主峰独特的山形韵味。同时北海、白塔、西山——蓝色、白色与墨绿色的对比，更生动地将北京城掩映于这青绿山水画卷中（图2）。这使人们可以充分地感受到北京西侧山脉层峦拱卫的整体格局特征。

图2 景山西眺景观——白塔与西山的构图关系　资料来源：视觉中国
从景山眺望白塔，塔尖与西山山体间的呼应关系。

3.2

山水联立之道

城市山水环境作为每个城市最与众不同的环境要素，是塑造城市特色的根本。银锭观山作为北京八景之一，是北京最有代表性的山水眺望景观。在营城之初，古人就通过设计水体形态，利用大型开敞水面作为重要的眺望视廊，将西山的美景引入城市，使人们可以在城市内清晰地感受到城市的山水环境。这种引城外山景入城、凭水观山的方式，拉近了城市山体与水体关系，也充分展现了中国城市特有的山水相伴的人文景观诉求。同时，大型水体，特别是什刹海和后海作为大运河进京的终点，是城市中最为重要的码头和市场的公共活动空间。因此，在此处设定眺望点，也可以最大限度地对城市山水景观进行展示。为了进一步强化北京山水联立的展示理念，在城市眺望体系的塑造中，我们延续了“凭水观山”这一手法，依托城市内大型水体公园或者重要河道的连续开敞空间打造看山水眺望视点，在最大限度地保证眺望景观公共性的同时，引导山体景观展示，通过建筑轮廓线的控制引导，突出、强化自然山体本身的景观特质。

3.3

氛围营造之道

北京作为千年古都，其历史性的城市景观很多都成了北京的代名词，更有一些成了中国的国家形象符号。虽然这些历史景观是相对微观的，但其独具的景观场所氛围，承载了中国气质的核心意境。以天坛为例，作为重要的祭祀场所，在其设计修建的过程中，着重突出表达整个区域“空旷无垠、接天连地”的场所氛围。在这里用到的眺望组织手法有别于前三者，从着重“看见”到强调“看不见”。即通过抬高祭祀空间、密植树林和限定围墙高度的方式，在祭祀空间的眺望视野内充分体现了“空旷无垠”只见天际的场所特征（图3）。

由于这类历史性眺望景观都具有特定的空间氛围，今天我们对这类景观的保护要以延续传统历史景观意蕴为根本。因此，我们要利用好传统眺望景观塑造中的“消纳”原则。消为障，纳为借，即障景和借景[1]。面对高楼林立的现代城市，对于历史性眺望氛围的延续，宜采用“障景”的手法，利用视角的调整变化、植被的修剪种植，以及人工构筑物的营造建设，对不利景观要素进行屏蔽和遮盖，突出控制“看不见”，即保证眺望视廊与眺望对象的背景协议区不被新建建筑影响，以最大限度地保护好这些特定场所的历

1　张杰. 中国古代空间文化溯源. 北京：清华大学出版社，2016：349.

史氛围。如站在太和殿前广场任意位置眺望故宫三大殿都不应该看到任何新建建筑。同样，在北海西沿眺望白塔和景山，或者在荷花市场眺望钟鼓楼，在核心视廊范围内不应该看到任何新建建筑，以保证历史性眺望景观氛围的完整性。

3.4 标识塑造之道

传统堪舆营城文献中常记述水可以聚气，因此不可以让水奔流不止，需要通过在水流进入城市的上游，依地势、借塔峰形成关口，意为水气关拦的意象。实际上，结合对古代交通方式的分析，可以发现河流是古人长途跋涉的主要通路，而在城市外围的主要河渠建造塔，就如同我们今天在城市设计中常常提及的城市门户印象打造。北京通州运河边就有著名的燃灯古塔，作为北京城的重要门户形象，是人们进出北京城的地标性参照物。

而在城市意象越来越模糊的今天，这种城市标识性眺望的塑造就显得尤为重要。因此，在眺望景观系统组织的过程中，我们充分借鉴上述传统手法，参考沿重要交通要道立“塔”塑造门户节点景观的思路，选取北京现有的重要交通性要道，设立动态观察视廊；结合城市中心体系布局，组织确定眺望景观核心区域；确立标志性的景观节点，引导后续区域的建筑群体形象，打造特色节点意象。进而避免每个片区独立设计时视角局限在区域内部的问题，从城市全局角度出发塑造城市整体环境景观（图4）。

4 四看管控

整个眺望景观系统架构参考境外城市眺望景观的规划目标，结合传统眺望景观构建手法，最终形成了看全城、看山水、看历史、看风景四类眺望景观组织架构（图5）。这一架构希望通过眺望景观设计目标的确立，形成一系列符合北京固有传统景观塑造逻辑的城市眺望景观，以眺望视角对城市进行景观的整合梳理与再设计。眺望景观的设计并不是一蹴而就的，想形成并保持任何一组眺望景观都是一项长期而持久的工作。因此，眺望景观设计最终必将成为城市设计控制引导的管控内容。

4.1 刚性与弹性兼顾的分级管控

面对最终数十甚至上百组眺望景观，应根据其重要程度，通过合适的评价体系，将其划定为战略性眺望景观和一般性眺望景观，以便于展开具体的规划管理工作。同时，考虑到眺望景观未来实施的途径不同，可以通过管控策略的差异按管控力度的严格程度进行分级，将需要通过严格限定视廊、背景协议区高度的眺望景观划定为刚性控制级。对于这一类的眺望景观，在未来主要是通过计算机模拟计算，依托控规严格限定具体地块的建设高度，来实现眺望景观的设计意图。而另一类则是需要通过城市设计进行长期跟踪

图3 天坛圜丘南眺皇穹宇　图片来源：视觉中国
这一区域在视觉上应该只能看到树荫与蓝色的皇穹宇屋顶，以保障没有历史景观意象上的视觉干扰。

图4 北二环拐点与机场高速衔接处的眺望景观核型控制区域
作为城市重要对外交通廊道的转折焦点，现有高层建筑群天际线过于平直，不利于形成具有辨识度的良好城市景观。

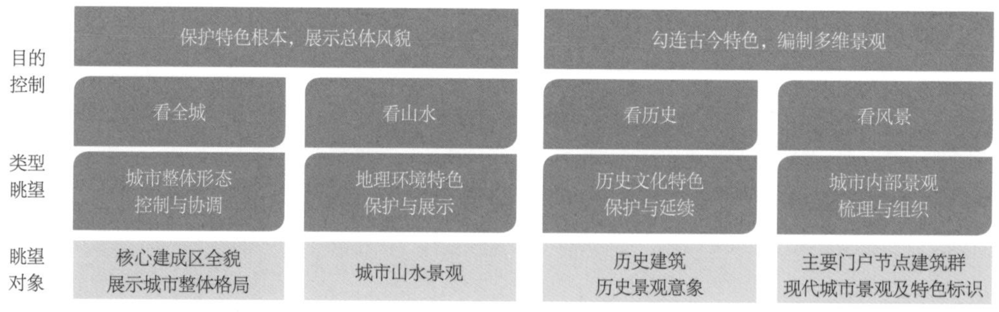

图5 北京眺望景观系统框架

和维护的眺望景观。这一类眺望景观无法通过单纯的高度限定来实现设计意图，因此将其划定为弹性控制级。

4.2

整体与个体兼顾的差异引导

上述两个不同级别的眺望管控中存在不同眺望方式的眺望景观，在眺望点高度、眺望视野宽度，以及眺望景观组成层次上都各有特点。因此，对不同眺望意图下的眺望景观，按眺望方式进行梳理，可以分为鸟瞰眺望、全景眺望、纺锤眺望及廊道眺望四类，并分别确定眺望景观核心管控要素，形成相应的管控逻辑与管控标准。

对于鸟瞰类型的眺望，其眺望视点高于眺望对象，眺望视野可以达到360°，眺望景观由前景、中景、远景三个层次构成。由于在不同的景观层次中人眼对于眺望对象细节把控存在差异，在前景中主要应控制眺望要素的个体特征，如建筑高度、体量、色彩、屋顶形式及附属构筑物等。在中景中，人眼的视觉重点从细节要素转移到了空间整体的开合关系，因此景观塑造与控制的重点过渡为开敞空间脉络。而在远景中，人眼只能识别建筑轮廓线，因此远景建筑群体的天际线组织管控成为重点（图6）。

对于全景类型的眺望，眺望点都不会高出眺望对象，其眺望视野不超过180°，眺望景观由前景、中景和背景（即我们常说的城市立面或者城市剖面）组成。前景仍然以控制细节要素为主，甚至包括植被特征；中景、背景则转化为对建筑、山体这两类不同的轮廓线控制。

纺锤形眺望（借用了法国眺望景观管控中的纺锤形眺望的术语，主要指其眺望视野被划分为不同的视域进行管控）的眺望点多为地平面，其眺望视野最大限度可以达到180°，但是整个眺望视野需要被划分为由核心视廊、背景协调区以及周边景观协调区组成的管控区域和非管控区域。核心视廊着重控制眺望主体的个体要素细节，背景协调区和周边景观协调区则需要进行以突出和充分展示眺望主体细节为根本的整体控制。

廊道类型的眺望，由于其眺望点在地平面，眺望视野被实际空间要素所局限——这里主要指沿道路的对景眺望——这类眺望通常存在眺望点动态变化的过程，因此，其对眺望主体的管控既涉及个体要素细节，也包括群体轮廓线特征；同时，廊道两侧的建筑作为视廊的边界，需要对其整体的连续形象及轮廓线进行控制引导。

图6 北京电视塔东眺

5 结语

在北京开启的基于中国传统营城理念的“四看”眺望景观框架探索，不单纯是就北京一地的眺望景观特征进行提炼，更多的是将带有中国文化及审美特点的城市景观设计组织手法与西方眺望景观管控相结合，形成一套适用于中国当代城市风貌意象塑造的眺望景观设计理念。这一设计理念以中国独有的传统城市建设理念为核心，将视觉体验与建构城市形态、协调城市风貌、展现城市特色相结合，并在北京形成了在总规中落实框架，在专项中分级管控，在导则中分类引导，在控规中动态维护的完整探索实践。同时，我们将这套设计手法及理念，运用到其他不同类型、不同尺度的城市眺望景观建构中，均能很好地展现城市的风貌特色。

见微知著

——新技术在存量地区的应用以海淀区总体城市设计为例

黄思曈

【摘要】

本文结合北京海淀区总体城市设计工作，以存量地区的新技术应用为抓手，通过空间句法、街景图片识别等方式，将人们对海淀已形成的基本城市意象具象化，精准、高效地识别特质，发现问题，辅助形成公共空间设计策略。并提出存量地区对新技术的应用与推广应紧抓规划地区独特的历史文化、自然资源特征，聚焦存量地区不同区域的多样性特点，因地制宜制定技术框架，塑造地方特色。

【关键词】

新技术；存量地区；总体城市设计

┤1├

海淀区总体城市设计是对北京总体设计战略的延续与深化

《海淀区总体城市设计》工作于2018年开展，是《海淀区分区规划（2017—2035年）》的专题研究之一，也是对《北京市总体城市设计战略研究》工作框架的延续与深化。从北京市深入海淀区，本研究试图探索一些新的工作方式，以应对分区总体城市设计更精准，更与实际情况结合的需求。

新方式的选择一定是围绕着地区特色的。海淀区是北京城区中兼具历史文化禀赋与科技创新实力的存量地区，具有“文政黉宇、山水胜境、创新家园”的鲜明特色。三山五园地区是《北京城市总体规划（2016—2035年）》中历史文化名城保护体系的重点区域，是首都文化中心定位的重点展示地区；新版总规“三城一区”中的中关村科学城范围与海淀辖区重合，应集中体现首都科技创新中心定位。但就目前的情况来看，三山五园地区的文化资源呈现散点状态，各点的连通性和可达性都亟待提升；城市活力空间缺乏整合设计，未表达出科技、绿色、生态、宜居的城市特点，活力不足，生活体验感不佳；单位大院、科研大院等社区环境改善诉求强烈。

┤2├

新技术用在哪里？

应用于公共空间的新技术：如何彰显三山五园地区的国家形象，如何提升科技创新资源集中地区的活力、塑造科创特色，是海淀总体设计工作希望重点回应的问题。在宏观层面上，本研究梳理出“山林入城、绿廊贯穿、科创引领、一核多点”的整体景观格局（图1），明确了三山五园地区“文化绿心”的核心景观地位，明确了沿中关村大街、北清路集中展现的科创风貌。随着工作的进一步深入，本研究发现这些问题最终还是要落到空间与人的关系上来，也就是要从公共空间活力的层面，更精确、更丰富地获取相关现状信息，更具体、更深入地论述空间与人的关系，有的放矢地找到提升公共空间活力的对策。

应用于存量地区的新技术：而对于海淀这样一个面积约430km^{2}的存量地区，各类服务设施、科创活力的相关信息显然难以通过扫街调研、街镇走访等传统方式快速获取，这个时候本研究开始寻找合适的新技术方法，期望能够快速准确地提取能够支撑公共空间活力提升这一目的的数据信息。

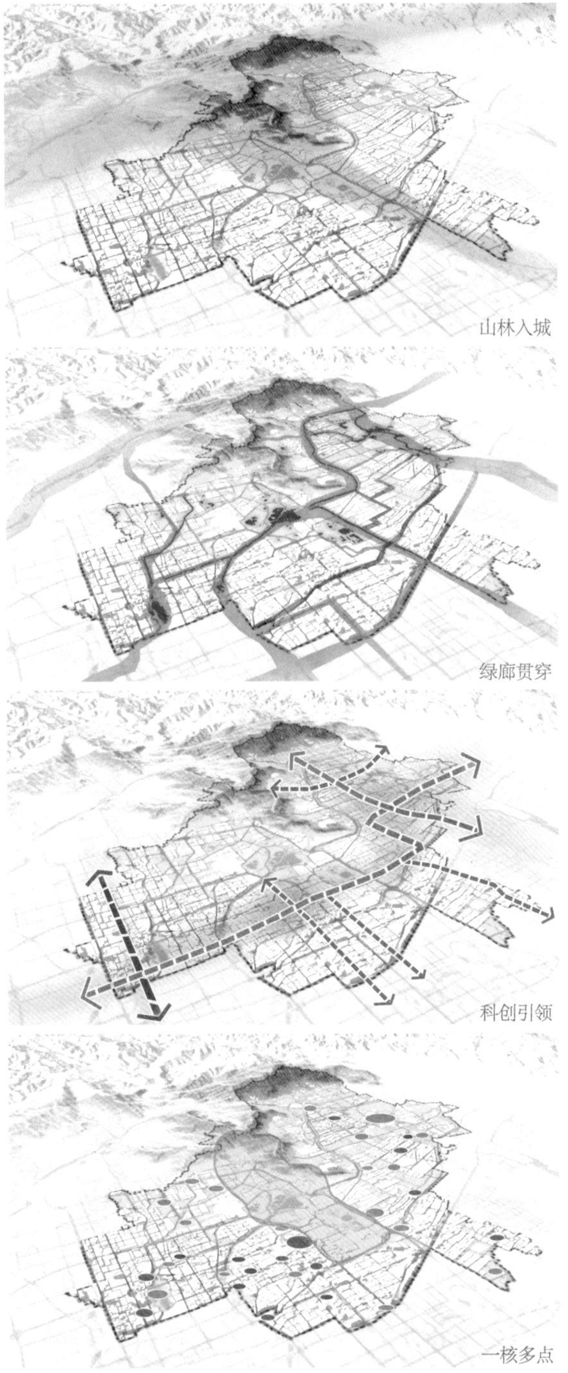

图1 海淀整体景观格局构建分析
梳理“山林入城、绿廊贯穿、科创引领、一核多点”的整体景观格局，明确三山五园地区“文化绿心”的核心景观地位，明确沿中关村大街、北清路集中展现的科创风貌。

┤3├

新技术怎么用?

本研究结合海淀区的功能特征、空间特色及公共空间实际问题，从设施、交通、公共空间等多重要素共同组织角度，提出首都功能集聚的文化绿心活力体系、科创空间活力体系、宜居社区活力体系、街道活力体系。根据不同的分析需求采用各类新技术进行数据提取、数据分析及聚类，从设施增补、交通改善、公共空间品质提升等方向形成提升改善策略。

3.1

交通设施与服务设施数据提取——构建三山五园人文绿心活力体系

三山五园地区以世界级历史文化传承发展典范地区活力塑造为目标，通过协调交通组织、优化停车设施布局，提高交通综合服务水平；结合拆迁腾退、村庄更新，完善商业服务、文化娱乐、度假休闲等服务设施配置，塑造地区全景式展示体验空间；依托自然、历史、人文资源，打造连续、高品质的慢行体验网络。

3.1.1 交通活力分类提升策略

本研究将交通活力分为两类考虑：依托轨道站点、公交站点的公共交通活力，依托停车设施的私人机动车交通活力。因此本研究通过大数据提取三山五园地区的轨道站点、公交站点、公共停车场位置信息，与区域内各类公园入口的数据信息进行服务半径的叠加分析（图2）。

在公共交通设施与活力要素的关系上，通过对公共活力地区的轨道交通站点500m服务半径和公交站点250m服务半径进行叠加分析，得到三山五园地区的公共交通高可达性活力地区分布图。整个区域的公共交通可达性呈现出自东向西逐步降低的特征，其中以圆明园、西苑、北宫门、安河桥北、香山植物园六个地铁站点与周边公交站点形成的高可达性空间为公共交通核心。提出了强化这六个交通核与主要景观出入口周边1000m范围内空间，形成慢行活力集中区的交通活力提升策略。

在非公共交通设施与活力要素的关系上，通过对公共小汽车停车场500m服务半径的分析，发现停车场整体呈现东多西少的局面，东部地区停车场覆盖了主要的创新空间集聚区，而西部地区停车场的主要服务空间范围与公共交通的服务范围重合度极高，造成了多类型交通流量混杂，未来应考虑错区发展。

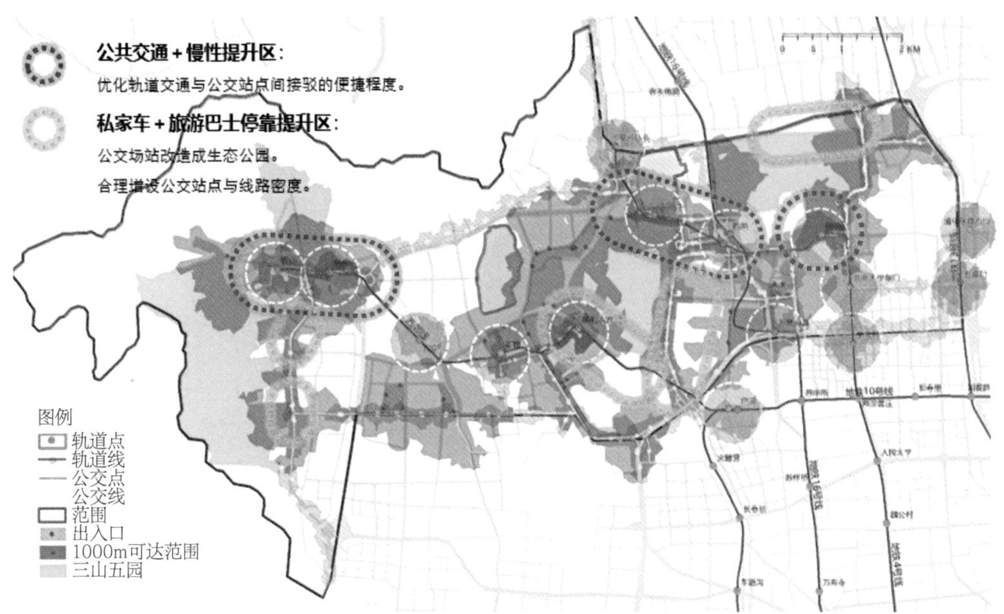

图2 基于开放数据的三山五园地区公共交通/私人机动车主导空间分析
将交通活力分为两类考虑：依托轨道站点、公交站点的公共交通活力，依托停车设施的私人机动车交通活力。

3.1.2 设施活力分类布局策略

本研究选取三类设施，即购物与餐饮等一般性服务设施，咖啡馆和茶馆等高端服务设施，以及酒店住宿类服务设施，对各类设施点250m服务半径进行分析，得出三山五园地区的设施分布情况及其与需要公共活力地区之间的关系（图3）。提出未来应围绕公园出入口和公共交通服务核形成慢行活力地区，有针对性地增补高品质商业服务设施和体验式消费展示区；围绕公共交通集中服务核打造慢行活力地区，围绕公园出入口增设高品质商业服务设施；在公共交通集聚的慢行活力地区增设高品质民宿类特色精品酒店，在机动车交通主导出行的景观地区及科创展示地区增设国际化高端酒店，在科创集中地区增设精品商务酒店及会议交往功能等。

图3 基于开放数据的三山五园地区一般性服务设施分布分析
选取购物与餐饮等一般性服务设施，咖啡馆和茶馆等高端服务设施，酒店住宿类服务设施，对250m服务半径进行分析。

3.2

科技创新企业与单位大院分布信息提取——构建科创空间活力体系

海淀的科创活力源于各类科技创新企业及科研院所，它们在空间上的分布极具特色，因此本研究借助大数据手段，提取各类科创企业与单位大院的分布信息，基于空间分布南北差异显著的特点，提出南部地区与北部地区提升科创活力的不同策略。

3.2.1 科技创新要素的空间布局分析

结合大数据对海淀区企业信息的提取，归纳为五类海淀科创活力要素：科创核心类企业、教育培训类企业、创新推广类企业、创新支撑设施、创新交互设施（图4）。其中企业及设施数据分类，主要依据工商局企业注册信息分类表进行划定。科创核心企业涵盖互联网、软件相关研发企业，信息技术服务、研究和试验发展、软件开发、集成电路设计等，以科学技术为核心的创新创造技术型企业。教育培训企业包括信息技术咨询服务、工程技术培训、职业技能教育等相关文化教育创新发展行业。创新推广企业主要包括科技推广、商贸服务企业，包括管理、技术推广、法律服务、中介机构、货币金融、市场投资等方面的企业。创新支撑设施除了产业配套，还需要实际的生活设施支撑，主要涵盖生活服务类企业，包括酒店、餐饮、百货超市和其他零售等配套设施。面对新的创新时代的交往需求，创新交互类设施将成

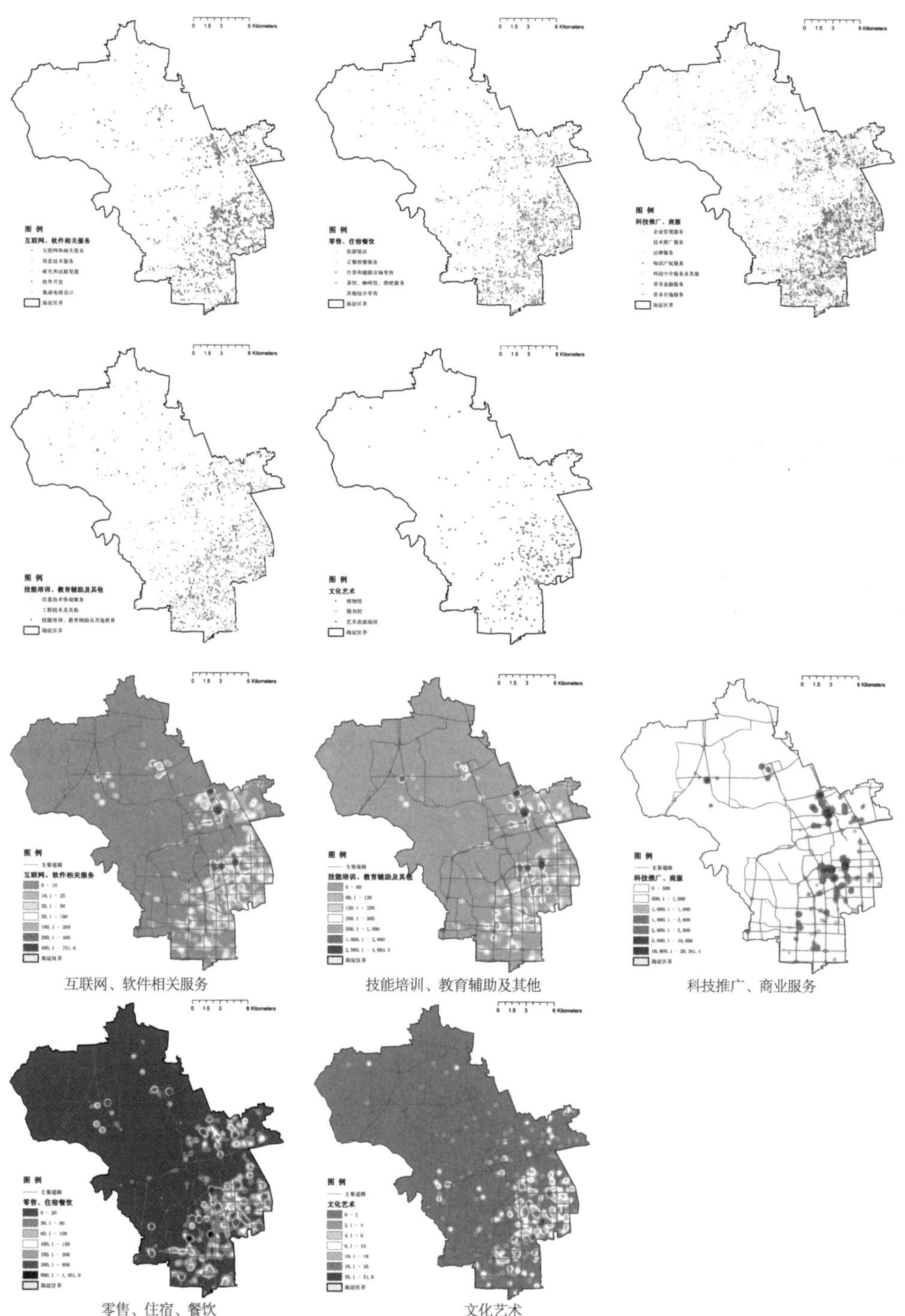

图4 基于开放数据的科技创新要素分类及空间布局分析

提取海淀企业信息，按科创核心类企业、教育培训类企业、创新推广类企业、创新支撑设施、创新交互设施五类，分析科技创新要素的空间布局。

为助推创新活力的重要空间载体，这类设施主要涵盖博物馆、图书馆、展览馆、演出空间等文化艺术创意类互动交往设施。

在北部和南部地区都应更加重视创新支撑类设施和创新交互类设施的培育和增补，从单纯做产业的发展思路转变为做创新城市、创新社区的思路，重视创新人才的精神和物质生活，提升创新产业的整体发展和高效产出，有赖于五类生产企业和设施的集聚协调发展，不足区域应发展短板，形成发展合力。科创核心类企业、教育培训类企业、创新推广类企业三类科创核心产业热力分布匹配度较高，集中区域相似，未来需同步布局，有利于提升整体创新活力。创新支撑设施、创新交互设施的热力分布在北部地区与前三项明显存在不匹配的情况，可进行业态功能的补充以确保科创活力。

3.2.2 南部地区科创活力空间提升策略——单位大院边界开放

南部地区优化产业服务设施布局，推动科研院所、高等院校的内在创新活力向周边拓展延伸，结合中关村大街高端创新集聚发展轴等主要创新发展轴线，打开大院边界，利用周边存量用地，打造共建、共治、共享体系的创新交往空间。

根据海淀科创产业活力区域与单位大院边界的叠加，并结合主要科创空间轴线——中关村大街、成府路、知春路、学院路、京张铁路绿轴沿线五大街道，划定应重点打开的科创产业活力高的大院边界地段，例如清华大学东南部边界、北京大学南部边界、中科院边界、农科院边界、北京航空航天大学边界等。在不影响大院内部生活工作环境的前提下，对海淀的城市空间进行科创活力输出与生活设施增补，改善由大院空间带给城市的负面影响。同时，这种空间界面的交互也对大院内部科创潜能有激发作用，共同构建内外互动型城市科创活力空间，打造城市科技创新创业活力区。

3.2.3 北部地区科创活力空间提升策略——小街区、密路网、窄断面

北部地区补充完善设施配套，结合轨道交通站点的布局，促进街块的尺度与科创功能进一步匹配，采用“小街区、密路网、窄断面”的建设模式，激发街区活力。应对海淀北部地区不同的科创产业类型，形成不同的开发尺度。例如科创核心产业的街块尺度建议50~400m；研发办公类型建议采用100~150m；商务办公类型的街块尺度建议采用70~120m。

3.3 社区活力设施与绿色活力空间耦合分析——塑造宜居社区活力体系

传统认知中社区绿色活力空间只是现状绿地，然而社区中还包括许多未充分利用的绿地，例如被围墙隔断的不可进入绿地可通过打开围墙并面向公众，消极硬质的地面停车空间则可能通过生态改造打造成绿色停车公园，或直接将停车空间转入地下而将地面空间改造成为绿地广场。本研究通过大数据手段识别提取现状绿地、不可进入绿地、地面

停车空间、规划（未实施）绿地的图斑信息，归类纳入社区公园为核心的活力绿色空间。同时提取整合五类社区活力设施，包括便民商业服务类、村居委会等办公管理类、社区医疗类设施、文化活动类设施、托幼养老服务类设施（图5）。

通过数据分析得出五类社区活力设施150m服务半径的分布图，再将社区活力设施分布与社区绿色活力空间进行耦合分析，以社区（城市主次干路为界）合理选取社区公园作为社区绿色活力核心，并利用其他绿色活力空间组织串联相应社区活力设施，打造宜居社区活力。

3.4

空间句法及街景照片分析——构建街道空间活力体系

3.4.1 街道活力骨架构建

基于对海淀现状路网及规划路网的空间句法分析，梳理出海淀的路网活力分布情况，提取出路网中的交通主导类道路、综合服务类街道、生活服务类街道，明确各类街道的空间布局（图6）。

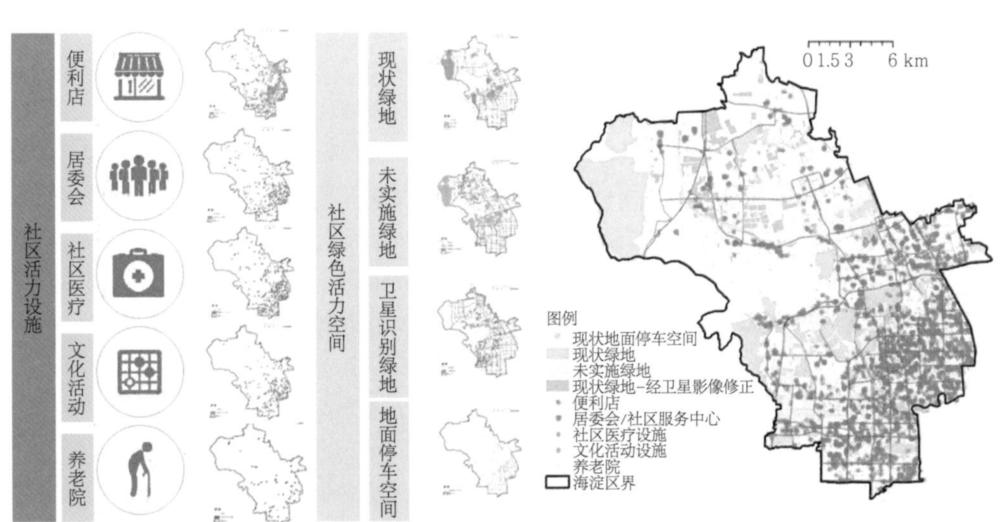

图5 基于开放数据的社区活力设施分布与社区绿色活力空间耦合分析
通过数据分析得出五类社区活力设施150m服务半径分布，进行社区活力设施分布与社区绿色活力空间的耦合分析。

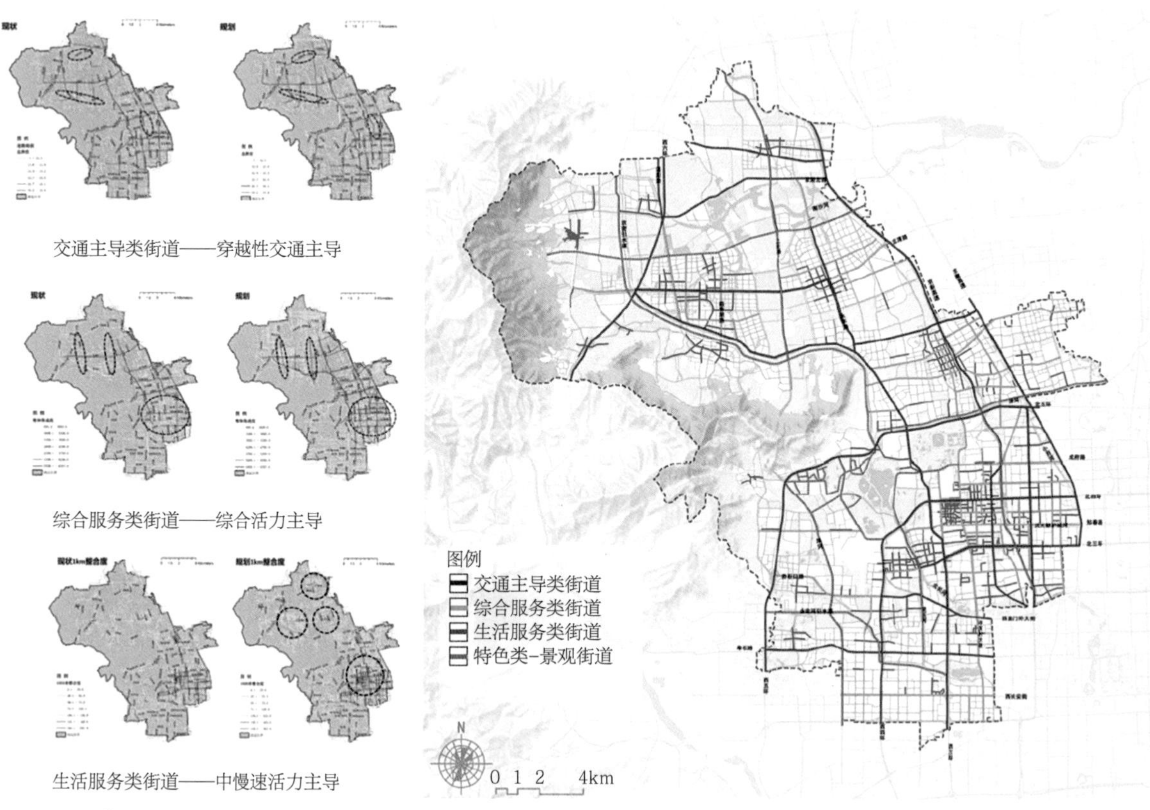

图6 基于开放数据及空间句法的街道活力骨架构建分析
基于路网空间句法分析，梳理路网活力分布情况，提取交通主导类道路、综合服务类街道、生活服务类街道，明确各类街道的空间布局。

交通主导类街道主要依托穿越性交通分析，提取沿最短流线路过某个地点的所有交通信息，表明某条街道吸引穿越交通的潜力大小。综合服务类街道主要依托街道整合度分析，指每个街道区段在特定分析范围（半径下）内到其他街道区段的距离，描述了该街道区段作为目的地的潜力。生活服务类街道主要依托1km半径的局部整合度分析，表示节点与其周边1km距离内的节点联系的紧密程度，反映了城市的慢行活力，适宜打造服务日常生活的慢速生活道路。

基于以上分析，本研究按交通承载类型、沿街设施富集度、道路景观资源，构建五类特色活力街道，即交通主导类街道、特色类—景观街道、综合服务类街道、生活服务类街道和静稳通过类街道，进行精细化管控和引导。应对各类道路的不同诉求，合理布置路侧用地功能，明确沿街设施布局密度，分型处理慢行空间与道路的关系。通过断头路打通、街道绿化增补、道路断面优化、沿线建筑控制、街道设施人性化改造、过街和无障碍设施完善、停车行为规范等措施，提升街道空间品质。

未来海淀各街镇开展实际的街道整治工作时，应在现状盘点的基础上延续思路，进一步深化明确区段内的道路类型，并结合《北京街道更新治理城市设计导则》，妥善安排街道两侧的用地、设施以及景观类型。交通主导类街道和特色类—景观街道因通行速度较快，应强调路侧的绿化景观，综合服务类街道和生活服务类街道则应着重强调路侧设施布局与慢行空间。

3.4.2 街道景观塑造

结合百度街景图片进行大数据分析，查漏补缺，针灸施治，打造林荫海淀网络，明确重点景观增补路段和部分增补路段。从图像识别结果分析海淀区各街道街景图片中各物体的属性及其占比，从而分析不同街道的街道景观品质。一般认为街景中绿化占比高于25%的街道能够达到较高的人行舒适度，因此将绿化占比作为衡量街道景观品质的重要标准，通过对各街道天空、绿化、建筑物占比的聚类分析，归纳出四类不同特点的街道（图7）。

依据四类街道景观构成不同的街道，塑造片区林荫路网络系统，重点增补1类（绿化急需提升的街道）和2类（天空占比高，绿化待提升的街道）两种现状绿化较低的街道。1类街道为重点增补路段，应重点增加街道绿化，增加人行道遮蔽空间。2类街道为部分增补路段，应基于现状基础，完善部分道路绿化，增加街道绿视率。可采取减少车道、减小车道宽度、增加道路绿化、控制树冠最低高度、控制建筑后退与整合人行道等措施，共同实现林荫路网络。结合特色活力

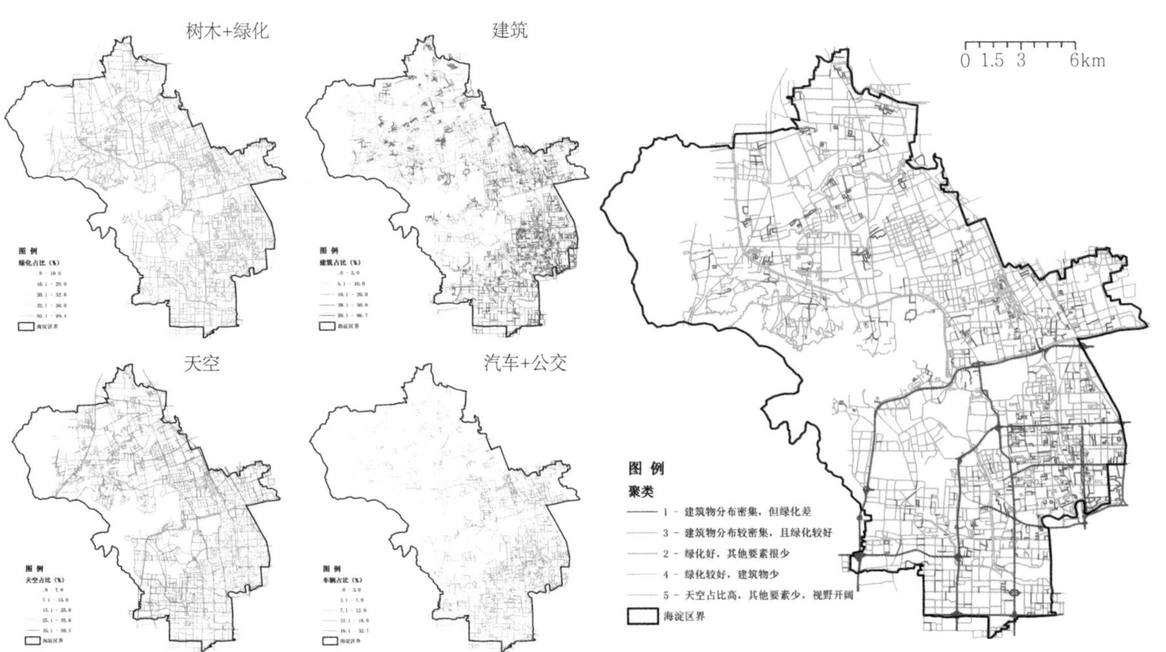

图7 基于开放数据的街道景观塑造分析
结合百度街景图片进行大数据图像识别，结合街景中各物体的属性及占比，分析不同街道的街道景观品质。

街道分类，对需要增补的景观街道进行优先等级划定。

针对城市活动更为丰富的综合服务类街道、生活服务类街道和特色类—景观街道优先进行林荫路段增补，重点提升道路沿街景观，保证沿街绿视率，构建层次分明的林荫路网络（图8）。

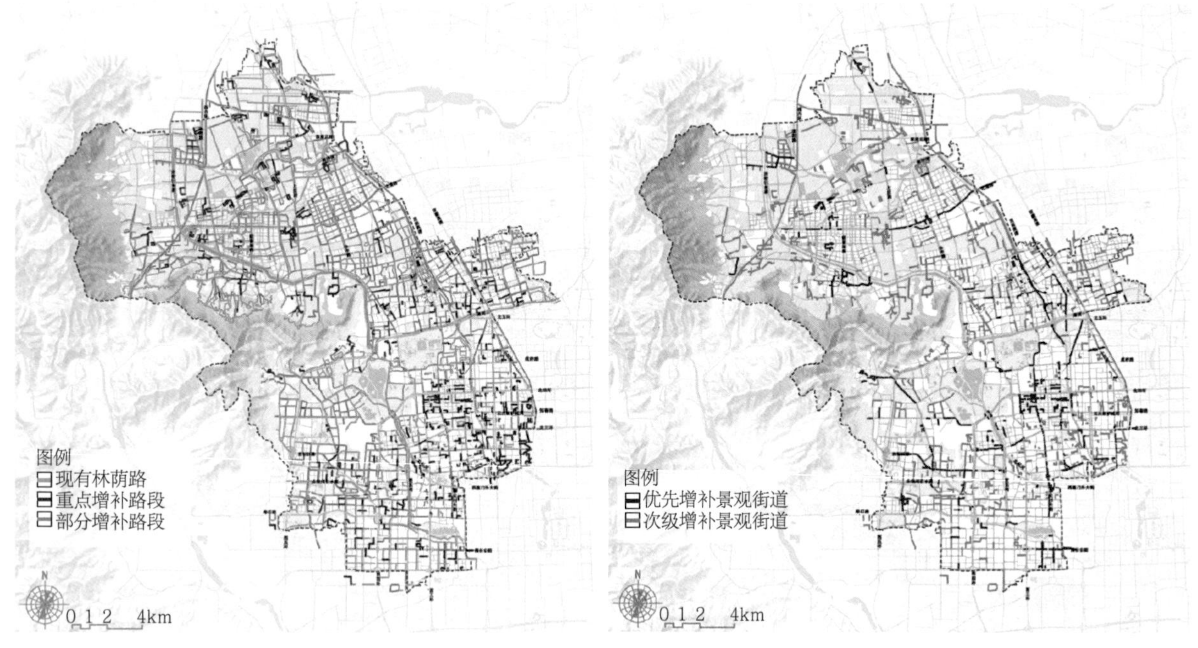

图8 基于开放数据的街道景观提升建议
结合现状街道景观品质，针对城市活动更为丰富的综合服务类街道、生活服务类街道和特色类–景观街道优先进行林荫路段增补。

┤4├

新技术在存量地区总体城市设计的应用与推广

《海淀区总体城市设计》结合多样的新技术手段，回应了《北京市总体城市设计战略研究》提出的全面提升公共空间环境品质的战略行动。新技术是一种更具说服力的辅助手段，它能将人们已经形成的基本印象具象化，精准、高效地识别特质，发现问题，协助本研究提出策略。

通过在海淀的总体城市设计工作，本研究认为对公共空间环境品质的提升策略应紧扣地区特色，所借助的新技术手段也应为地区特色的塑造服务，其应用与推广应聚焦两方面特点。

第一是应关注存量地区的多样性。存量地区经历了多个时代的发展演进，在功能布局、设施分布等方面具有较强的空间分异性，因此在进行任何一类数据提取及分析工作前，应首先建立分区分类的概念，对不同特质的区域进行有针对性的新技术分析，形成与之对应的规划设计策略。

第二是应抓住规划地区的独特性。在海淀的实践中，在明确三山五园地区与科创活力空间核心价值的前提下，通过提取三山五园地区的交通设施与服务设施数据，构建人文绿心活力体系；通过提取科技创新企业与单位大院分布信息，构建科创空间活力体系；通过社区活力设施与绿色活力空间耦合分析，塑造宜居社区活力体系；结合空间句法及街景照片分析，构建街道空间活力体系。其中所运用的数据抓取、空间句法分析、街景照片分析等技术手段都是以塑造特色为出发点而选取的。这类技术路线可以为其他存量地区的总体城市设计工作提供借鉴与参考，但并不能简单地作为常规的技术套路复制粘贴。

参考文献

[1] 邹德慈．人性化的城市公共空间[J]．城市规划学刊，2006（5）：9-12.

[2] 沈尧．动态的空间句法：面向高频城市的组构分析框架[J]．国际城市规划，2019，34（1）：54-63.

[3] 比尔·希利尔，蒂姆·斯通纳，秦潇雨．空间句法的过去、现在和未来：凯文·林奇纪念演讲[J]．城市设计，2018（2）：6-21.

[4] 龙瀛，唐婧娴．城市街道空间品质大规模量化测度研究进展[J]．城市规划，2019，43（6）：107-114.

[5] 郝新华，龙瀛．街道绿化：一个新的可步行性评价指标[J]．上海城市规划，2017（1）：32-36，49.

[6] 肖希，韦怡凯，李敏．日本城市绿视率计量方法与评价应用[J]．国际城市规划，2018，33（2）：98-103.

[7] 张杰．中国古代空间文化溯源[M]．清华大学出版社，2012.

[8]（明）计成，陈植注释．园冶注释：第2版[M]．中国建筑工业出版社，2017.

[9] 王其亨．风水理论研究 [M]．第2版．天津大学出版社，2005.

[10] 汪德华．中国城市设计文化思想[M]．东南大学出版社，2009.

[11] 赵景伟．论我国古代城市规划中的风水观[J]．西安建筑科技大学学报（社会科学版），2011（4）：41-45.

[12] 王颖楠，陈振羽．北京眺望景观设计与规划[J]．北京规划建设，2017（4）：29-35.

[13] 王巧玲，孔令宏．道教与风水：研究综述及共同基础[J]．文化艺术研究，2011（4）：51-56.

[14] 刘亚东，毛达．风生水起谈设计[J]．山西建筑，2009（34）：35-36+74.

[15] 龙彬．中国古代山水城市营建思想的成因[J]．城市发展研究，2000（5）：44-47+78.

[16] 龙梅珍．中国古典园林中的风水观[J]．山西建筑，2014（21）：219-221.

[17] 渡边，欣雄．关于北京城的风水与环境[J]．人文地理，1998（2）：69-71.

[18] 王建国．生态要素与城市整体空间特色的形成和塑造[J]．建筑学报，1999（9）：20-23.

[19] 商宏宽．“广义风水论”与人类生活环境系统[J]．安阳大学学报，2002（4）：19-22.

[20] 王颖楠. 城市特色风貌塑造的中国本土设计方法研究[D]. 清华大学，2014.

[21] 伍铁牛. 中国传统风水理论的分析与现代思考[D]. 华中师范大学，2007.

[22] 洪亘伟. 城市整体空间框架的特色塑造研究[D]. 西安建筑科技大学，2004.

[23] 张弓. 中国古代城市设计山水限定因素考量[D]. 清华大学，2006.

[24] 经本钊. 中国传统风水学的哲学蕴涵及其现代价值[D]. 南昌大学，2007.

[25] 李钠钠. 风水学中的环境心理学元素探讨[D]. 北京林业大学，2008.

[26] 问红光. 中国古代建城思想研究[D]. 西北大学，2009.

[27] 戴海雁. 战略思考之于城市设计[D]. 西安建筑科技大学，2009.

[28] 谷春军. 与自然山水相融合的现代城市空间结构形态研究[D]. 西安建筑科技大学，2010.

[29] 王胜利. 视线分析与高度控制[D]. 中国艺术研究院，2010.

[30] 来嘉隆. 结合山水环境的城市格局设计理论与方法研究[D]. 西安建筑科技大学，2010.

[31] 张耀辉. 山水城市格局的营造[D]. 西安建筑科技大学，2011.

[32] 董向平. 基于“山水城市”视域下的城市景观风貌规划研究[D]. 河北农业大学，2013.

[33] 徐静. 城市天际线的空间控制研究[D]. 青岛理工大学，2013.

[34] 王巧玲. 道教风水与美学[D]. 浙江大学，2012.

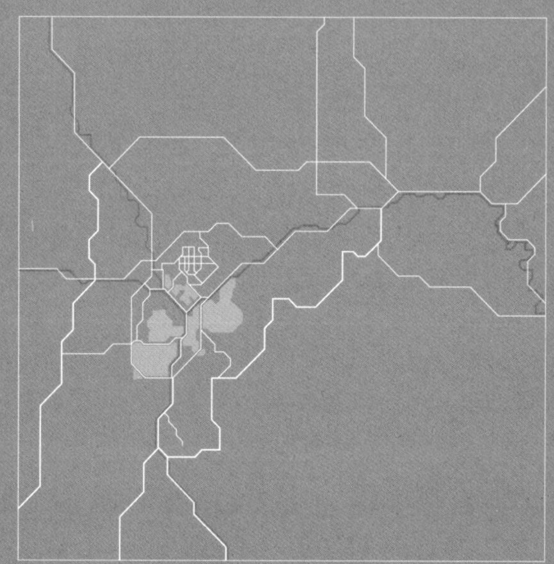

02

延安

作为应对新时期城市发展转型的重要举措，“城市双修”工作的开展成为我国众多城市有序更新、长效发展的有力抓手。延安城市双修工作，提出通过用城市设计的方法从高点定位到系统谋划，再到实施落实等多角度引导城市双修工作的实践探索，旨在为我国目前城市双修工作提供新的思路。

以城市设计为引领的『城市双修』行动

——延安『城市双修』工作实践

刘力飞　王飞　刘善志

【摘要】

改革开放后我国城市建设经历了快速发展，逐渐从增量发展转变至存量更新。作为应对新时期城市发展转型的重要举措，“城市双修”工作成为我国众多城市治疗城市病、提高发展质量的有力抓手。在这个过程中，城市设计的作用变得愈发重要。本文以延安城市双修工作为例，通过综合运用城市设计方法，开展了从高点定位到系统谋划，再到实施落实等“城市双修”系统性工作实践，旨在为我国目前城市更新工作探索科学有效的方法路径。

【关键词】

城市设计；城市双修；高点定位；系统谋划；实施机制

1

延安“生态修复、城市修补”工作背景

为促进城市可持续建设，保障和改善民生环境，满足城市转型发展的需要，自2015年选定海南三亚以来，住房和城乡建设部先后将58个城市作为“城市双修”试点城市，鼓励开展生态环境提升、城市功能修补等一系列的工作计划。“城市双修”是指“生态修复、城市修补”。针对由于人类活动对自然变化及生态环境等产生的负面影响，用生态的手段，修复城市中被破坏的自然环境、地形地貌；用更新织补的手法，优化城市空间结构，补齐城市功能短板，激发区域活力，提升城市品质。

延安作为革命圣地、历史名城，是毛泽东思想的诞生地、中国共产党的精神家园，更是全国人民心中的红色圣地。改革开放以来，经过几十年来的快速发展，延安取得了巨大的发展成就，但是也面临一系列城市问题：城市发展空间不足、城市功能不够完善、配套设施相对滞后、城景争地现象愈演愈烈、大量山体居民生活极为不便、交通拥堵日益加剧等（图1）。“生态修复、城市修补”为延安破解城市问题提供了难得的历史机遇。在住房和城乡建设部与陕西省住建厅大力支持下，作为全国第二批“城市双修”试点城市，延安紧紧围绕“让人民群众在城市生活更美好”的目标，在以宝塔山为中心约30km^{2}的老城区内，按照传承历史文化续文脉、彰显圣地特色提气质的思路，开展了具有延安特色的城市双修工作。为全面推动城市高水平规划、高标准建设，延安市委托中国城市规划设计研究院作为城市双修主要规划编制单位，联合延安市规划院、中国建筑西北设计研究院等设计机构组成全方位、多专业的技术服务团队，以规划设计为龙头全面指导延安双修工作的推进，取得了显著的实施效果，获得了良好的社会反响。

对于亟需更新改善的城市空间，通过运用城市设计方法进行空间织补，能够系统修复城市生态环境、激发区域活力动能、完善城市功能短板、塑造城市特色风貌、提升公共空间品质。本次延安城市双修工作在规划设计上就是以城市设计为主要方法，从总体城市设计、区段城市设计和专项城市设计中提取核心要义，在宏观、中观、微观等多领域进行系统谋划与精细实践。

图1 延安城市双修工作启动前三山两河地区现状

2

高点定位，全维度、多层次的设计支撑

“城市双修”是多维度的系列工作，其核心在于确立更新目标与方向，因地制宜提出系统性策略与方案，形成一个行动性的系统工程和统筹落实的工作模式。延安双修工作突出规划引领地位，坚持问题导向、注重系统思维，形成了“1+5+10+N”的规划体系。即1个总体规划，作为指导双修工作的顶层设计与行动纲领；5个专项规划，支撑总体规划、指导项目规划设计；10个详细规划与设计，指导具体项目建设与实施；N个优化提升项目，随时提供专业技术指导。

延安双修总体规划结合城市发展定位和制约条件，全面梳理城市建设问题，深入挖掘城市文化特色，围绕城“革命圣地、历史名城”的城市定位，系统提出推进城市双修工作的三个战略路径：即以文化为出路，努力打造红色文化的传播高地；以政策为机遇，发挥城市的精细化管理作用；以风貌为抓手，明确总体景观格局，提出管控指引，落实方案实施。延安双修总体规划以城市设计方法为主线形成了由明方向、分对策、落行动组成的延安城市双修工作框架（图2）。明确延安城市风貌定位应充分体现雄伟山河的气质，彰显革命圣地的特质，实现居游舒适的品质，系统提出了“生态延安、圣地延安、幸福延安”的三大双修目标以及育美山、亲清水、织绿城等九大优化提升策略（图3），梳理制定了近一百余个项目建设计划，有效指导了延安双修行动的持续推进。

双修总规技术框架

1 方向
解决城市规划建设思路的问题！

2 方案
解决城市双修策略的问题！

3 方略
解决双修行动开展的问题！

总方针
顶层设计 区域机会 城市机遇
目标导向
问题导向
看山水 看城市 看人文
双修策略

分对策
风貌目标
生态延安 育美山 质清水 织绿城
圣地延安 优功能 显风貌 靓空间
幸福延安 补设施 理交通 微更新
风貌总略
基本认识
发展对策
系统方案

落行动
定计划 制定双修行动计划
理清单 梳理双修项目清单
细管控 与法定规划充分衔接
重善治 更新模式、公众参与
行动抓手

城市设计方法为主线

图2 延安双修总规技术框架 图片来源：延安双修项目组
以城市设计方法为主线，从方向、方案、方略三个维度形成双修总规的技术路线。

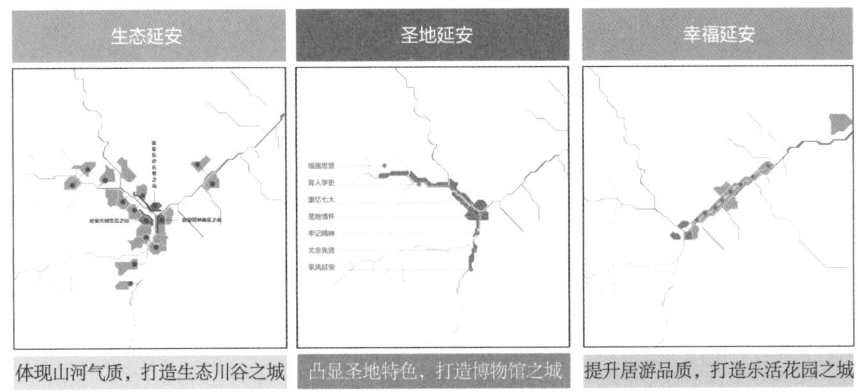

图3 延安双修总规工作目标与设计策略 图片来源：延安双修项目组
通过生态延安、圣地延安、幸福延安三个主题，着力解决延安生态、文化、民生等问题。

┤3├

综合实治，全要素、系统性的设计考量

3.1

生态织补，构建山水绿城廊道

在山体修复方面，提出山体整体保育、加强隐患管控、破损山体修复、山体公园利用、优化造林模式的多样化修复措施，梳理提出了针对延安水土特点的大苗全冠的绿化种植方式以及多种陡坡立崖修复技术，探索了西北黄土高原地区绿化保育与生态修复的特色方法（图4）。在水体修复方面，提出了一系列流域生态涵养、河湖水系贯通、城区截污治污、堤岸优化改造、提高水体自净的规划策略。通过划定环境保护红线，加快“河流+山体+公园+绿道网”系统建设，统筹推进山水林田湖草生态保护修复和以延河城区段为主的堤岸河道、湿地公园、水保生态等综合治理，打破了城内“三山两河”的空间隔离界限。在满足防洪要求前提下，规划提出破除部分硬质河堤进行生态化改造，极大增强了滨水空间的亲水性。结合延河水文特点，规划提出建设蓝绿互换的河滩公园（图5），共完成23.42km河道疏浚，建设河滩公园及13km行步道，绿化河长18.8km、84万m^2。在绿地建设方面，提出了一系列完善绿地结构、增加绿地数量、提升绿地品质、建设特色绿道的建议（图6）。通过拆违建绿、见缝插绿、立体造绿、留白增绿等措施为老城区增加多个口袋公园。目前规划提出的18个山体公园已建成开放9个，建设点缀式嵌入式景观小品80余处、小型广场、观景平台22处。

正是在总体规划指导下，延安坚持从大生态的持续修复到小生态的雕琢修补，通过全面缝合山水、修复生态，城景融合、人景互动，绿色已逐渐成为延安城区的主色调，延安生态环境得到极大改善。

图4 清凉山山体修复前后对比

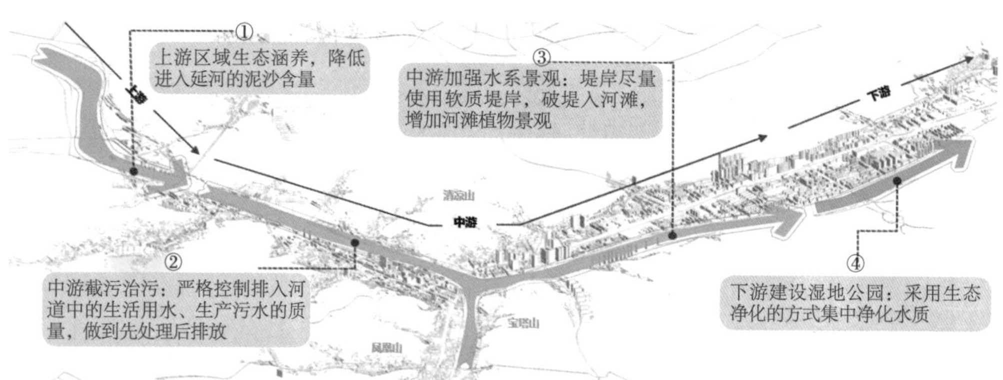

图5 延河综合治理策略及实施实景图 图片来源：延安双修项目组
对延河按照上中下三段区分，并分别提出相应的管控设计策略。

图6 延安总体景观格局图 图片来源：延安双修项目组
通过保护山水格局、梳理生态廊道、着力绿色靓点三个步骤，形成延安完整的总体景观格局。

3.2

文脉延续，特色风貌融合发展

延安现有革命旧址445处，其中市区168处，红色革命旧址全国规模最大、数量最多、布局最完整、内容最丰富，具有至高性、独特性和唯一性。传承弘扬红色文化是延安城市发展的内在要求和核心特质。但多年来延安空间资源非常紧张，许多革命旧址处于城市建设的核心区域，革命旧址与居民区、商业区、机关单位混杂，城景争地矛盾日益突出。有鉴于此，实施革命旧址群保护利用规划，开展红AAAAA级景区联合创建，每段以一个核心景区统领，集中表达一个圣地文化主题；纵向串联起延安特色历史，横向扩展，组织起周边环境景观；沿圣地路、师范路构筑圣地文化带，展示红色文化，弘扬延安精神（图7）。

确立核心保护区多拆少建，革命旧址景区周边只拆不建、力戒大拆大建的原则，打破革命旧址、历史遗迹单一保护局面，将革命旧址保护与城市建设改造整体规划、分步实施、以点带面、成片推进，减规模、疏密度、降强度、优品质，为革命旧址文物保护腾出更大空间，推动历史文化与城市发展交织融合（图8）。实施革命旧址群保护利用规划，沿圣地路、师范路构筑圣地文化带，

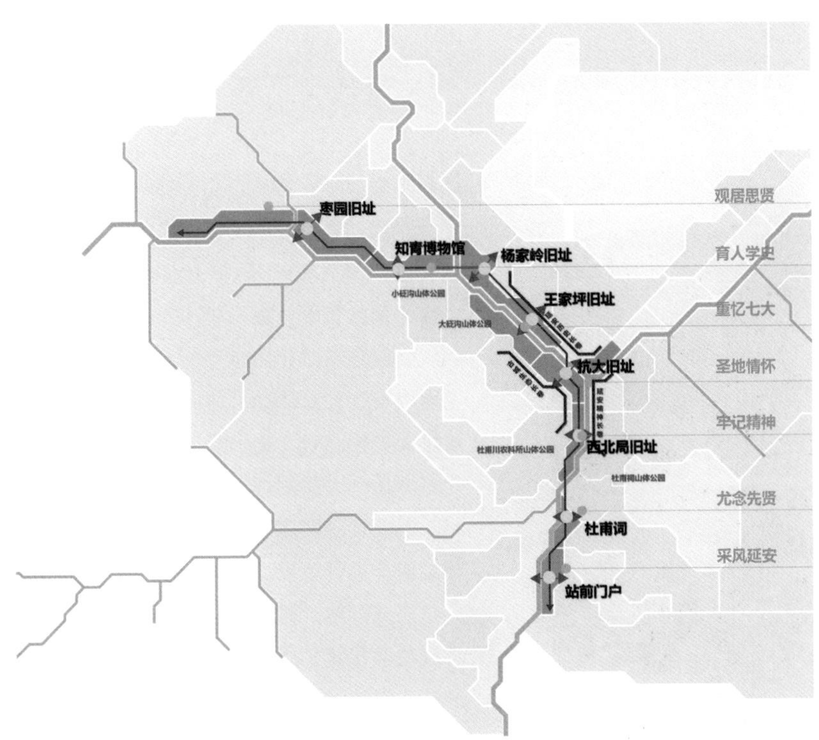

图7 延安红色文化风貌结构图　图片来源：延安双修项目组

打造了靓点突出、主题明确、生态嵌入、路径连续的文化展示廊。

图8 清凉山改造效果图示意

图9 西北局改造前后对比图

纵向串联起延安特色历史，横向组织起周边环境景观。展示红色文化，弘扬延安精神。结合红AAAAA级景区联合创建，每段以一个核心景区统领，集中表达一个圣地文化主题。合理利用活化旧址空间，把游览体验、主题教育、公共活动、休闲游憩功能与革命遗址保护相结合，走出从革命旧址、历史文化名城单一保护到博物馆之城的融合发展之路。延安集中实施了宝塔山等“十大”革命旧址保护提升工程。目前宝塔山游客服务中心已正式开放，枣园革命旧址建成了全国首个红色文化体验展示中心，西北局革命旧址进行了立体综合修复与功能完善（图9），中心街地区形成了圣地文化特色鲜明的步行街区，“中国红色博物馆之城”雏形已现。

3.3

界面整治，山水眺望系统管控

构建符合延安城市特色的川道型城市山体眺望系统，依托战略性眺望系统建立城市山城景观格局，从整体上协调城市建设与山体环境之间的空间关系，形成符合地方特色的景观画面。根据眺望点位的选择，划分“鸟瞰观山”“视廊观山”“岸景观山”三大眺望类型，对眺望对象、管控要素提出合理控制策略。

根据山体向城市展示面的不同，将城市山体分为核心景观山体、历史遗存景观山体、一般性景观山体等类别，并在生态修复、遗产保护、山体公园建设、文化内涵展现等方面提出控制要求。基于战略性眺望系统，对老城区建筑密度、建筑高度、建筑形式等要素设置管控标准（图10），同时拆除滨河多层破旧楼宇，打通延河径向景观廊道，构建有层次、通畅开敞的城市建筑簇群景观。

4

问题导向，绣花式、微创型的更新模式

延安中心城区沿河谷地带展开，是典型的“线”型发展城市，由于山谷腹地空间狭小，建设用地发展不足，城市人口密度大，更新空间非常局促。同时许多革命旧址位于城市核心区域，历史原因造成城市建成区内旧址空间、居民生活生产空间及商业空间等功能混杂交织，人景争地矛盾突出。延安双修通过城市设计办法，采取绣花式、微创型的更新理念，重点针对旧址及周边环境空间进行综合整治与提升，将遗址空间与城市空间、山体、水系联系在一起，将圣地历史在空间上放大，让文化主题鲜活起来，场所好用起来，空间痛快起来。

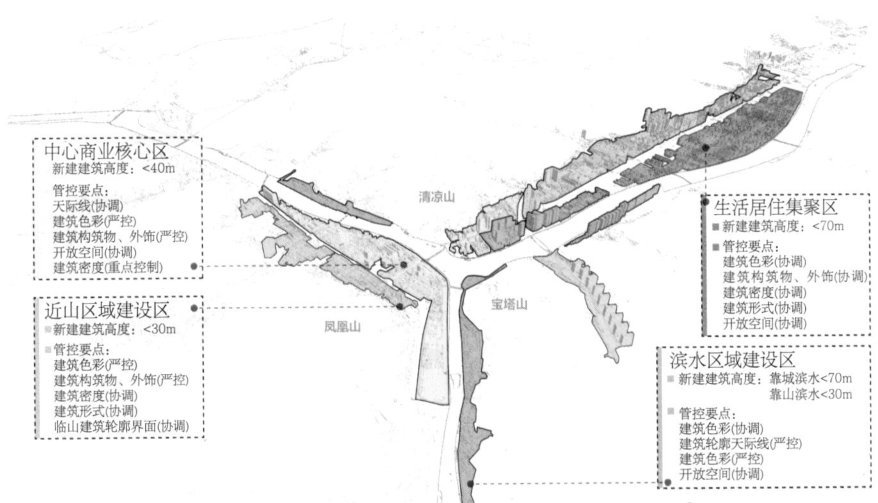

图10 基于战略性眺望的老城核心区建筑管控

针对延安原有历史遗址较为孤立，与周边环境联系性不强的问题，通过对景区及周边的整体规划，利用拆除严重影响观山视线的建筑，置换周边建筑功能、扩展文化功能渗透，重塑遗址周边活动流线，规范风貌协调区，确定风貌引导区域等手段，对抗大地段、革命纪念馆地段和大礼堂地段等典型特色空间提出了具体的设计指引（图11），为下一阶段的详细设计奠定了明确的设计前提。

对老城建成区调研摸底排查，圈定可腾退、更新的小微空间，根据片区功能服务配给情况，增补相关的服务设施，实现具有老城区特色的“对内自给自足、对外紧密衔接”的公共空间供给。重点规划增补口袋公园（图12）、基础设施（图13），弥补社区服务缺位。

针对新增建设用地规划，长远考虑，统筹布局，以面对全市或片区的重大基础设施或公共设施为中心，利用公共空间串联，构建科学有效的公共服务设施体系。自上而下地形成社区、邻里、街坊三个层次的生活圈体系，布局社区服务功能，落实15分钟生活圈，打造生态宜居的样板空间（图14）。

典型空间指引：延安革命纪念馆

策略1　适时拆除严重影响观水视线建筑

策略2　串联临近遗址之间流线，激活整体活力

策略3　重塑堤岸空间，加强与遗址的互动

策略4　合理利用大面积公共空间，植入新功能。

策略5　适时置换建筑功能，扩展文化功能渗透

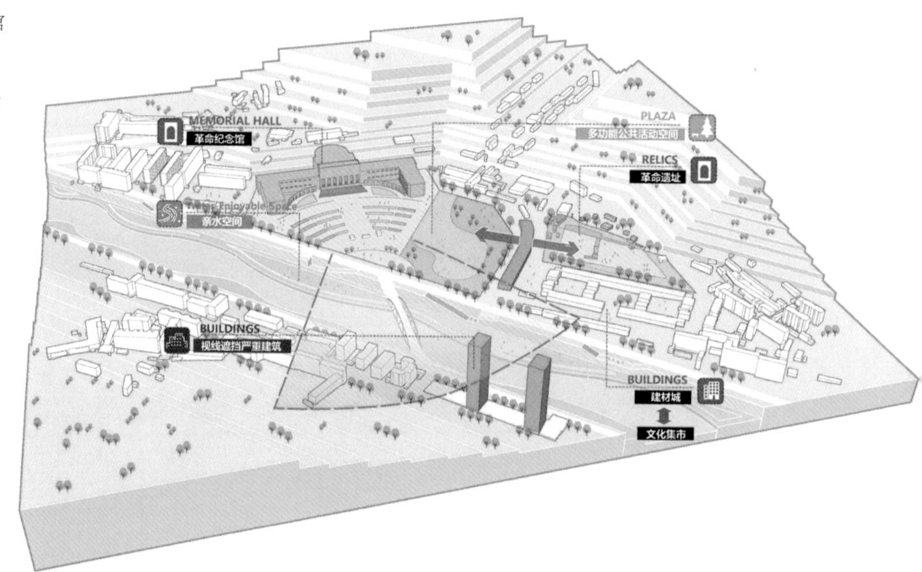

图11 旧址特色空间指引

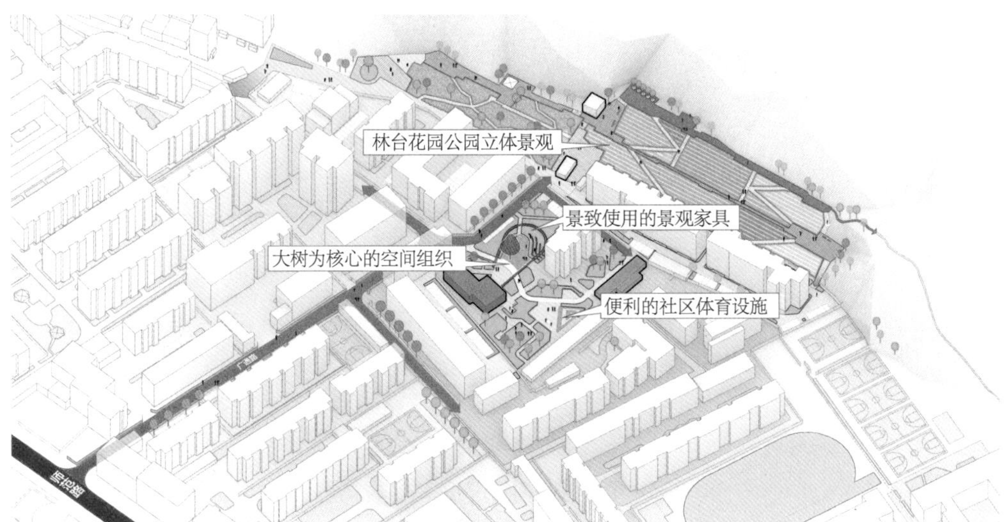

图12 广通路社区中心口袋公园设计指引

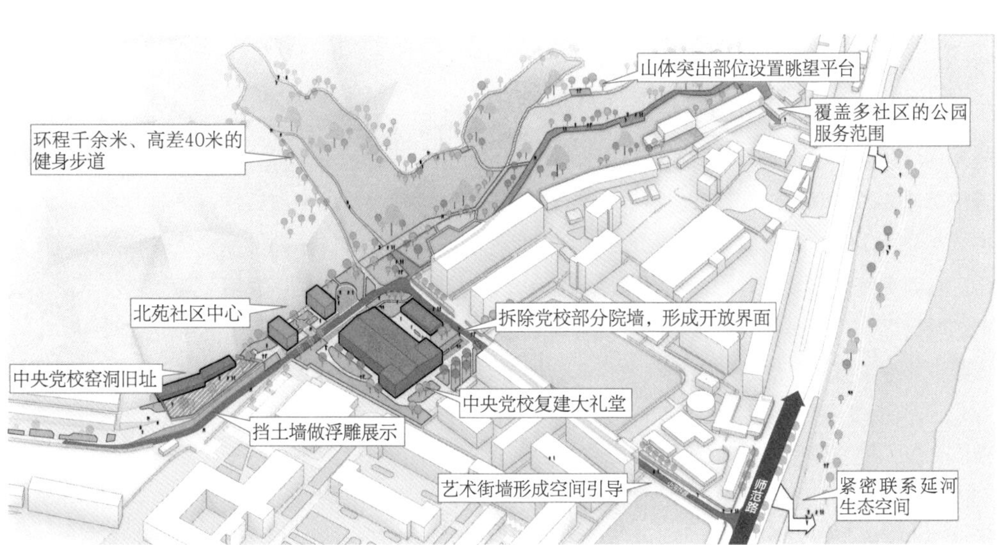

图13 中央党校旧址与小沟坪山体公园设计指引

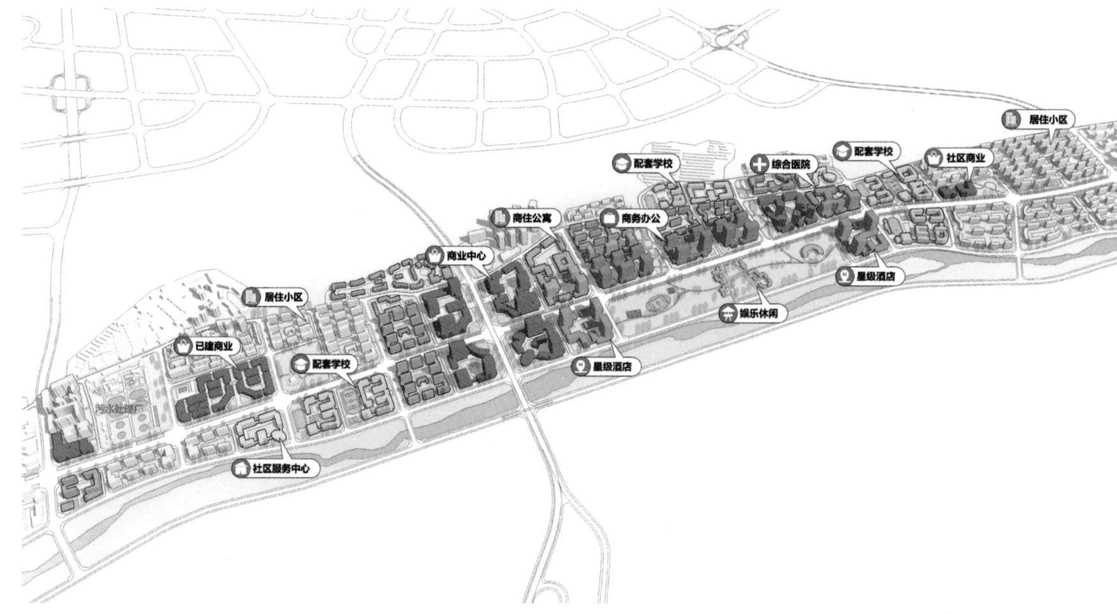

图14 百米大道机场段片区功能配置图　图片来源：延安双修项目组
百米大道机场段形成建筑功能高度复合的城市片区，按照办公：商业：酒店：公共服务：居住为20：25：10：10：35的配比进行功能配置，激活城市空间，提升城市片区的吸引力。

┤5├

创新机制，重策略、明责任的落实途径

城市双修是城市设计的具体实践，在操作实施中充分体现了规划先行的统领地位，通过相关部门的协作配合，社会力量的共同参与，延安双修建立了全新的组织保障机制，把“城市双修”工作上升到统筹城市规划建设管理和推动城市高质量发展的高度，成立专门工作推进领导小组，夯实党政“一把手”责任，形成规划层面双修办负责、实施层面城改办负责、技术层面中规院协助、推进层面市区联动的工作格局。

在行动实施上，通过制定“一轴、三线、多抓手”的行动思路（图15），明确了山体生态修复、河道水体整治、革命旧址保护、街区改造提升、基础设施和公共服务设施建设等九大实施工程，突出节点、抓住重点、统筹次序、强力推进，增强工作针对性、指导性，让双修工作有章可循。

从示范引领到特色营造，从特色营造再到行动串联，双修总规制定了指导双修工作全周期的行动路线。同时针对不同类型梳理建立了一百多个项目建设计划，有效指导了延安双修行动的持续推进。

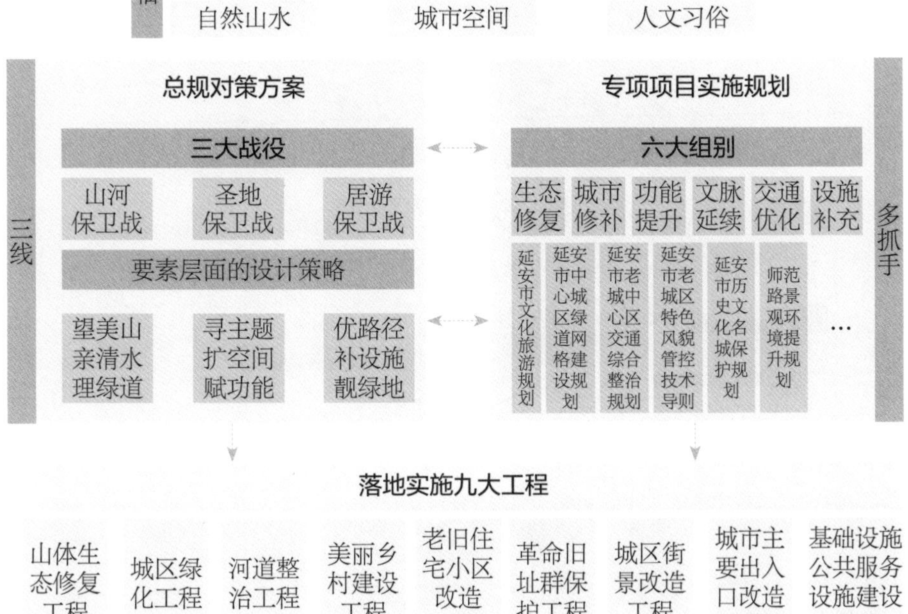

图15 延安双修工作行动计划

通过建立土地供应保障机制，积极推进城市闲置土地、批而未建土地、棚户区改造土地盘活和低效用地再开发，增强政府土地资源统筹配置和城市改造建设土地供应能力。为了达成多部门工作的有效衔接，以制定“城市双修工作方案”和年度实施计划为基础，建立政策保障机制，出台《城市规划导则》《老城区特色风貌管控办法》等法规文件与技术导则，颁布实施了《延安市城市市容市貌管理条例》，形成一套长期指导延安城市规划建设的技术标准和管理办法。延安风貌导则、公共空间设计管控导则（图16）、建筑风貌管控导则、环境景观设施设计管控、城市设计导则等相关规划准则，对延安山体空间、滨水空间、街道空间及特色节点空间提出了明确形象的控制要求与实施标准，成为延安双修高效落实强有力的抓手工具。

双修工作始终坚持以人民为中心，坚持共建、共治、共享理念，积极问政于民、问需于民，直面事关群众切身利益的各种矛盾问题，推动美好生活共同缔造，建立全民参与机制，广泛借助新闻媒体、广告文化、主题活动等助力城市双修。将群众意见建议、诉求呼声作为“城市双修”工作决策、规划编制、项目实施的重要依据，增强群众主人翁意识，调动群众参与积极性，以实实在在的城市发展变化赢得群众支持，使“城市双修”试点工作更接地气。

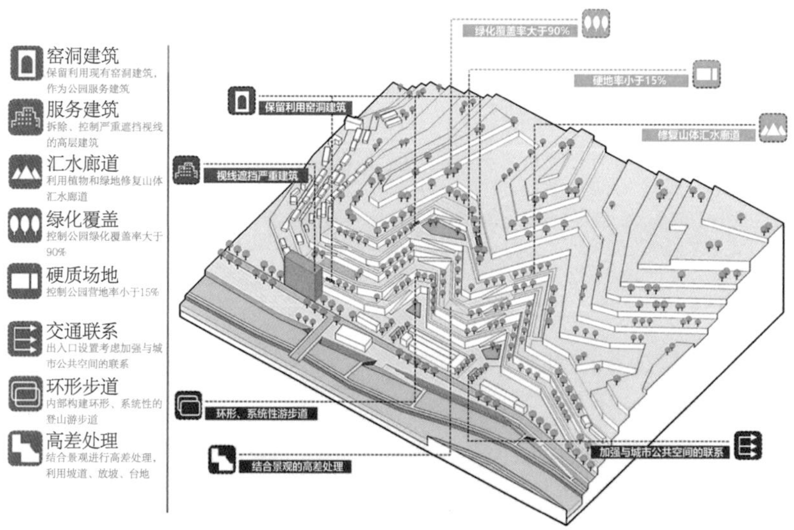

图16 山体空间管控导则示例

6

结语

随着双修一系列项目的陆续完成，延安城市风貌与人居环境得到了极大改观。宝塔山周边的景观风貌更加完整突出，景区景点的旅游环境更加便捷有序，古城传统文化特色更加显著。凤凰山、清凉山、黄蒿洼增加多处市民休闲公园，滨河地区一改生冷硬的面貌，更加方便市民游览休憩（图17）。二道街地区的空间品质得到极大提升，中心巷建设成整洁舒适、充满活力的步行商业街，圣地路与师范路两侧的街道环境变得更加美观，与山体共同形成一幅展示圣地文化的历史风情画卷。火车站前交通拥堵状况明显改善，城市道路更加畅通，乱停车现象得到遏制，步行环境更加安全舒适。

2019年8月，“生态修复、城市修补”试点现场会暨工作总结会在延安召开，黄艳副部长出席会议并讲话。住建部对延安的城市双修工作取得的成效进行了高度评价，在现场观摩过程中，与会代表们对延安城市环境发生的巨变表达了惊喜与赞许（见图18）。这标志着以城市设计引领的延安双修工作取得阶段性成果，并受到了广泛的好评。本次双修工作以人民为中心，坚持新发展理念，全面应用城市设计方法，统筹规划建设管理，全面加强城市的整体性、系统性，提高城市环境品质，将是新时期开展城市更新行动的重要技术手段与方法。

图17 延河治理前后对比图

图18 延安双修工作后三山两河地区实景图

项目管理人：

李迅 刘力飞

项目负责人：

王飞

项目成员：

鞠阳 马继旺 郭君君 刘善志 顾浩 王斌 魏巍 康浩 王芮 苗芊 姜晓云 王巍巍 崔溶芯 刘冬梅 贺旭生 刘竹卿 古颖 高一凡 贺娟 吴亚宁 王明峰

参考文献

[1] 王建国，李晓江，王富海，等. 城市设计与城市双修[J]. 建筑学报，595（4）：21-24.

[2] 沈常红. “城市双修”理念下的生态地区城市设计策略[J]. 城市建设理论研究：电子版，2017，245（35）：46-48.

[3] 靳波. 基于城市双修背景下生态城市设计策略初探[J]. 山西建筑，2019，45（8）：26-28.

延安老城特色风貌管控的实践探索

刘竹卿 古颖 高一凡 刘迪

【摘要】

《延安市老城区特色风貌管控技术导则》是延安“生态修复、城市修补”系列规划“1+5+10+N”体系下的5大专项规划之一。围绕城市总体规划“革命圣地、历史名城”的城市定位，对接双修总规的总体方案思路，提出“山河气质、黄土风情、红色情怀”的风貌定位，并紧扣公共空间和实体空间两大板块下的多项管控要素进行风貌引导。通过一系列的风貌管控措施，真正让来到延安的人们“望得见宝塔山、看得见延河水、记得住中国红色革命乡愁”。

【关键词】

风貌管控；建成区；公共空间；山体；河道；街道

引言

延安作为川道城市的局促地形和脆弱生态与高速城市化背景下百姓“下山上楼”的需求形成了巨大矛盾，带状狭长的城市空间不堪重负，衍生出大量的“城市病”。20世纪80年代构建外围工业组团，90年代疏导环状交通，2015年城市总体规划提出打造北区组团，通过一轮又一轮的城市规划建设探索实践，延安老城的人口疏解取得了一定成效，空间压力得到极大缓解，这也给老城的风貌重塑提供了良好的先决条件。

《延安市老城区特色风貌管控技术导则》(以下简称《老城区风貌导则》)是延安“生态修复、城市修补”系列规划“1+5+10+N”体系下的5大专项规划之一。区别于城市总体规划和控制性规划等蓝图式、标准化的法定规划,《老城区风貌导则》高度关注可实施性和操作的便利性，以建筑风貌与公共空间作为主要实施载体，从城市自身的风貌建设问题和特色条件出发，提出相应的设计管控要求，形成一套能够长期指导延安规划建设工作的技术标准和管理办法。自2017年起,《老城区风貌导则》与延安双修工作同步推进，作为双修总规的补充专项，指导完成了延安双修工作的全过程，并取得了一定的效果及良好的社会反响。

┤1├

延安老城风貌管控的目标

《老城区风貌导则》对延安老城区的管控是近期远期结合、问题目标兼顾。既要为双修工作开展期间迫切需要改善的风貌问题制定即可实施、短期见效的行动路径，也要为长远眼光下城市风貌的逐步改善和优化提出一套具有前瞻性、适应性的建设准则。因此，应当具有问题导向和目标导向的双重思维。

从问题导向来看，延安老城的现状风貌存在公共空间与山河关系不佳、建筑高度和风貌控制不佳、地方文化特色不显等问题。老城区极具特色的沟壑峁坪在快速的城市建设中遭到严重破坏，削山、切山、贴山的现象普遍存在；“Y”字形的川道空间未能得以彰显，道路阻隔或建筑私有化的情况较为严重；建筑高度缺乏良好控制，高层建筑过多且空间选址不合理，造成较严重的视线遮挡，加剧了城市空间的局促感，增大了交通压力。

从目标导向来看，延安作为“革命圣地，历史名城”的城市定位应当在风貌建设上充分彰显，进一步强化其作为中国革命精神家园的城市名片。老城区应识别出三山两河、西北川、南川等文化核心地区，并在风貌上做出特殊控制要求，形成分级分区的风貌管控措施；应进一步提炼总结本地文化空间符号，并结合风貌更新的过程植入建筑设计、公共空间设计、景观设计中，进一步强化本地文化氛围。

通过一系列的风貌管控措施，真正让来到延安的人们“望得见宝塔山、看得见延河水、记得住中国红色革命乡愁”。

┤2├

延安老城风貌特征与应对

延安老城的地貌特征突出，是典型的川道型城市（图1）。老城区沿延河和南川河的带状空间总长度约35km，其中最宽的部分仅1km而最窄的部分不足250m（图2）。在过去的几十年间，日益增长的人口与狭长局促的用地之间的矛盾一直是延安城市建设的核心矛盾，也是延安老城区生态受损、环境恶化、风貌杂乱、功能缺位、交通拥堵等“城市病”的根源所在。现如今，随着延安北部新区的建设，老城区的人口压力得到较大缓解，使得“增量规划”向“品质规划”转变的大背景下的老城区风貌治理成为可能。因此，如何寻找山峦沟壑地区城市建设和自然本底合理的再平衡，是本次规划的核心命题之一。

黄土人居风情是延安老城的又一大风貌特征。沟壑峁梁、川道窑洞是风神的杰作，是艺术家的涂抹，曾经被描述为“山秃穷而陡，水恶虎狼吼”的延安，在人类的建设活动下已然生长成为一座人口规模逾200万的大城市。与此同时，苍凉雄壮的黄土风情也随着城市的快速扩张而逐步失去了原本的韵味，文化符号不断弱化。如何重塑延安原有的黄土风情，对其进行活化修复与再利用，提炼并彰显传统文化符号，寻找其与现代化城市建设的平衡，是本次规划的又一核心命题。

延安的文化构成是多元的，艰苦奋斗的革命精神、五花莲城的厚重历史、浑厚雄壮的黄土文化在这里碰撞汇聚，形成了延安复合多元、绝无仅有的城市魅力。如何对各类文化要素进行系统梳理和良好融合，彰显各家之长，突出延安之美，是本次规划的第三个核心命题。

图1 延安市老城区总体风貌

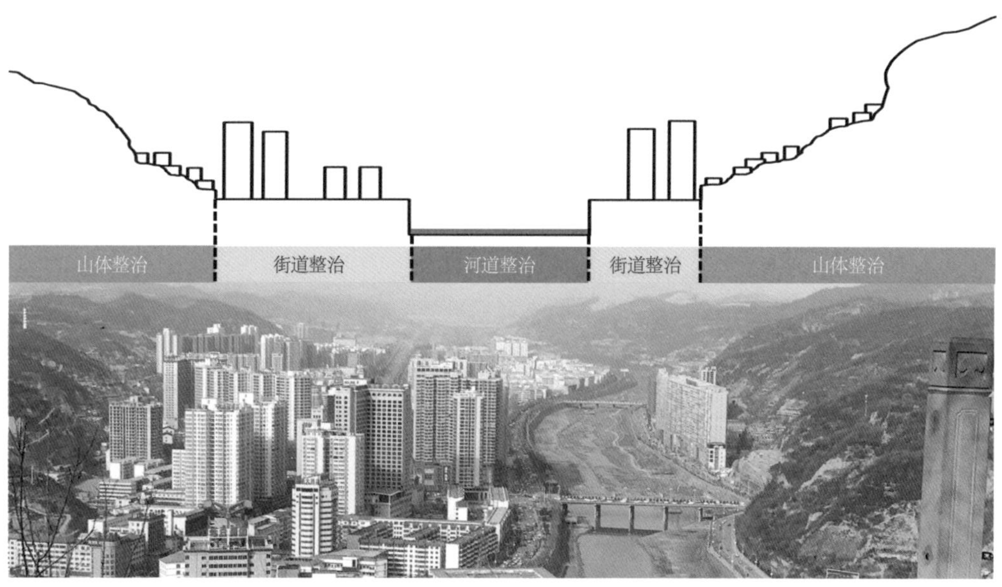

图2 延安市川道城市地貌的典型断面
根据延安老城地形地貌特征，将整治内容分为三类。

3

核心管控要素及技术路线

围绕城市总体规划“革命圣地、历史名城”的城市定位，践行“全心全意为人民服务”的延安精神，对接双修总规的总体方案思路，对老城区的特色风貌提出总体定位：“山河气质、黄土风情、红色情怀”，并紧扣这三个方面进行风貌引导。

在具体的风貌管控要求上，结合老城区自身的风貌条件，将特色风貌要素分为“虚空间”和“实空间”两大类。其中“虚空间”主要指代城市建筑以外的公共开敞空间，如山体空间、水体空间、街道空间、特色节点等。围绕革命圣地和历史名城的总体定位，结合旅游功能与形象的提升需要，针对延安特色风貌地区的街道、广场、公园等公共空间建设，提出规划建设指引，体现城市文化特色与景观特质。“实空间”则主要指代各种风貌类型的建筑，如传统历史建筑、黄土风情建筑、红色印记建筑、现代风格建筑等。总结梳理延安市具有地域特色建筑在展示城市特色、体现城市品格、传递城市信息和反映城市感情方面的典型特征，从建筑造型、建筑符号、建筑色彩、建筑材料、城市家具、雕塑小品等方面提出风貌技术控制导则（图3）。

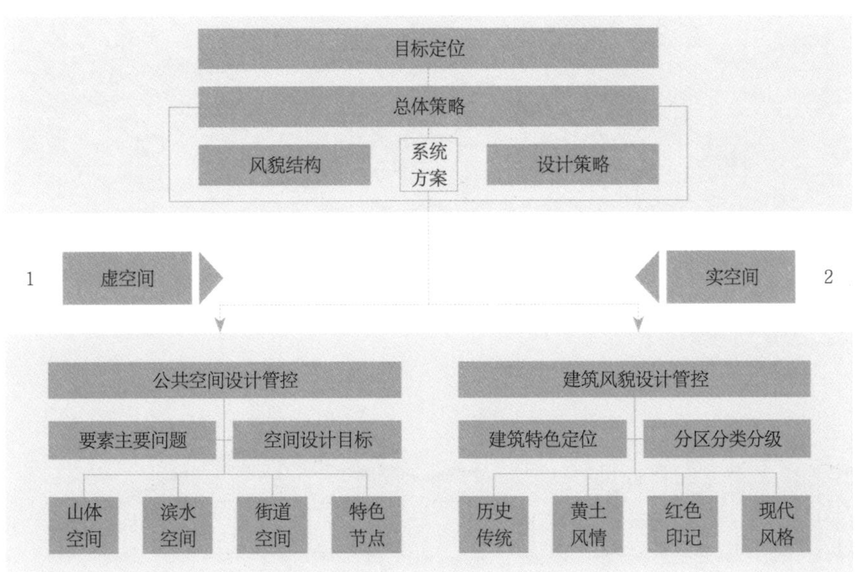

图3 延安市老城区特色风貌管控技术导则技术框架

4

本土化导向下的风貌引导

4.1

显山露水，呈现山河气质

彰显城区“三山两河”的自然山水格局。延安老城区从南川河、延河交汇处的台地上逐步发展，宝塔山、凤凰山、清凉山环绕四周。近年城区建设使其周边的山水环境开始受到破坏。规划提出恢复山体自然环境，保护为主、减量建设，逐步整治破损山体，禁止一切削山、切山、贴山行为。以防洪安全为前提，预留消落带空间，对水系岸线实施分类管控，城区段重点打造亲水休闲空间，郊野段突出生态保护功能（图4）。

保证“三山两河”的可见性和完整性。严格控制滨水及近山建筑退让距离、建筑高度和建设密度，新建建筑应保证山体主要界面1/3可见，老城区原则上不再新建45m以上高层建筑，远期考虑拆除或改建严重遮挡山体的建筑（图5、图6）。禁止在山体周边建设大体量建筑，其中临山建筑面宽不大于100m，观山廊道两侧建筑面宽不得大于60m。保护山体与城市标志性建筑或场所之间的视线廊道，在老城区选取10个重要观山节点并规划观山廊道，禁止新建建筑遮挡视廊，对遮挡视线的现状建筑物建议远期拆除（图7）。

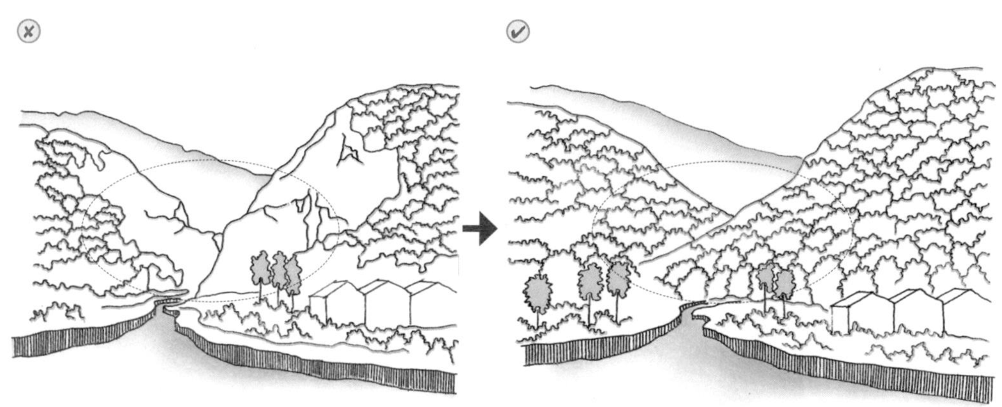

图4 山体创面修复指引图
山体复绿，整治破损山体，禁止一切削山、切山、贴山行为。

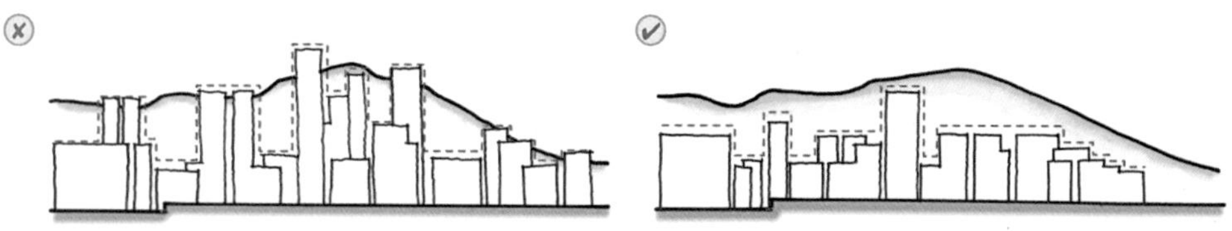

图5 平原地区建筑高度控制指引图

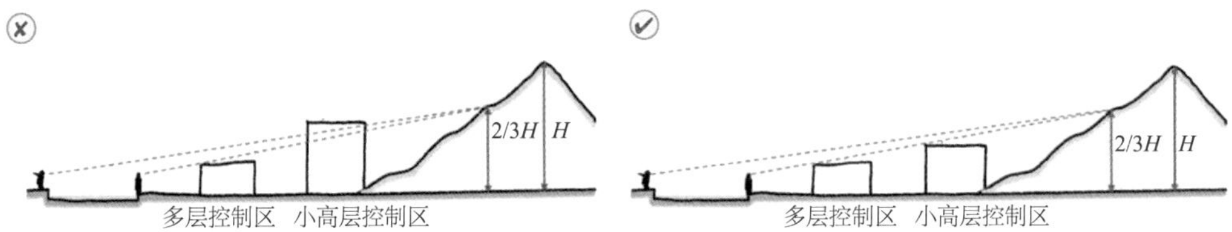

图6 滨河地区建筑高度控制指引图
为了保证“三山两河”的可见性和完整性，新建建筑应保证山体主要界面1/3可见，老城区原则上不再新建45m以上建筑。

增强城区段水系的可达性。强化滨水区与城市内部的联系，提升滨水步行道路通达性，预留滨水视线通廊。在城市重要节点与水岸之间建立便捷的道路联系，有条件地区可设置独立步行通道。控制滨水区地块规模，垂河道路间距不超过300m，以城市支路为主，宽度不小于15m，并扩大人行道宽度。规划宽度不小于40m的垂江绿化带，增强水系空间向城市内部的渗透，鼓励滨水相邻建筑物之间设置不小于15m的垂河通道。城区段建设连贯的滨水休闲带，链接现有滨水绿地、广场等公共空间，有条件地区须建设宽度不小于20m滨水绿地公园带，公园带内严禁除水利外的开发建设行为（图8）。

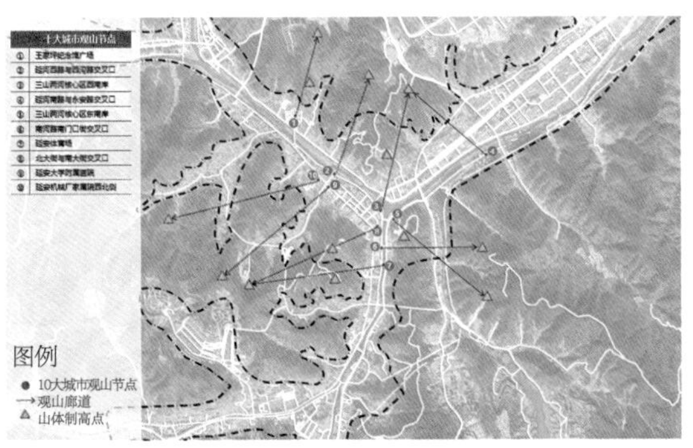

图7 观山廊道规划图（左）廊道两侧建筑控制指引图（右）
在老城区选取10个重要观山节点并规划观山廊道，禁止新建建筑遮挡视廊。

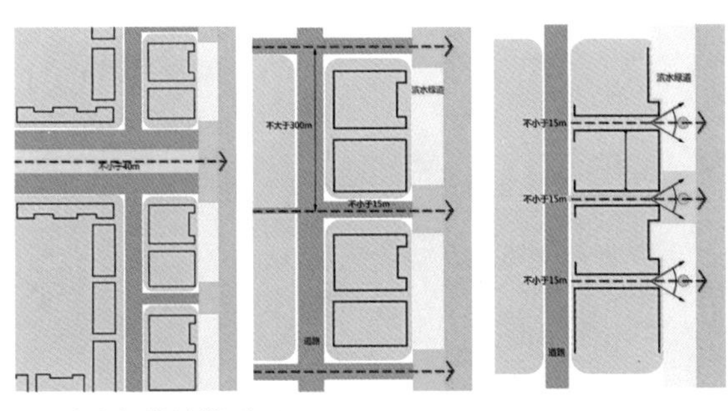

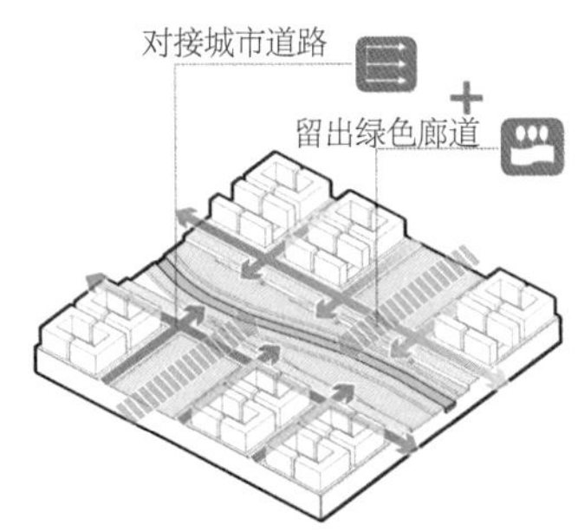

图8 滨水廊道控制指引图
垂河道路间距不超过300m，以城市支路为主，宽度不小于15m，并扩大人行道宽度。鼓励滨水相邻建筑物之间设置不小于15m的垂河通道。

4.2

优街塑点，展示黄土风情

优化街道空间，展示黄土风貌。针对现状城市道路与地形契合度较差、人行空间受限、建筑立面风格混杂、街道环境质量不佳、街道家具缺乏设计等问题，规划建议结合山水地形重塑道路网络，提炼“黄土风情文化”要素应用于街道立面和家具。重要街道的建筑立面以青砖和石材为主，与延安城市主色调青灰色、土黄色、深灰色一致，沿用延安当地木雕、砖雕、石雕等建筑装饰。将黄土风情文化要素融入街道家具和景观设计，增加休闲型街道的慢行空间和街道界面的丰富性与互动性（图9）。

重要进山街道沿线植入公共空间节点，延续本地生活习俗。拆除部分违章搭建，针灸式植入社区广场、口袋公园，满足周边居民日常休闲需求。弥补社区公共服务设施短板，利用生活型街道沿线的插花空地，增加社区菜场、超市、小学、幼儿园、临时市集、学生家长等候空间等公共服务设施，改善居民生活环境（图10）。

保护窑洞建筑风貌，挖掘地方文化特色。保护窑洞群建筑风貌，拆除视线可及范围内风格不协调的建筑，顺应山势地形进行更新建设。植入公共空间和服务设施修缮并利用现有窑洞建筑，立面修旧如旧，内部功能进行现代化更新。优化窑洞建筑群落空间布局，拆除窑洞群落周边违章搭建，改善内部道路通达性。延续民俗文脉，植入茶室、咖啡馆、文创店、民宿等业态，策划本地文化体验活动，打造延安特有的归属感与认同感（图11）。

图9 街道界面设计指引图

重要街道的建筑立面材质、色彩、家具要体现“黄土风情文化”。

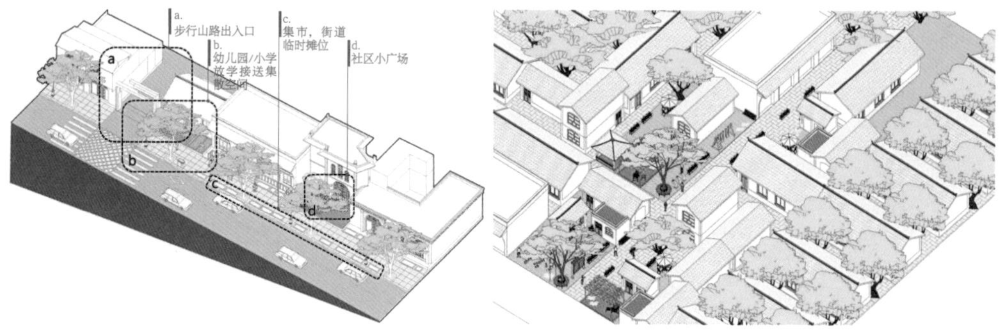

图10 沿街植入公共服务设施指引图（左）和拆除违章搭建，植入小型口袋公园指引图（右）

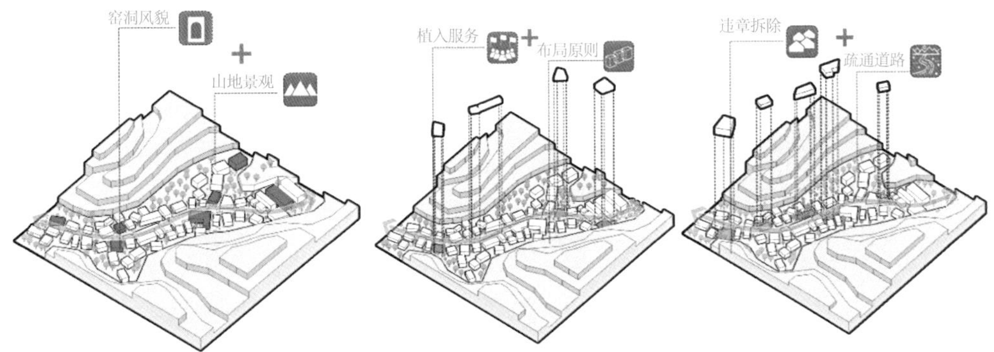

图11 窑洞群落风貌保护指引图（左）、窑洞群落服务提升指引图（中）、窑洞群落空间优化指引图（右）
保护窑洞群建筑风貌分为三项内容，包括窑洞建筑保护和再利用、植入公共空间和服务设施、拆除视线可及范围内风格不协调的建筑以及违章搭建。

4.3

保用并重，凸显红色情怀

构建完整的红色文化体验体系。对现状有关红色革命的各级文物保护单位进行分类梳理，划定革命旧址和文保单位集中区，基于此构建约25km长的“红色文化微长征”轴线。通过合理保护、修缮和组织策划，打造多条红色文化主题游线。利用郊野地区要素打造远郊红色主题自驾游线，利用城区山水资源打造滨水红色慢行游线，利用城区内部的文化要素打造城市红色观光巴士游线，利用近郊山体景观资源打造红色徒步登山游线（图12）。

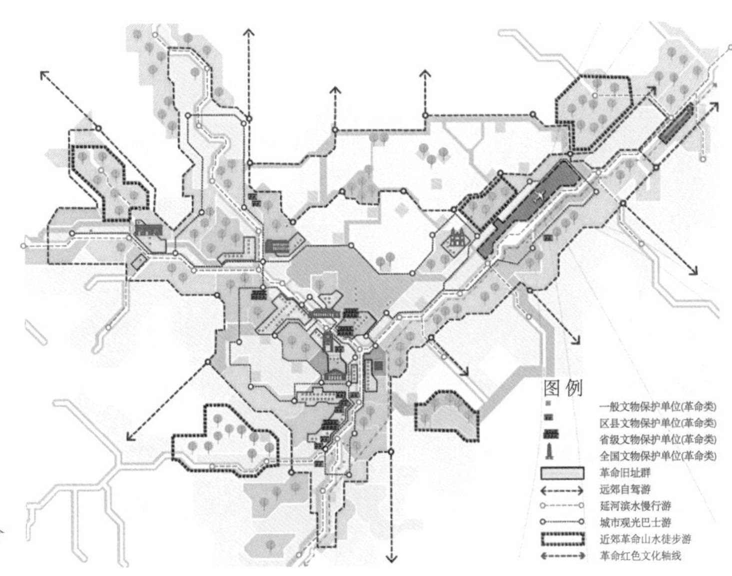

图12 红色之路主题游线策划图
根据文保单位、革命旧址群的分布，组织5种红色文化主题游线。

打造圣地客厅。在“三山两河”城市核心区延续古城的空间肌理，重塑延安古城历史空间格局。通过对历史空间的景观提升，突出“三山两河”历史片区的圣地感，强化“三山两河”作为标志性地区的视觉可识别性。近期对“三山两河”滨水带进行改造，建设红色文化主题公园，贯通滨水步行道，增加红色文化景观标识、构筑物和环境小品。

描绘历史画卷。保护好圣地路—嘉陵路红色文化密集区的各类文物古迹与革命旧址，严格保护其周边环境。加强西北川两岸的环境整治，预留红色文化密集区与滨水绿化带之间的慢行交通联系。规定西北川片区新建建筑风貌与革命遗址、文保单位的建筑风格协调，鼓励采取延安特色的窑洞建筑要素和主题颜色（图13）。

5 小结

《延安市老城区特色风貌管控技术导则》与双修规划中的其他规划类型不同，不是一项快速见效、快速推广的工作，而是一项长期指导、细水长流的工作。本着先易后难、先核心后外围、成熟一片先干一片的原则，通过几届政府的共同努力，实现延安作为“革命圣地、历史名城”的城市定位和“山河气质、黄土风情、红色情怀”的风貌定位。总之，《延安市老城区特色风貌管控技术导则》不是短期内交成果的蓝图编制行为，而是以设计为手段、以点绘面、弥合官需民愿的“城治”工作。

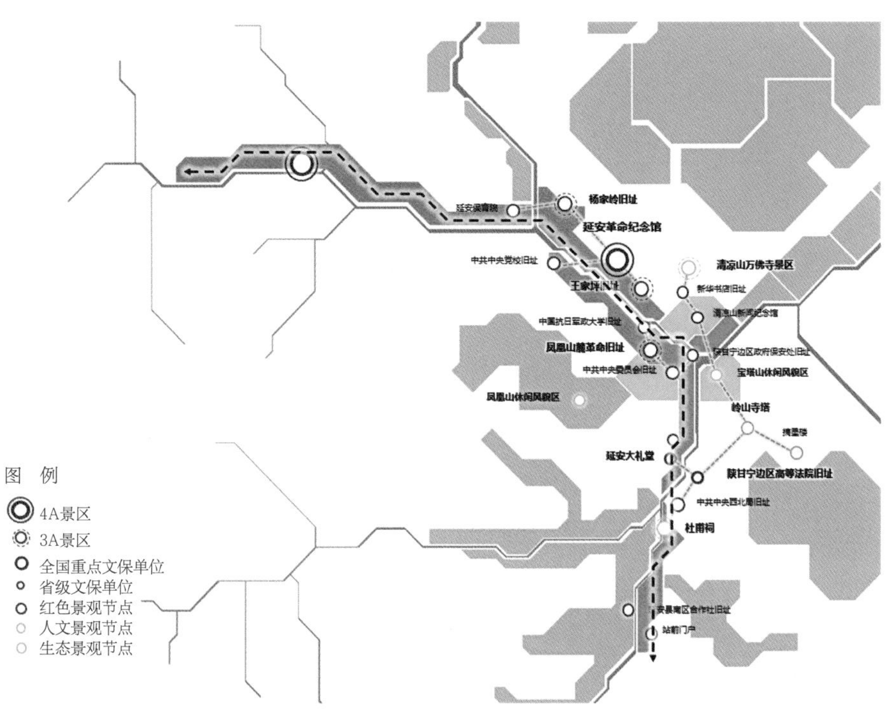

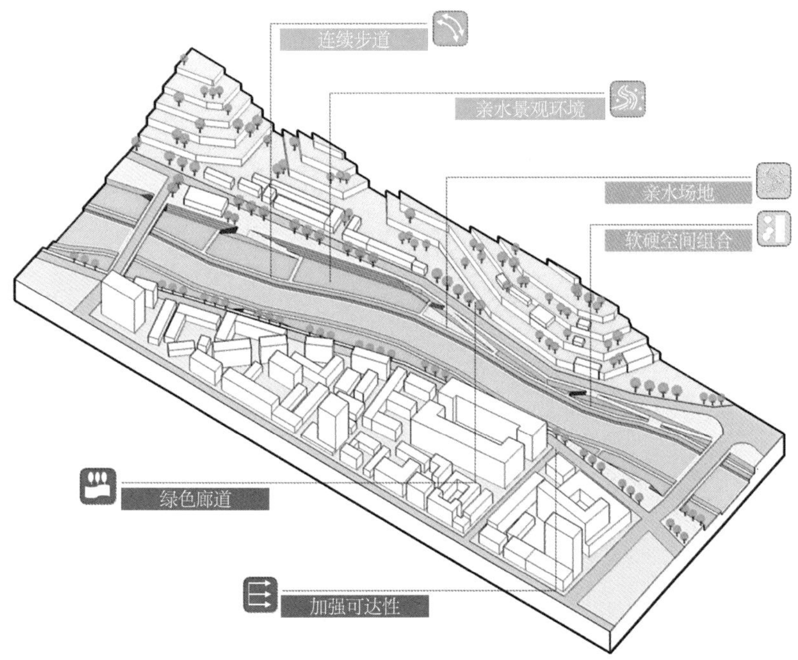

图13 红色文化要素分布格局图（上）和圣地路王家坪区段滨水绿带改造意象图（下）

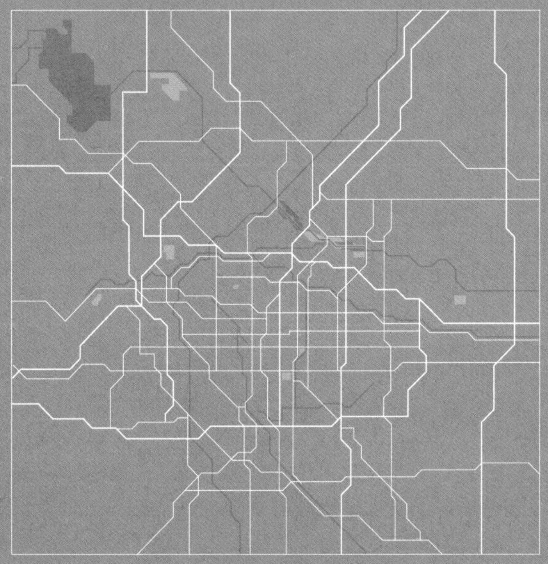

03

石家庄

总体城市设计是挖掘城市风貌特色并建立共识的重要手段，广受关注。本次《石家庄总体城市设计战略》，旨在探讨城市风貌特色的挖掘和塑造的路径。明确石家庄“山河冀都”城市总体风貌定位，归纳都市区风貌格局的愿景目标，提出塑造石家庄城市风貌特色的策略，并进行传递落实。

亮山河风采，塑人文冀都

——石家庄总体城市设计战略

魏钢　管京　韩靖北

【摘要】

本文以石家庄为例，探讨城市风貌特色挖掘和塑造的路径。首先，基于自然环境、历史文化和时代发展三个维度的风貌资源梳理，明确石家庄城市总体风貌定位，即“山河冀都”，并进一步将都市区风貌格局的愿景目标归纳为“一河两岸四相城，西山中廊核心湖”。接着，结合城市风貌定位和风貌格局，提出依山、拥河、通风、温故、塑心、立廊、优径、控边八个塑造石家庄城市风貌特色的策略。最后，通过分区、分则、分项三个方式将总体城市设计的构想和策略进行传递落实。

【关键词】

城市风貌；总体城市设计；石家庄

┤1├

问题：特色与共识

石家庄，崛起于铁路的勃兴，因此被称为“火车拉来的城市”。除了海口之外，石家庄是中国最年轻的省会城市。然而在河北省，石家庄的经济总量被唐山压一头、历史文化被保定占上风，其首位度在27个省会城市中位列倒数第四。长期以来，石家庄的城市风貌特色并不鲜明。

那么，城市风貌特色从哪里来？无非三个方面。第一是自然环境，比如旧金山建在丘陵地区，它没有削峰填谷，而是顺应地形，形成随山势起伏的立体城市；第二是历史文化，比如西安是十三朝古都，文化积淀深厚，由内在文化驱动而外显的城市建设、饮食习惯等独树一帜；第三是时代发展，科技的进步、时代的变迁必然会带来不同于以往的变化，也会呈现出新的特色，比如斯德哥尔摩的哈马比生态城，在节能环保理念下，哈马比已成为全世界绿色生态城市的典范（图1）。

通常认为石家庄没有特别突出的资源，事实上，石家庄在山水景观、地域文化等方面都有着丰厚的资源禀赋。太行山、滹沱河、正定古城、中山故国都是响当当的“名片”。虽然具有丰富的资源禀赋，但石家庄风貌层面的核心问题在于这些特色资源没有很好地与城市建设相融合。石家庄亟需通过一个战略性的总体城市设计来达成风貌特色的共识，提出形成风貌特色的策略，指出落实风貌特色的路径。

图1 石家庄水上公园
图片来源：中国城市规划学会，中国建筑学会，中国风景园林学会. 城市奇迹：新中国城市规划建设60年. 北京：中国建筑工业出版社，2009：48-49.

┤2├

方法：战略与思路

石家庄要塑造自身的特色，首先要从自然环境、历史文化和时代发展三个方面小心挖掘、大胆创新，充分利用在岁月的洗礼中沉淀下来的“特色”。

从自然环境来说，滹沱河、太行山是石家庄最重要、知名度也最高的资源，从总体城市设计的战略层面，必须围绕这两个要素做文章。第一，要从滹沱河边能够清晰地看到山体背景，因此河对岸的建筑高度要控制，山边的建设要限制；第二，要把城市的活动引向河边，突出水滨特色，石家庄也提出了城市的建设重心要向河边引导的战略，总体城市设计提出在城市发展中轴与滹沱河相交的位置，结合现状水系扩河为湖，新的城市中心围湖发展。

从历史文化来说，石家庄是燕赵文化的腹地，还受到中山文化的影响，滹沱河北岸的正定古城世界闻名。此外，石家庄具有深厚的红色文化底蕴。位于石家庄市平山县的西柏坡，曾是中共中央所在地，毛主席在此指挥了震惊中外的辽沈、淮海、平津三大战役，召开了具有伟大历史意义的七届二中全会和全国土地会议，故有“新中国从这里走来”的美誉。

从时代发展来说，石家庄是区域中心城市，是省会、是产业的聚集地，在京津冀协同发展的背景下，也有很多发展机会，那么这些机会如何聚点成线成网，形成一个可感知、可体验的系统非常重要，总体城市设计结合城市现状的特色点提出中心体系的网络，将城市的标志性建筑、标志性工程、公园绿化广场节点、历史古迹、河流山体等串联成网，未来新建的标志性建筑和工程也尽量结合在中心体系的网络中，从而慢慢织出城市的“精华”骨架。

3 实施策略

通过对石家庄自然环境、历史文化和时代发展三个维度的风貌资源梳理，石家庄城市总体风貌定位可概况为“山河冀都”，“山”“河”代表太行山、滹沱河两大自然环境要素，“冀”代表文化要素，“都”代表时代要素。

在“山河冀都”的四字定位之下，石家庄都市区风貌愿景目标可归纳为“一河两岸四相城，西山中廊核心湖”（图2）。“一河”指滹沱河，“两岸”即滹沱河两岸，“四相城”即传统主城象限、产业基地象限（东部新区）、现代新城象限（正定新区）、历史文化象限（正定古城），“西山”即西侧太行山，“中廊”即新元高速交通廊道，“核心湖”即在滹沱河与新元高速相交处放大水面形成城市的中心湖。这六件事可以说是石家庄塑造城市风貌特色的最重要的战略抓手。

紧密结合“山河冀都”的城市风貌四字定位与“一河两岸四相城，西山中廊核心湖”的风貌格局，提出塑造石家庄城市风貌特色的八大策略，即依山、拥河、通风、温故、塑心、立廊、优径、控边（图3）。

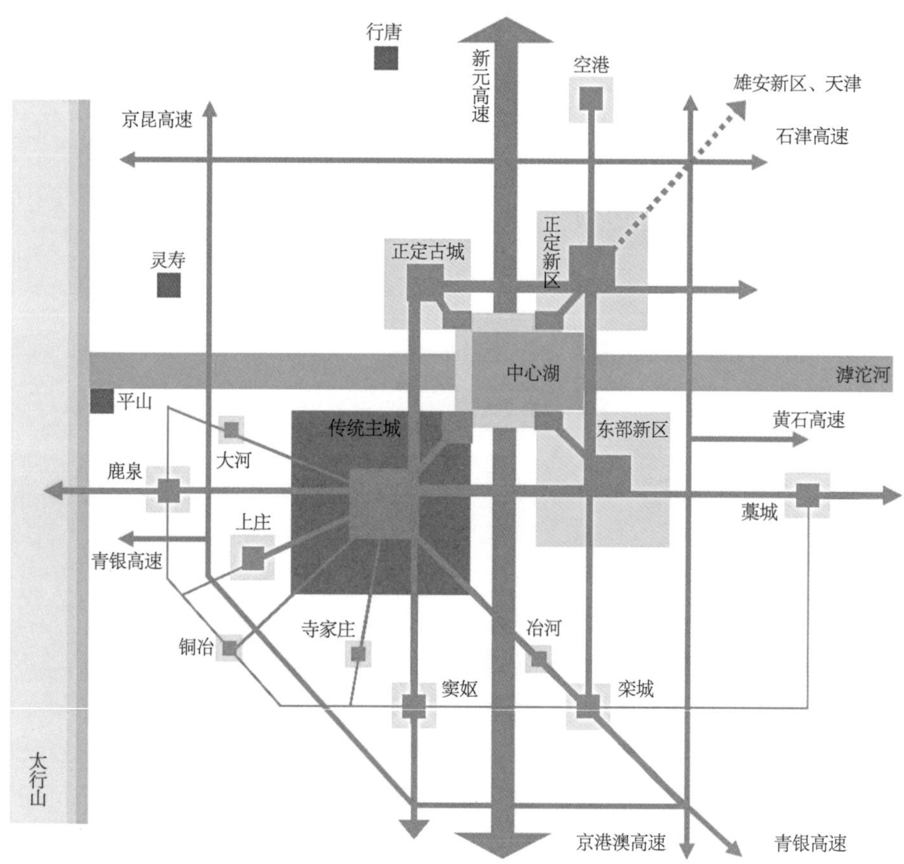

图2 石家庄空间格局提炼
通过风貌资源梳理，可将石家庄空间格局总结为“一河两岸四相城，西山中廊核心湖”。

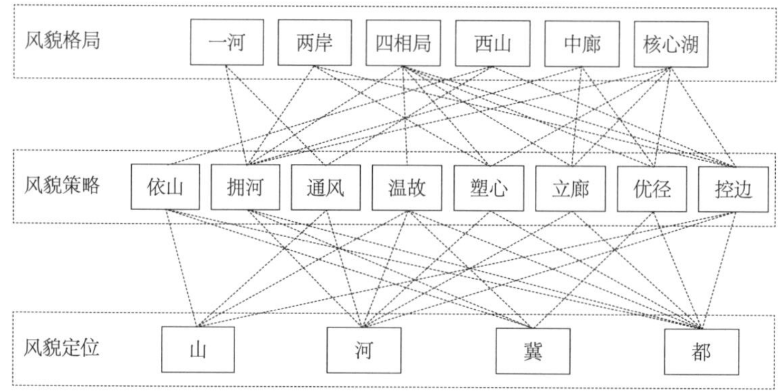

图3 四字定位、六大抓手、八项策略
通过城市风貌四字定位和风貌格局六大抓手，提出塑造石家庄城市风貌特色的八大策略。

3.1

依山

依山，指让市民能看得见山、感知到山。

石家庄有三类“山—城”关系，分别是对景山—道路视廊、主景山—沿山地区、背景山—滹沱北岸。

对于对景山，石家庄都市区主要控制六条观山廊道，分别是古城西路（石太高速）、和平西路、裕华大街、槐安西路、南二环、石铜路。对观山廊道的控制主要集中在新元高速以西的中心城区。

对于石家庄西部沿山地区，山是主导要素，规划将沿山地区进一步细分为三类特征区，即山体地区、集中建设区、乡村地区，并分别提出风貌及建设引导要求。

从滹沱河北岸向南岸眺望，太行山作为重要的山体背景应当加以保护，因此城市地区的建筑高度应当控制（图4），以形成与山体相互协调的建筑天际线，规划将观山要求体现在高度分区图中。

3.2

拥河

拥河，即对石家庄城市滨水地区风貌进行管控。

规划将滨水控制区分为三类，即滹沱河风光带、集中建设区、乡村地区，并分别提出控制要求。以集中建设区为例，控制要求包括：①除现状外，新建和改造建筑高度不宜超过4层；②街区大小不宜超过200m，以提供更多通向水滨的通道；③连续界面长度不宜大于70m，以避免形成连续单调的滨水地区街景以及过大的建筑体量。

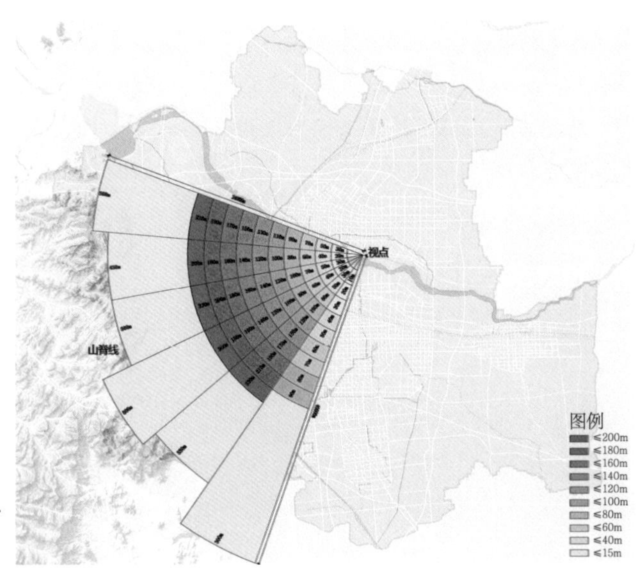

图4 基于观山视域分析的都市区建筑限高分区
从滹沱河北岸向西南方向看城市天际线，以保障25%左右的背景山体不被遮挡为原则，确定前景用地的建筑高度。

3.3

通风

通风对于静风频率高、雾霾天气严重的石家庄来说非常重要，因此规划提出“通风”策略。

石家庄风环境主要呈现三个特征：①静风频率高达28%；②对倒风特点，石家庄冬季主导风向为西北—北风，夏季为东南—南风，形成对角线；③山谷风。

规划提出控制并形成5条宽度500m以上风道和9条宽度80m以上风道，此举有助于缓解城市热岛效应和污染物扩散。

3.4

温故

温故，即保护石家庄的历史文化资源。经过规划识别，石家庄的历史文化资源主要集中在老火车站地区、工业遗产改造地区、东垣故城地区、毗卢寺地区、河北博物院地区等。规划针对这些重点地区针对性地提出风貌及建设引导要求。

3.5

塑心

塑心，即塑造城市各级中心的风貌。城市中心是个复合概念，它由城市重要公共空间系统、城市公共服务系统和城市公共标志系统三部分共同组成。规划结合分区与中心地区划定，提出基于中心体系的基准高度分区，用地建筑限高可根据交通条件、地块条件、景观条件等因素在基准高度的基础上进行调整。此外，应结合中心体系突出城市地标，丰富城市天际轮廓。

规划提出塑造若干条商业服务连接路径和林荫景观连接路径，将石家庄各级中心连接起来（图5）。

3.6

立廊

立廊，即重点塑造新元高速廊道。新元高速廊道不仅是交通廊道，由于两侧较宽的防护绿带，更是城市一条重要的生态廊道。

规划提出两条塑造策略：一是在高速两侧种植乔木，形成宽约百米的特色森林带，同时植入功能，使其成为市民可进入、可活动、可休闲、可游憩的特色森林带；二是依托出口塑造功能节点，共有6个出口，在各个出口周边可根据片区风貌特征塑造成各具特色的城市形象节点。

3.7

优径

优径，即塑造城市的特色路径。

规划将石家庄的特色路径分为六类，即滨水路径、山前路径、放射路径、断面路径、环形路径、精华路径（图6），并对不同类型的路径提出控制要求（表1）。

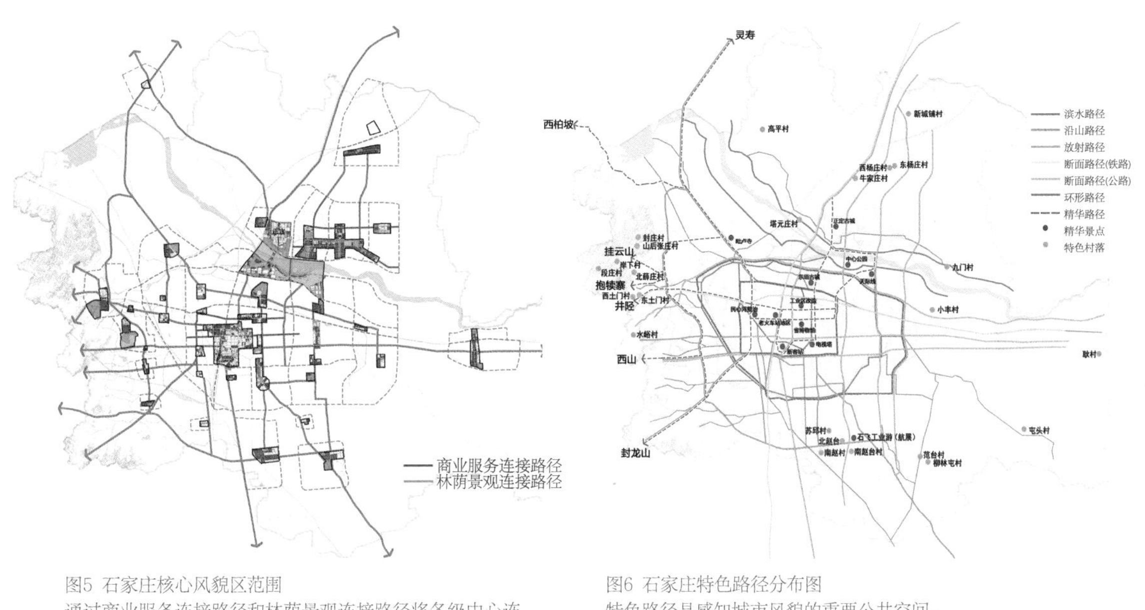

图5 石家庄核心风貌区范围
通过商业服务连接路径和林荫景观连接路径将各级中心连接起来。

图6 石家庄特色路径分布图
特色路径是感知城市风貌的重要公共空间。

表1 石家庄特色路径控制要求

类型	风貌及建设控制要求
断面路径	景观风貌应符合所处区段的特征
环形路径	提升道路快速通行能力，保证交通效率 重点管控环路两侧景观绿化和建筑风貌，塑造优美城市景观 通过绿化植被等，削弱高架环路对两侧地区的隔离感
放射路径	通过不同的道路绿化（如行道树）塑造不同的道路景观特征，形成“一路一品”的特色
沿山路径	沿山路径两侧建筑高度不超过15m，连续界面长度不超过40m 结合城市绿道建设林荫景观路
滨水路径	结合水系设计景观道路断面，提供慢行路径 结合滨水景观带，沿路径设置一定数量的驻留观景点，并设置景观小品 滨水住宅及商业建筑高度与建筑外墙距水域蓝线的垂直距离之比不宜大于1：2，连续界面长度不超过60m，以保护景观视线廊道
精华路径	传统主城核心区内进一步细化精华路径，形成地面醒目的标识线引导人们参观

3.8

控边

边界，一般是郊和野、城和郊、城和城不同风貌区之间的分界，它往往是城市风貌特色的重要展示界面，但也往往容易被忽略。边界应起到屏障、分隔或缝合的作用。

边界类型上，规划将其分为五类，并分别提出了风貌及建设引导要求：一是河边，即正定与主城间的分界；二是山边，即山野与城郊的分界；三是田边，即乡野与城郊的分界；四是林边，主要是城市不同片区的分界；五是轨边，也是城市不同片区的分界。

4

传递落实

石家庄总体城市设计战略的构想和策略主要通过分区、分则、分项的“三分”方式来加以传递和落实。

分区，是将石家庄都市区根据自然边界、行政和管理边界、风貌特征、功能区划、控规单元等因素划分为若干风貌片区，从而有利于总体城市设计的传导与落实。

分则，是将8大城市风貌特色控制策略，按照城市风貌分区，进行图则式管控，建立城市分区指引导则，这有利于推动城市总体设计各要素与下一层级规划（尤其是控制性详细规划）的对接与落实。

分项，是根据分区分则内容提出城市近期风貌提升建议。规划提出5大近期风貌提升类型，即景观整治设施提升、衔接改善系统整合、设施增补规划研究、绿道/林荫道建设、美丽村庄建设，共计43个项目。

┤5├

后续：项目实施情况

本文以石家庄为例，探讨城市风貌特色的挖掘和塑造的路径。首先，从自然环境、历史文化和时代发展三个维度，明确石家庄“山河冀都”的城市总体风貌定位，并归纳都市区风貌格局的愿景目标。接着，结合城市风貌定位和风貌格局，提出依山、拥河、通风、温故、塑心、立廊、优径、控边八大策略。最后，通过分区、分则、分项三个方式将总体城市设计的构想和策略进行传递落实。

本项目规划设计编制时间完成于2018年3月，获2019年度河北省优秀城市规划设计奖（城市规划类）一等奖，2019年度中国城市规划协会优秀城市规划设计奖三等奖。城市设计分院团队同时相继承担了《石家庄高铁站周边地区城市设计》(图7)、《石家庄北站地区综合规划》等重点片区的规划编制工作，将总体城市设计战略的相关要求在重点片区进行落实。与此同时，城市设计分院团队多次配合石家庄市自然资源和规划局，就下层次城市设计等相关规划是否符合总体城市设计战略的相关意图提出意见，进一步将总体城市设计战略中的思路和结论传递与落实下去。

项目管理人：
朱子瑜　刘力飞

项目负责人：
蒋朝晖　王颖楠　魏钢

项目成员：
管京　魏维　鞠阳　纪叶　郭君君　韩靖北
袁璐　赵耀中　陈晨　赵晓勇　孙立硕

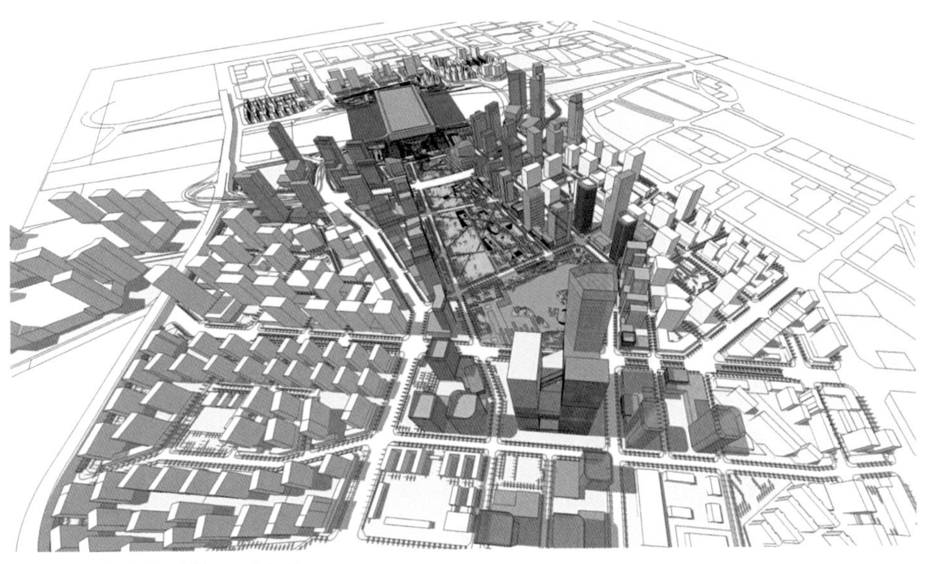

图7 石家庄高铁站周边地区城市设计
作为重点地区城市设计，应落实总体城市设计相关要求，塑造石家庄风貌特色。

顶层设计，统筹管控

——石家庄城市密度格局的分析与构建

韩靖北

【摘要】

快速城镇化进程使中国城市的面貌发生了巨大变化，城市人口与建设空间错配突出、千城一面的问题尤为严峻。中央城市工作会议以来，城市设计的重要性日益突显。在这一背景下，如何运用好总体城市设计研究，发挥统筹全局的作用，做好城市密度格局的顶层设计，成为一个重要议题。本文基于石家庄总体城市设计项目中开展的城市密度格局分析和构建方面的工作，对城市密度模型的理论基础、实践案例和技术路线进行了梳理，以期明确总体城市设计如何对接规划和行政管理体系，实现城市人居环境的改善。

【关键词】

总体城市设计；城市设计控制；城市密度格局；密度分区

┤1├

工作背景

1.1

建设空间供需错配

中国改革开放以后开始迈进城镇化发展的快车道，经济的飞速发展推动了城市超常规的快速建设。在这一过程中，城市规划设计的编制与管控，常常滞后于城市建设发展的进程。很多城市尚未根据人口规模、资源承载等基础条件确定各区域的合理开发规模，就经历了快速集中的城市建设。因此，虽然城镇化进程在很大程度上改善了城市的面貌和人居环境，但也导致了城市资源分布与使用的不合理，即城市人口与建设空间的供需错配。

一方面，城市建设总量存在超标隐患。土地财政的现实和开发商的利益诉求，导致地方政府在规划实施过程中放宽限制，逐步脱离了城市人口的实际使用需求，建设总量已经超出规划规模。近年来很多中小城市都出现了房地产市场见顶、库存压力较大的情况，就是上述问题的集中表现。

另一方面，虽然城市建设规模总量充足，但在空间分布上，人—地—房的错配现象仍然突出。各地在城市建设实践中，逐步形成了征拆安置的路径依赖，普遍形成了规范所能容忍的、投资收益最高的百米高层住宅模式。这一模式无论是在一线城市还是偏远县城都被广泛应用，在城市内部也往往遍地开花、布局散乱。

这种不合理的城市密度分布自然会引发公共交通、公共服务和市政设施等公共资源的局部短缺，从而引发各类城市问题。同时超量错配的城市建设，还会引发景观风貌的破坏。对于生态敏感地区或城市景观地区，高强度开发无疑是对城市资源的过度利用和破坏。高层建筑使城市空间单调均值、难以望山见水，无法识别城市的中心和结构，引发了饱受诟病的“千城一面”等问题。

1.2

城市设计作用突显

上述城市规划建设的问题也已经引起了国家层面的关注。2015年底，时隔37年中央再次召开城市工作会议，明确提出了要尊重城市发展规律、全面开展城市设计，加强对城市的空间立体性、平面协调性、风貌整体性、文脉延续性等方面的规划和管控。2016年

2月发布的《中共中央 国务院关于进一步加强城市规划建设管理工作的若干意见》，对开展城市设计工作提出了明确指导。城市设计的重要作用日益突显。

2017年，住房和城乡建设部发布《城市设计管理办法》，成为城市设计制度化探索的发端。同年，住房和城乡建设部分两批公布了57个城市设计试点城市，探索建立城市设计管理制度。城市设计同时作为“城市双修”的核心技术方法，在生态修复和城市修补工作中发挥了重要作用。这标志着城市设计的重要性再次得到了从上到下的普遍认同，城市设计纳入规划建设管理体系的时机已经较为成熟。

1.3

总体城市设计参与规划管控

从城市设计试点工作开展的情况来看，城市设计发挥作用的关键在于能否明确规划管控内容，有效衔接城市管理的行政体系。

在开展全国多个重要城市的总体城市设计工作中，如何将宏观尺度的城市设计纳入规划管控机制就是工作团队面临的一大难题。宏观尺度的总体城市设计，对于城市的建设发展到底有什么作用，有没有落地和实施的价值？如果不只是图上画画、墙上挂挂，那么怎样才能起到刚性约束作用？

为了探索总体城市设计的实施和管控路径，石家庄总体城市设计项目中开展了城市密度分析和格局构建的相关研究，对宏观层面的城市设计管控的数据化、空间化研究进行了探索。

几年后国家进行了机构改革和规划体系重构，建立了新的国土空间规划体系。在国土空间规划体系中，城市设计仍然具有重要作用。自然资源部于2020年发布的《市级国土空间总体规划编制指南（试行）》中，将“开展总体城市设计研究”作为国土空间总体规划编制的一项基本工作，提出“将城市设计贯穿规划全过程”并要求“提出开发强度分区和容积率、密度等控制指标，以及高度、风貌、天际线等空间形态控制要求”。这标志着总体城市设计正式纳入了规划指标控制和形态控制的管理体系。

由此也可见，当时在石家庄开展的密度分区研究的方向是正确的，并且也具有一定的前瞻性。

┤2├

问题研判

在开展密度分区工作中，首先要识别城市的基本问题，对整体趋势进行研判。与长三角、珠三角地区相比，石家庄所在的京津冀地区人口分布极不均衡，大量人口集中在少数几个大城市中。石家庄地处华北平原中部，作为京畿省会的石家庄人口稠密、集聚效应较强，但城市发展和建设水平相对较低，城市形象不够突出。在这一背景下，石家庄于2008年至2010年开展了“三年大变样”行动，大量拆除城中村、推动房地产开发，在一定程度上改善了城市的环境和形象（图1）。

但是，快速的城市建设带来的弊端也是同样显著的。建设用地快速扩张、城市建筑高度跃升，板式百米高层住宅遍地开花，如同巨幅墙体，使城市变为了冰冷的水泥森林，不仅影响了城市景观风貌，还造成了交通拥堵、设施不足等问题。

因此本研究的目标，即以石家庄为例，探索城市人口、用地、建设量的分布规律，寻求兼顾效率和美观的城市密度格局模式，从而改善石家庄当前的城市密度困境。

图1 石家庄城市风貌鸟瞰
图片来源：视觉中国

3 理论研究

3.1 城市中心体系模型

对城市密度分布的讨论源于对城市地租的研究，竞租曲线是城市密度单中心结构的经典模型。Frankel（1997）对特拉维夫的地标建筑的研究，Barr（2012）对纽约曼哈顿核心区建筑高度的研究和McMillen（2006）对芝加哥容积率的研究，都验证了在一定范围内城市密度分布基本符合单中心模型。丁成日（2005）进一步指出城市发展的三个影响因素实际上导致了城市密度结构的复杂性，并据此提出了基于单中心理论的阶梯式城市动态发展结构。

但是对于规模更大、功能更复杂的城市，单中心模型则难以适用，城市中心的职能转而由中心体系来承担。Clapp（1980）通过对洛杉矶大都市区的办公租金的研究，提出了洛杉矶的多中心模型，指出市中心的中央商务区对外围地区的影响相对较弱，居住地与次级中心的通勤关联成为影响租金的最重要因素。Haughwout等人（2008）对纽约曼哈顿地价的研究和Barr和P.Cohen（2014）对纽约全市容积率分布的研究也证实了纽约城市结构具有显著的多中心特征。

总的来说，中心体系的结构实际上反映了城市的规模与效率的关系。当城市的规模较小时，单一的紧凑型城市中心无疑效率最高。这是由于多个同等级的城市中心会使最大服务距离增加，并产生穿越中心的过境交通，使城市运行效率下降。但是城市的规模增大到一定程度时，单中心的服务效率开始下降，构建由主次中心组成的、互有分工的中心体系，则是更有效率的选择。因此由中心体系分析来构建密度模型是一种较为合理的技术路线。

3.2 新城市主义及其断面准则

1982年DPZ事务所设计的滨海住宅项目宣告了新城市主义的诞生。新城市主义协会（Congress For New Urbanism，简称CNU）于1993年成立，并于1996年发布《新城市主义宪章》，标志着新城市主义理论体系的成熟。历经三十余年发展，新城市主义的思想内涵已逐渐转化为一套可以实施的城市设计制度。

断面准则是新城市主义的一项重大理论贡献。新城市主义从全局角度重新审视了城市和市镇的边界以及山林、农田等生态区域，提出从农田、村庄到郊区、城市，每一区域应该有不同的建筑密度、街道尺度和相应功能，形成可感知的城市景观风貌，用断面的形式来表示这种城—乡形态关系。断面准则提供了基于区位条件来考察城市景观风貌的重要思路和密度管控标准，对于城市密度格局构建具有重要的理论价值。

3.3

香港和深圳的城市密度管控实践

从国内来看，香港的密度分区制度较为成熟，是很多城市效仿的范例。《香港规划标准与准则》中提出，要通过量化方法将土地资源和人口密度进行对应安排，通过引导住宅密度的合理布局来作为公共服务设施规划的依据，表现出鲜明的供需平衡的思想。

香港全域划分为都会区、新市镇和乡郊地区三类，每类有各自的住宅容积率，在最重要的都会区，进一步根据地块条件划分为Ⅰ区、Ⅱ区、Ⅲ区，在最中心的香港岛区域还根据地块是否毗邻道路划分为甲、乙、丙三类地盘。《建筑物（规划）规例》根据高度规定了容积率（住用地积比率）和建筑密度（上盖面积百分率）上限以避免出现过密的开发。

香港密度分区制度突出了将人口密度、住宅密度、基础设施承载水平精确匹配的思路，在价值取向上则强调公共交通导向和保护自然乡郊景观风貌。

深圳是最早开展总体城市设计的中国城市之一，在总体城市设计的基础上，深圳于2001年进行了城市密度分区的专题研究，2006年以“城市设计及密度分区”的专题纳入深圳市城市总体规划，最终于2014年纳入深圳市《城市规划标准与准则》。

深圳密度分区的专题研究以宏观和微观相结合，通过比较分析法、社会调查法、模型构建法等方式进行了较有创见的工作。深圳比较国内外的多个城市，提出高强高密的发展模式，选用可接受强度限制法作为开发强度确定的方法。

在总体城市设计的基础上，建议深圳的城市空间结构向紧密的多中心城市结构转化，“形成以轨道交通为联系、以生态廊道为分割、内部包含城区结构绿地的多个大城市区的结合体”，探讨建立从高混合度的各级服务中心到一般城区到过渡区到生态地区的方法。

上述理论和实践方面的探索对于由总体城市设计开展城市密度研究，并与规划设计管理体系相融合，具有重要的参考意义。

4

城市密度基础分析

4.1

用地布局情况

石家庄因正太铁路的修建而诞生，被称为火车拉来的城市。中华人民共和国成立初期，石家庄城市规划建设借鉴国际经验，采用了花园城市手法进行布局，但随着石家庄工业的发展，产城边界日渐模糊，开始了以火车站为中心的摊大饼式发展。老城区人口稠密、空间拥挤，开敞空间和高品质空间较少。

近十几年来，石家庄开展了三年大变样等城市建设行动，希望在短期内解决城市面貌问题，“拆字当头、建字随后、治字贯中”体现了这场大规模城市改建的主要思想。总体规划确定的部分公共设施、绿地和开敞空间等公共用地被转作开发使用，城市结构和格局遭到破坏。现状的主要公共设施仍只集中在城市中心区，设施服务能力相对有限，甚至产生拥堵效应。

4.2

人口与城市活动研究

石家庄主城区规划人口为270万，人口的空间分布情况主要从两方面进行研究。一方面是以各街镇的统计资料为依据，确定人口的基本分布（图2），另一方面通过百度热力图等数据信息来分析城市人群的活动情况。

热力图通过获取手机基站的定位以实现对用户数量的获取，并依据用户数量来渲染地图颜色，能够较好地展示区域内的人口活动情况和人口密度信息，通过不同典型时段的人群活动情况来体现城市各类功能空间的布局情况。选取周日下午3点、周一上午10点、周一晚8点作为典型时间段获取相应时间石家庄城区的热力地图，分别表征主要的商业休闲空间、就业空间和居住空间的布局情况（图3）。

根据上述热力图可以大体识别出，石家庄的城市休闲消费空间和就业空间主要集中于火车站周边区域，其中休闲消费空间的分布尤为集中，还未形成明显的次级中心。居住空间则呈现出相对均质分布的特征。

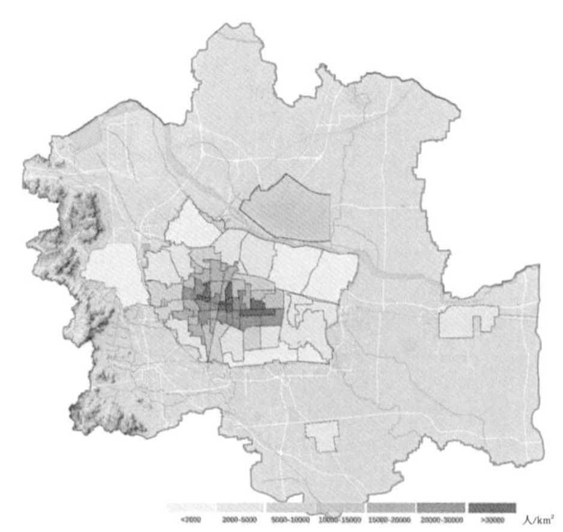

图2 石家庄都市区各片区人口密度分布情况（2014年）
由本图可见，虽然石家庄中心城区的范围在明显扩张，但人口仍然高度集中于老城区。

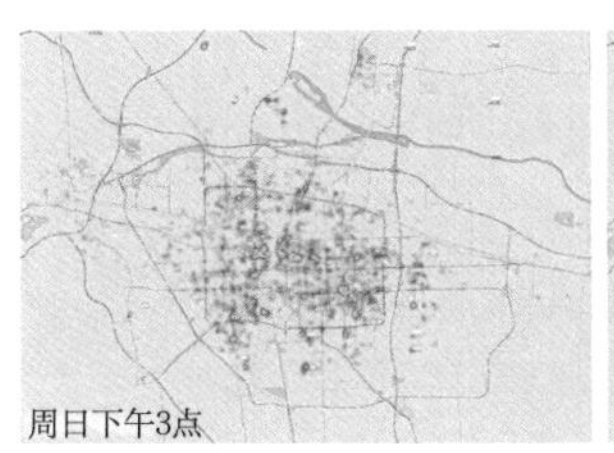

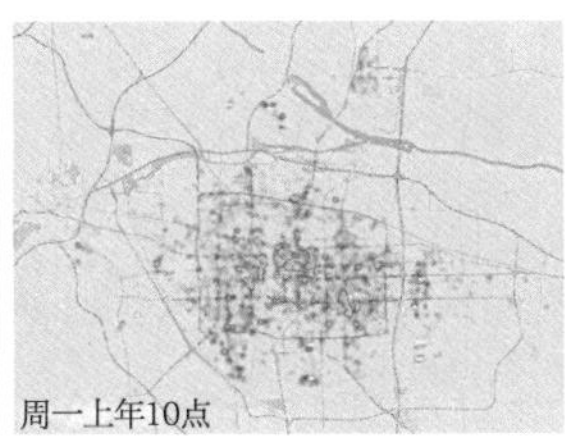

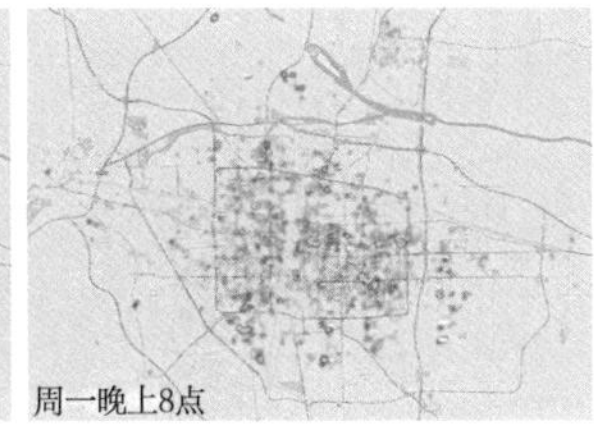

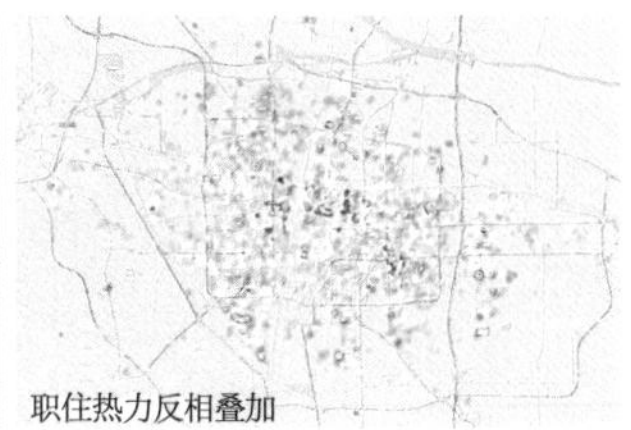

图3 石家庄城区典型时段热力图
分时段热力图有助于识别主要城市功能的聚集地区。

将居住空间和就业空间的热力图进行反相叠加，可以对主城区的职住空间的叠合关系进行进一步的分析。由叠加结果可见，颜色偏紫色的区域是就业强于居住的地区，在分布上主要集中在老火车站周边；颜色偏黄色的区域是居住强于就业的地区，在空间分布上较为分散，并呈现越向外越强的趋势。就业空间与居住空间呈现出职住分类的特征。

通过典型居住空间的形态调查和控规数据的整合分析，将控规的容积率赋值数据与城市区位要素进一步叠加，可对于城市密度格局进行更直观的表达。根据上述对于城市密度现状的分析可见，石家庄城市密度存在的主要问题是城市用地和建设量存在超量风险、人口分布与建设量分布不匹配。

4.3

建设空间及分布情况

石家庄目前建设超量情况突出，特别是高层住宅建设过热（图4）。目前石家庄住宅建设开发量已可以容纳450万人口，几乎是规划人口的两倍。按照规划中居住用地和人口的指标计算，石家庄市主城区规划面积为230km^2，居住用地占比为29%，规划人口为270万。即便采用较为宽松的35m^{2}人均住房面积指标，石家庄居住用地的平均容积率也仅为：$270\times10^4\times35\text{m}^2/(230\times10^6\text{m}^2\times0.29)=1.42$。而控规中的居住用地赋值则普遍超过这一标准。这说明以石家庄目前的城市发展阶段来看，并不适宜开展大规模的高层住宅建设。

图4 石家庄高层建筑分布情况
与人口分布情况相比，高层建筑物的分布则具有明显的随机性。

┤5├

密度格局的构建和管控

5.1

管控要素转译

凯文·林奇将城市设计的内容分为五种要素，即节点、区域、边界、路径、标志。五要素主要针对的是城市中心区或中小尺度的城市设计片区。将总体城市设计的成果类比城市设计五要素，可以划分出五种类型的设计控制，即结构式、分区式、界面式、路径式、廊道式。前三者是全域类型控制，后两者则是主要针对局部片区。

通过上述五种要素类型的转译，可将总体城市设计中涉及管控的相关内容进行整理汇总，便于直接叠加到密度格局的构建中。关于总体城市设计控制的五类型的具体内容，《基于总体城市设计的密度分区：方法体系与控制框架》已经作了较为详细的说明，在此不赘述。

5.2

构建密度格局

《基于总体城市设计的密度分区：方法体系与控制框架》提出了密度分区方法体系的三个环节，即现状密度要素综合分析、密度分区基础模型构建、密度分区宏观技术校正。虽然在方法体系和技术路线上，具有相对技术理性的特点，但其中总体城市设计的规划设计意图的表达是更为关键的。这里着重探讨总体城市设计是如何影响城市密度格局，从而实现统筹全局、顶层设计的。

在密度分区基础模型构建之前，首先以总体城市设计确定的空间结构为依据，结合控规对于地块开发赋值的成果，在更大的控规单元尺度初步确定总体的密度格局意象（图5）。明确城市密度的分级关系，从城市核心区、中心区到一般区、外围区、边缘区渐次过渡。这一格局既吸纳了控规层面的具体控制成果，又落实了总体城市设计在宏观空间上的考虑，基本形成断面准则中的形态分区的空间基础。每一区域均有大致的容积率范围，虽然存在一定的交叠，但总体上实现了按照区位和设施布局的渐变规律。

此后，将前述五种类型的管控要求叠加后，进一步落实总体城市设计的管控角色。将核心管控要素叠加后，各重点区域需要在前述密度格局中进行密度等级的下调，优先从控规单元层次体现管控要求的落实。即在“分区”出现之前，就已经将总体城市设计的规划设计意图和设计控制要求，在层面进行落实和体现。

在密度分区模型建立之后，再通过地块级的宏观矫正，形成更为详尽的密度分区模型（图6）。

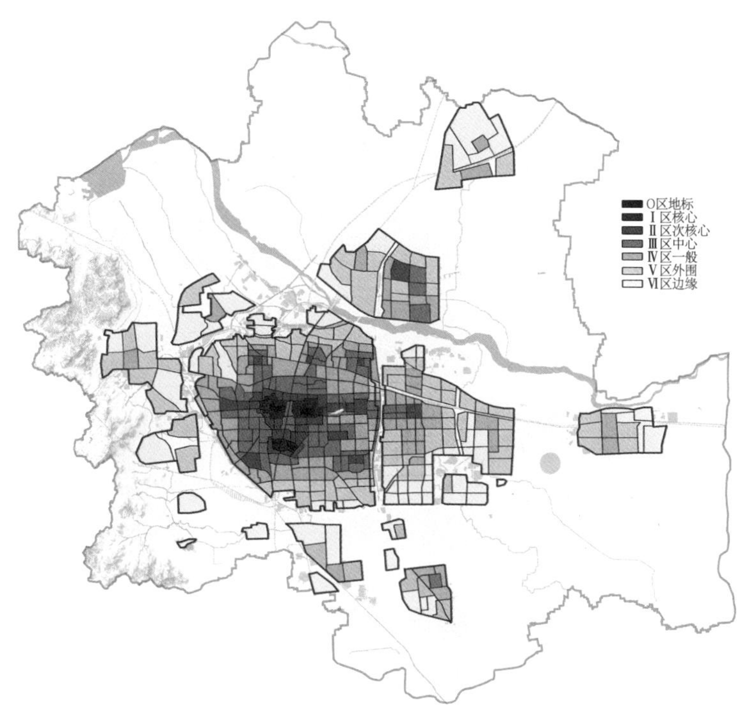

图5 基于总体设计的密度分布基准模型
密度分区基准模型是总体城市设计基于断面准则的直接回应。

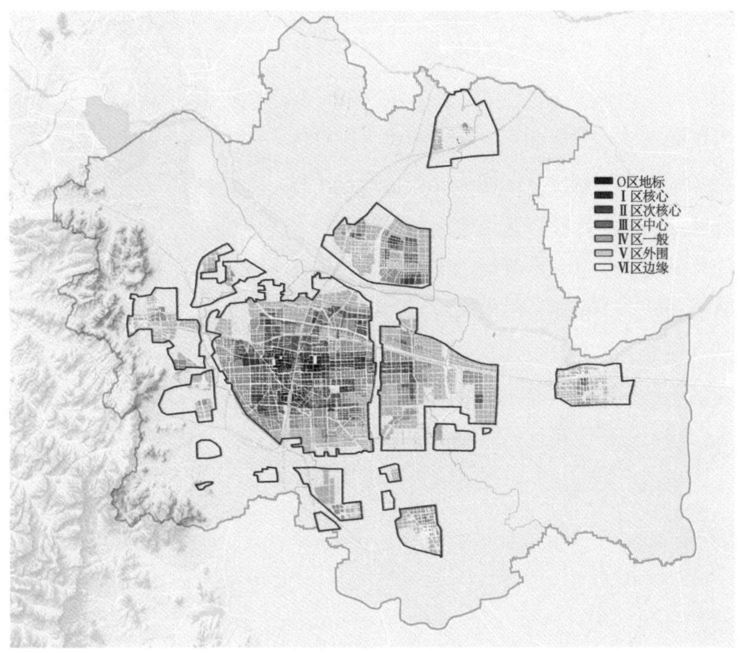

图6 经过校正的地块级基准分区
基准分区对于此前的基准模型进行了充分细化，以满足各分区的实际空间需求。

5.3

传导与应用

城市密度格局通过密度分区进行落实之后，需要进一步进行规划传导和应用，才能最终落到实处。密度传导主要从三个方面进行。

一是直接作为研究成果推动控制性详细规划的修编。从实施角度来看，既存的高层建筑已经形成，短期内难以变化，其影响必然是长期的。因此需要充分考虑存量空间，以单元平衡的思想来缓解局部地块的设施短板。

二是将总体城市设计中涉及高度强度方面的具体管控明确化、指标化，纳入城市设计或风貌分区图则中（图7）。在石家庄总体城市设计中，最终的风貌分区图则将上述五种要素控制类型进行了细化和明确，便于土地开发出让过程中作为附加条件落实。

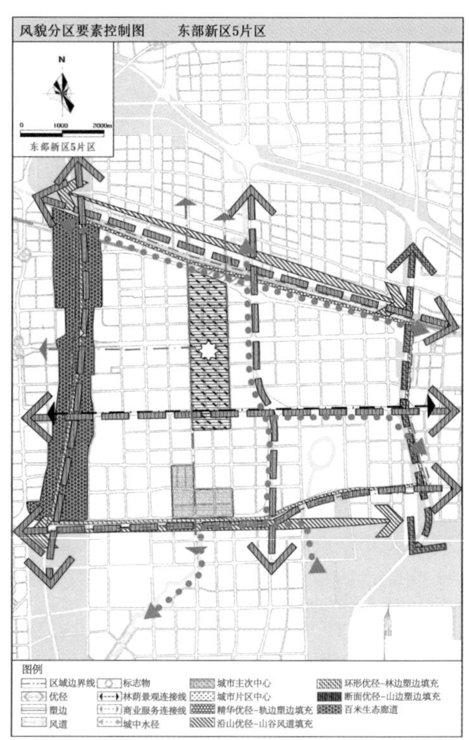

图7 在分区图则中落实管控要求
将密度控制的原则和指标要求通过导则进行更具体的细化和指引。

三是在具体地块或项目实施过程中，充分体现实施弹性。密度分区作为一项从宏观尺度到微观实施的工作，应当避免忽视微观条件的一刀切。借鉴深圳等地的实施经验，与轨道交通站点距离较近的地块可以按校正系数适当浮动，以充分发挥轨道站点对于城市发展的带动作用；同时按地块规模进行适当核减，落实对于小街区密路网的倡导，合理划分规模适当的地块，以促进城市规模的有序发展。

6 结语

欧美发达国家的城市化进程呈现为明显的S形曲线，在经过城市化率50%左右的加速阶段后，必然要走向减速和稳定的阶段。中国的城镇化经过几十年的发展，城镇化率已经超过60%，速度趋降已经是大势所趋，北京、上海、深圳等一线城市甚至纷纷走向了减量发展的道路。同时，我国人口增速明显放缓，生育意愿趋于低迷，过去的大发展式的城市规划建设思路未来将难以适用。从这个视角来看，未来我国的城市人口格局将发生一场深刻变革。与之相应的则是城市密度格局的长期稳定性，这种供需之间的矛盾将会愈发突出。因此人口、用地、建设三者之间的协调发展，将是未来中国城市发展必然要面对的核心问题。因此本文从总体城市设计中的管控落实出发，集中对于城市密度格局的分析与构建的方法进行分析阐述，以期实现总体城市设计的统筹全局和顶层设计，为未来规划建设的精细化管理探索一种有效的技术路径与管控模式。

参考文献

[1] Barr, J., 2012. Skyscraper height. J. Real Estate Finance Econ. 45 (3), 723-753.

[2] Barr, J., Cohen, J.P., 2014. The floor area ratio gradient: New York City, 1890-2009. Reg. Sci. 48 (2014), 110-119.

[3] Clapp, J.M., 1980. The intra metropolitan location of office activities. J. Reg. Sci. 20 (3), 387-399.

[4] Frankel, A., 1997. Spatial distribution of high-rise buildings within urban areas: the case of the Tel-Aviv metropolitan region. Urban Stud. 44 (10), 1973-1996.

[5] Haughwout, A., Orr, J., Bedoll, D., 2008. The price of land in the New York metropolitan area. Curr. Issues Econ. Finance 14 (3), 1-7.

[6] McMillen, D.P., 2006. Testing for monocentricity. In: Arnott, R.J., McMillen, D.P. (Eds.), A Companion to Urban Economics. Blackwell Publishing, Malden.

[7] 丁成日. 城市密度及其形成机制：城市发展静态和动态模型[J]. 国外城市规划，2005，20（4）：7-10.

[8] 韩靖北. 基于总体城市设计的密度分区：方法体系与控制框架[J]. 城市规划学刊，2017（2）：69-77.

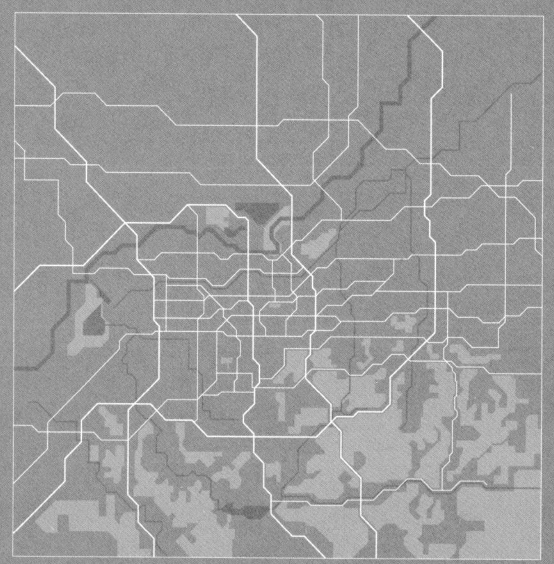

04

济南

在快速变化中找到城市不变的核心价值要素成为塑造特色、更新风貌的关键。济南中心城经历了一系列重大事件，导致城市格局及重点不断变化。本次济南总体城市设计考虑到济南城市发展需求以及外部环境变化等特点，通过战略共识的构建和核心要素的控制，以不变应万变，形成济南城市设计的战略顶层，用以指导下一层级的设计项目与实施项目。

应对快速变化的城市价值提炼

——济南中心城总体城市设计

何凌华

【摘要】

总体城市设计是针对城市整体空间的城市设计类型。由于城市的快速迭代、撤县划区，总体城市设计的范围、内容、重点很容易受到以上因素的影响。那么如何应对城市的快速变化，并且在快速变化中找到城市不变的核心价值要素就成了当今许多城市塑造特色、更新风貌的关键。济南中心城在项目承接的过程中，经历了撤县划区、泉城申遗、黄河北部新旧动能转换区等一系列重大事件，导致城市格局及重点不断变化。考虑到济南城市发展需求以及外部环境变化等特点，通过战略共识的构建和核心要素的控制，以不变应万变，形成济南城市设计的战略顶层，用以指导下一层级的设计项目与实施项目，成为本次总体城市设计的核心内容。

【关键词】

战略共识；核心风貌要素；传导实施

序言

历史上的济南风光无限。南有泰山，北有大清河（现今被黄河夺道），平缓的大地上隆起九座小山，世人称为齐烟九点；城内有泉，泉在城中流，独特的山水资源造就了济南特殊的风貌环境。因此，济南也一直是文人墨客心向往之的城市，留下了许多赞美诗篇。

鹊华两山虽然位于古代历城（今济南）的远郊，却是众多文人青眼有加的景致。清人任宏远曾有《鹊华桥诗》："舟系绿杨堤，鹊华桥上望。齐州九点烟，了了明湖上。"诗句展现了济南城、大明湖和齐烟九点的独特关系。齐烟九点中最著名的就是鹊华两山。鹊华两山，望岳对峙，旗鼓相当。鹊华烟雨在崇祯《历城县志》中有明确的记载："历下客山胜，而北方之镇，鹊华并峙，每当阴云之际，两山连亘，烟雾环萦，若有若无，若离若合，凭高远望，可入画图，虽单椒浮黛，削壁涵青，各著灵异，乃昔人合标其胜曰'鹊华烟雨'。"赵孟頫也作画《鹊华秋色图》为好友周密依托思乡之情（图1）。

泉水更是济南重要的景观特征。早在《春秋左传》中，就对济南的趵突泉、华山边水系有所记载。公元前694年鲁国与齐国在"泺"，即今天的趵突泉边举行了一次国事会谈，说明2700年前的趵突泉一带已经成为齐鲁两国公认的，因而也是"国际"知名的风光秀美，具有休闲、游览、接待功能的胜地。"华泉汲水"说明即便是在济南的北郊华山一带，泉水与民居生活也已是密不可分了。

湖光山色，泉涌汩汩。公元6世纪的《水经注》第一次记录了济南的湖山林泉。当时的济南，已经成为全国公认的风光最优美的城市，湖山林泉则是这座"天下名州"的标志性"名片"。唐宋时期，是济南的湖山林泉由孤立的自然存在物到人文审美的整体定型时期，并最终形成"城即园林"这一重大文化特质。杜甫羡慕济南名士多，李白来到华山求仙问道，元好问更是"有心常做济南人"，李清照也在济南特色的泉畔，成为中国独树一帜的女词人。杜甫的"海右此亭古，济南名士多"，概括了泉城的历史，李白的"湖阔数十里，湖光摇碧山"，第一次深邃、完整地概括了泉城的山水景观；高适的"水向百城流"也自有一种阔大的整体气势。

北宋是济南城市建设的重要时期。北宋的政治家、文学家曾巩任齐州（济南）知州期间对趵突泉、大明湖以及北部鹊华一带的山、水、湖进行了全面修整。曾巩修缮水利，通过"导蓄"系统使得众泉汇流的大明湖水"恒雨不涨"，成为古代营城典范；趵突泉通过开渠引泉，泉溪相连，泉水环城，济南真正成为一座泉水城市。位于章丘的百脉泉群也在设计中与济南泉群连为一体。"西则趵突为魁，东则百脉为冠。"泉水之都的风貌，从自然要素的体现到人文审美的引领，在北宋已经定型。除了理水，曾巩还修筑亭台楼阁，使人工与自然达到高度融合，用"七桥风月"打造"泉城"人文品牌。可以说曾巩主导了济南历史上第一次总体城市设计，奠定了济南湖山林泉的园林格局和风格，并且通过人文品牌的打造，进一步提升了济南的竞争

图1 鹊华秋色图

力。“城即园林”就成为宋元明清乃至民国时期济南园林最重大的文化特质。而明代通过城墙的建设奠定了济南城区的格局和风格。

老舍也醉心于这翠绿翡翠般的泉水中。济南“城即园林”的特点，在老舍先生的以下两段话中描述得最到位：“济南的美丽来自天然，山在城南，湖在城北。湖山而外，还有七十二泉，泉水成溪，穿城绕郭。”“在千佛山上北望济南全城，城河带柳，远水生烟，鹊华对立，夹卫大河，是何等气象。”

中华人民共和国成立后，济南进入快速发展期，尤其改革开放后直至今日，济南呈现着日新月异的变化。但无论济南怎么变，这个城市脱不开承载其的一方山水，一抹清泉。本次总体城市设计，正在要在这样快速迭代的城市发展中，寻找到城市不变的那一抹灵魂。

2016年10月，济南市自然资源和规划局（原济南市规划局）委托中规院城市设计分院编制《济南总体城市设计》。在项目启动之初，规划局本意是总体城市设计与城市战略规划一同展开，结合战略发展布局对济南总体城市形态格局进行设计。但工作启动后，济南市进入了一个快速变动发展的时期，撤县划区、泉城申遗等重要城市事件导致城市格局不断变化。2016到2019年，章丘撤县划区、

济阳撤县划区以及莱芜的撤市划区将济南市的城市规模迅速拉大。2016年到2019年也是政府工作方向转变的重要时期，城市发展由追求速度到追求品质，济南作为“双修城市”试点以及城市设计试点也对总体城市设计工作提出了新的要求。在设计条件及重点频繁发生调整的状态下，济南总体城市设计的设计方法和核心技术路线的选择就显得更为关键。

1 方法选择

《城市设计管理办法》第八条提出：“总体城市设计应当确定城市风貌特色，保护自然山水格局，优化城市形态格局，明确公共空间体系。”这条内容对总体城市设计的基本工作内容进行了界定。一般的城市总体设计会包括基础研究部分，以及主要内容部分。主要内容包括特色资源保护、风貌与特色定位、城市形态格局、景观风貌体系、公共空间体系等。但根据相关研究和不同城市的实践经验，一般总体城市设计会根据不同的城市条件、需求，因地制宜，灵活地进行设计内容的调整，并选择关注的侧重点。

项目组通过对一系列总体城市设计项目的分析研判，得出不同城市的总体城市设计根据不同发展阶段、不同编制时间以及不同的城市特色、规模，关注重点与技术路线各有特色。例如北京总体城市设计编制在总体规划之前，采用了战略层面的方式，提出关键性问题和原则，后续落入北京总体规划中；苏州总体城市设计编制在总体规划之后，加之规划条件与现状发展条件较为优质，设计重点为空间提质，关注人尺度层面的设计发展。

项目组针对济南城市设计缺少顶层设计的问题，同时考虑到济南城市发展需求以及外部环境快速变化等特点，选择以战略层面的总体城市设计抓住核心关键问题。通过战略共识的构建和核心要素的控制，以不变应万变，形成济南城市设计的战略顶层，用以指导下一层级的设计项目与实施项目。

2 确定目标

通过对资源的摸底和评估、对问题和特色的发掘，以及对当前发展的反思，项目组发现无论城市如何变化、拓展，时代如何变迁，城市特色的基本构成还是山水环境、历史文脉以及时代发展这三大方面。因此项目组从“本、源、新”三个角度出发，确定城市风貌目标定位。在“本”的方面，总体城市设计提出济南应延续自古以来的城市生态格局。“山泉湖河城”一直是济南朗朗上口的城市风貌特色。在新时代大济南的格局中，所谓延续“山泉湖河城”城市风貌特色，就是保护特色生态环境，复兴泉城山水文化，延续山泉湖河、融城山水的生态格局。

除了城市风貌本源的传承之外，在城市开创时代新篇章的同时也应注重历史文脉以及城市精神的传承。因此，济南总体城市设计提出“人文古泉韵、山河新泉城”的风貌定位和“一古一今”的风貌塑造策略。传承过去的文化脉络，济南要构建和谐人居环境，复兴齐鲁文化古韵，传承流淌千古、日夜奔涌的汩汩泉韵，发展今天的城市格局，济南面向生态文明时代，体现创新发展理念，打造南纳青山、北携黄河的现代泉城。

3

建立共识

在明确了总体城市风貌定位后，济南总体城市设计从三个方面建立战略共识，包括整体格局、战略要素、品牌塑造。第一，整体格局主要对接城市战略以及城市总规修编的相关内容，建立两个基本格局，包括市域城市格局以及中心城城市格局，以两个基本格局来建构济南新时代的整体格局。第二，通过战略要素的把控，对济南亘古不变的五个特色要素进行提炼和控制，明确其战略要素在时代发展的今天如何进行管控。最终将特色要素管控落实在专项规划和下层规划中，明确事权管理的对象。第三，紧抓泉城济南的核心要素“泉”，在保护其泉水生态环境的同时，将“泉”要素真正塑造为济南的城市品牌，成为济南城市特色发展的抓手，提高济南的核心城市竞争力。

3.1

整体格局（市域—中心城区）

近年来，济南城市格局正在经历迅速的拓展。撤县并区使济南真正跳出了原有城市发展框架，形成一个“大济南”的整体格局。因此，总体城市设计急需在这个不断扩大的整体格局上建立一个清晰而简明的指向。

设计首先将格局拓展到市域层面，在市域格局中确立“一河一轴、南山北田”的总体格局。“一河一轴”中的“一河”指黄河生态带，“一轴”指齐鲁文化轴。在未来的发展中，黄河将作为重要的生态发展带引导济南城市的绿色发展。而“一轴”指济南泉城风貌标志带，南北向的历史文化轴是重要的泉城风貌标志带，形成了从千佛山到大明湖再到北湖、黄河以及鹊华两山的城市传统风貌带，是中华文化的传承，是泉城风貌的重要体现。而“南山北田”指济南中心城南部的山区以及黄河以北广袤的天地。“南山”指依托泰山的济南南部山脉，目前已成为济南近郊重要的城市郊野游憩地，也是泉水产生的重要生态空间，是济南“反工山水”的重要山体依托。“北田”指黄河以北广袤的平原农田，也是济南重要的基本农田所在地。“一河一轴、南山北田”清晰地勾勒出济南在市域层面整体的形态格局（图2）。

在中心城区的格局营造中，采取中华传统营城观念，顺应自然山水，突出生态资源。将

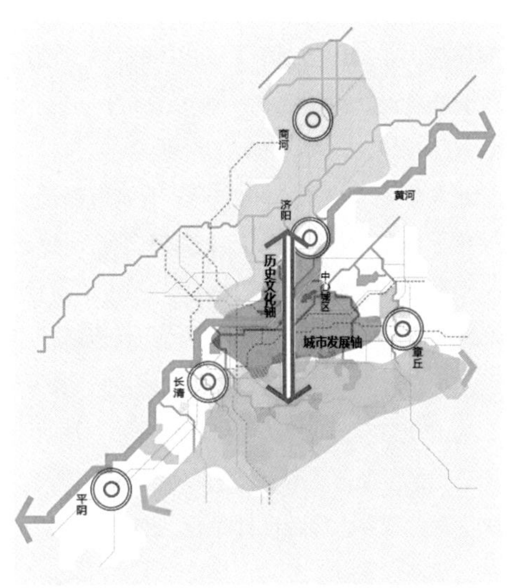

图2 市域整体格局
依托黄河生态带、齐鲁文化轴、山田生态基底，形成市域层面上“一河一轴、南山北田”的整体形态格局。

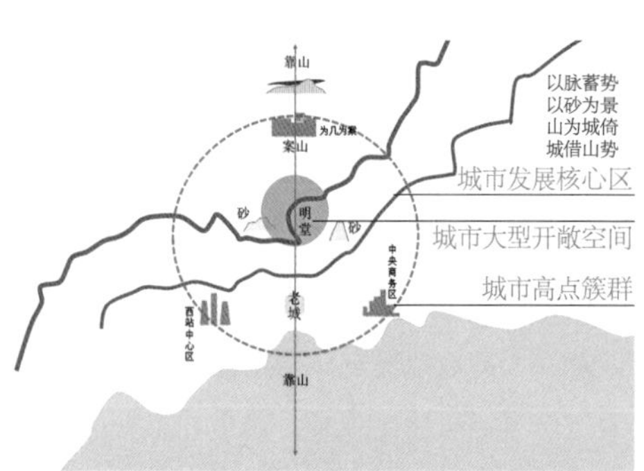

图3 传统营城理念营造大济南格局
根据城市地形环境，以传统的营城理念，统筹考虑城市高层集中区域与自然山水、开敞空间的关系，营造合理的城市格局。

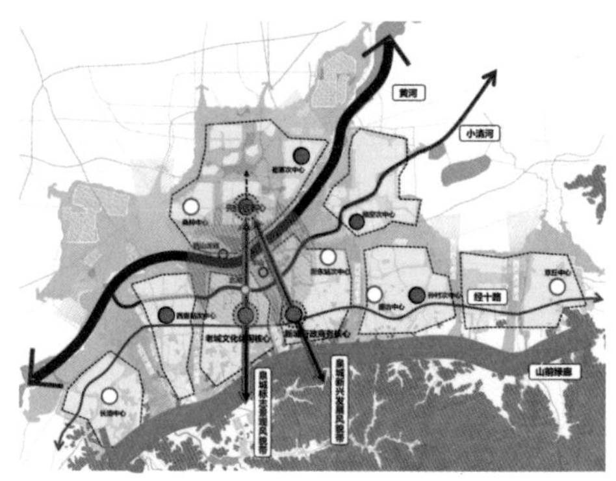

图4 中心城区空间格局
中心城区形成“四处城市中心、四条脉络、六条绿道、八大片区”的城市格局，引导下一层级的发展。

黄河、小清河两条绿脉形成的格局势气纳入中心城整体格局，实现中心城北跨黄河的格局转变。在此基础上，充分重视城市格局中的“齐烟九点”——济南除泰山山脉的九座小山，特别强调鹊华两山在城市格局中的意义，再现著名画卷“鹊华烟雨图”。根据城市地形环境，以传统的营城理念，确定城市形态中的高层集中区，将城市高层集中区域与山势、水势、城市大型开敞空间纳入城市整体格局，统筹设计布局，以确定城市高层区域的合理性以及控制原则（图3）。

最终在中心城区形成“4467”的城市格局。其中，中心城区形成了三处城市中心，建设济南带型组团城市。这四处中心分别为先行核心区、CBD核心区、西客站中心以及老城核心区。在东西向依托道路、山体、水系形成四条脉络，分别是黄河、小清河、经十路以及南山山边地区。在南北向，通过六条绿廊的建设，加强南北联系，塑造慢行绿道，提供非机动车的南北路径联系（图4）。在整个城市区域形成八大片区来引导下一层级的发展。

3.2

五大核心要素管控：山泉湖河城

在整体格局建立的基础上，把握“山泉湖河城”五大价值核心要素是本次总体城市设计的关键。“山泉湖河城”五要素是对济南最明晰的评价，也是在城市日新月异的发展过程中最重要的核心价值要素。因此项目针对五大要素，在两个层面进行控制。

第一个层面，历史城区层面。在历史城区，设计更强调五要素之间的关系。“山泉湖河城”之间的关系是形成济南老城风貌的关键。在这个关系中，“山泉湖河城”的山指千佛山，湖指大明湖，河指护城河，城指济南传统明府城，而泉指的是在济南城市四处涌出的泉水。济南素有“清泉石上流”的说法，泉水遍布城区。这里的五要素关系也体现出了济南“山生泉，泉汇河，河绕城，城倚湖”的独特风貌关系（图5）。

在城市快速拓展的今天，济南已成为东至章

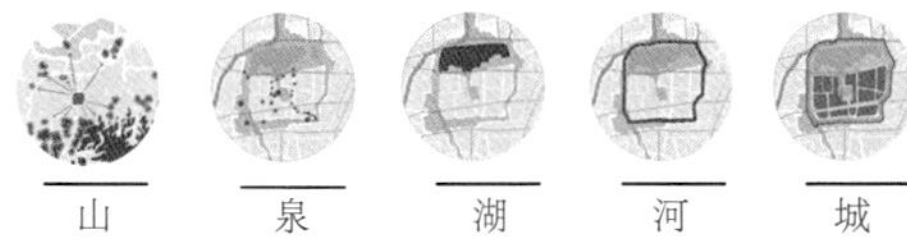

图5 老城传统山泉湖河城关系的控制
在历史城区层面，强调对五要素之间关系的控制，以此展现济南的独特风貌。

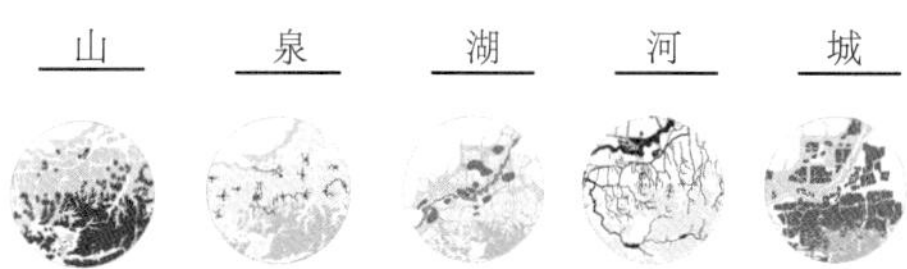

图6 济南全城山泉湖河城关系的控制
在中心城区整体层面，强调对五要素自身的控制，通过顶层设计，形成可指引专项规划以及下一层级城市设计的导则内容。

丘，西至平阴，南倚泰山，北披黄河的大都市。在大都市的发展中，更需要对老城区的要素关系进行严格把控。这里涉及景观视廊、传统观景点的控制，如佛山倒影、鹊华烟雨等名片景观，也涉及对整个济南南北中心轴线核心特色区域的控制，延续千佛山—大明湖—护城河—老城乃至齐烟九点这样的轴线要素关系。

第二个层面，中心城区整体层面。在整个中心城区，强调对五要素自身的控制（图6）。项目着力于明确五大要素在济南大都市区中的控制方向和要求，形成城市整体对五大要素设计控制的核心方向。通过顶层设计明确五大要素的控制原则和方向，形成可以指引专项规划以及下一层级城市设计的导则内容。

可以看到在“山泉湖河城”这五个要素中，山、湖、河实际上是形成泉水的重要生态要素，同时，这三个生态要素也是城市最重要的山水载体。因此，需要在设计中对这三个生态要素予以充分的重视。

3.2.1 生态要素的控制

1）山体要素

事实上，济南近年来已经开始关注山体要素在城市中的意义，并且编制了相关的规划来对山体廊道进行控制，如《显山露水专项规划》针对济南市区内的山体进行了视线廊道的分析，提出基础性的管控建议。但由于城市的飞速发展，许多观山廊道在城市既有发展中难以在短期内实现。为了应对短期山体视廊难以通达的问题，总体城市设计除了关注视廊的研究控制，更需要在山体空间的合理使用上给予明确的控制要求。设计提出要突出山体作为城市生态开敞空间的作用，对山体形成分类统筹，从单纯强调看山到强调用山。通过对山体资源的分类，针对城中山、山边地区、山中地区三种类型，形成不同的管控重点。对于城中山，进一步筛选重点的山体，对山体周边的功能用地、景观组织提出控制、组织的原则（图7）。

2）湖泊湿地要素

战略性布局控制北侧湖泊湿地，黄河生态国家公园将成为济南北部区域重要的生态走廊，也是济南最重要的生态基础设施。

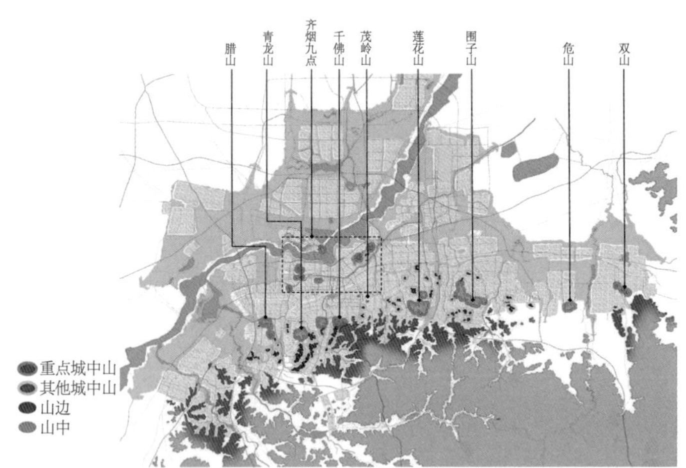

图7 山体资源的类型控制
对于山体资源，按照城中山、山边城区、山中城区三种类型，形成不同的管控重点。

对于沿黄河的湿地资源，总体城市设计提出要妥善处理，警惕挖湖造景的“伪湿地”建设，应对现有滩涂、湖泊、水田等湿地资源进行统筹设计，联系水脉，成为黄河两侧重要的生态基础设施。在此基础上，对湿地资源进行安全合理的利用，形成济南市民周末休闲的重要带状休闲空间资源，塑造“南山北泽”的生态休闲格局。

3）河流要素

初看济南，来访者并不会形成太多河流的印象。济南除了黄河和小清河之外，南北向的河流确实没有在城市中成为重要的水脉，也并没有作为生态休闲空间成为织补城市的线性要素。南北向的河流多是发源于南部山脉，经过城市汇入小清河。但南北向河流多为季节性河流，雨季水量充沛时肩负排洪功能，旱季则河道干涸。正因如此，济南存在严重的河流盖板的现象。甚至在早年的城市建设中，还出现盖河建路的现象。

对于这些隐没在城市中的季节性河流，在对其现状进行评估的基础上，结合周边城市发展趋势及需求，将河流分为生态型河流与公共型河流（图8）。针对不同河流的特性，指明其后续发展更新方向。在2018年城市街区更新中，历下区就选取全福河的一个段落进行了生态修复，根据其季节性的特征，形成双季休闲空间，旱季利用河道建设旱河休闲空间，雨季保留行洪、雨水滞留等生态特性，成为城市重要的南北线性休闲场所。

3.2.2 城市要素的控制

城市依然是总体城市设计的重中之重。如果从系统角度分析，城市包括多个层面、多种要素。因此在战略层面，提炼清晰的城市形态发展方向和原则就至关重要。针对“城”要素的控制，精炼简明地从“看”和“用”两个层面来落实城市要素中最核心的设计管控。

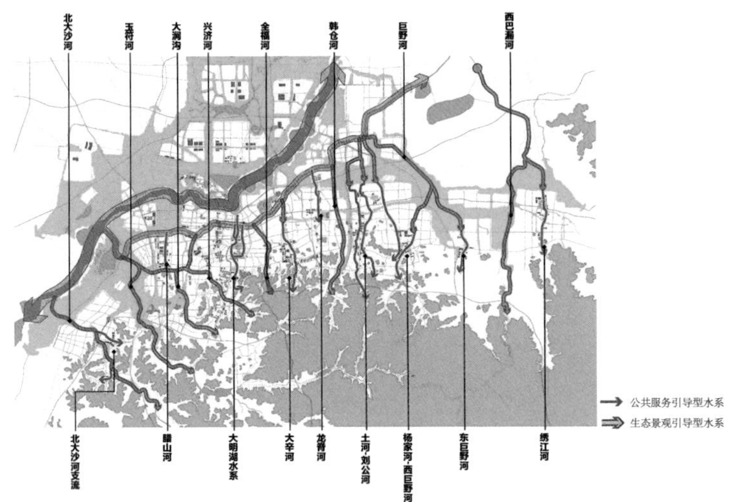

图8 河流资源的类型控制
对于河流资源，按照生态型河流、公共性河流两种类型，形成不同的管控重点。

图9 战略型眺望视廊
在战略眺望体系中，针对“看山水、看历史、看城市、看节点”四种类型，明确了城市一级战略型视廊。

1）战略眺望体系

设计提出战略眺望系统，形成对重要视廊的宏观把控，建立城市风貌整体感观基调。我们将眺望类型分为看山水、看历史、看城市、看节点四种类型，对每类的视廊明确控制目的以及眺望视点。

在四类基础控制之上，总体设计也进一步明确了城市一级战略性视廊，打造为济南的城市名片；并形成四类两级战略型视廊，为城市区域的视觉美感塑造指明方向（图9）。

在战略眺望系统的指引下，城市高度分布也得到了进一步的校核。根据战略视廊眺望要求，对局部地区的建筑高度进行调整并加以控制。

类型	所属区域	名称	中心等级	可达度	周边居住情况	活动类型供给	总分
城市中心	市中	老城休闲中心	均为战略性重要地位				
	历下	新城都市核心					
特色中心	历城	新东站	3	2	3	3	11
		高新东区	3	2	3	2	10
		临空	3	2	1	2	8
	槐荫	西客站	2	3	2	3	10
	天桥	济北	2	3	4	1	10
	长清	长清中心	2	2	3	1	8
	章丘	章丘城市中心	3	3	3	2	11
地区中心	天桥	北湖	2	3	3	3	11
		华山	2	3	3	3	11
		桑梓店	2	4	2	2	10
	历城	洪楼	2	3	4	3	12
		唐冶	2	3	3	2	10
		董家	2	2	3	2	9
		港沟	2	4	4	3	11
	市中	柏石峪	2	4	3	2	11
		王官庄	2	3	3	2	10
	槐荫	美里	2	4	3	2	11
	济阳	崔寨	2	3	2	3	10
	高新	高官寨	2	2	2	1	7
	长清	文昌	2	3	3	2	10
	章丘	圣井	2	3	3	3	11

图10 综合资源要素加权评价
对城市中心、特色中心、地区中心进行加权评价，以此评估公共中心的潜力度，判断公共空间。

2）战略公共空间

城市除了好看更要好用。在“用”的方面，本次总体城市设计聚集在公共空间资源要素上，在空间上分为市域层面和中心城区层面进行控制。对公共空间资源进行综合要素评估，筛选具有发展潜力和需求的公共空间组成城区战略性公共空间，再将这些战略性的公共空间通过线性要素进行连接，形成战略性城市公共空间体系。图9是本次设计中对城市中心以及不同公园进行的要素加权评估，在综合现状特点、人气、区位、发展潜力等要素后，筛选出近期可操作的战略性公共空间。

图中黄色从深到浅代表公共中心的潜力度，是在本期规划中应重点发展的公共中心，应起到公共空间体系节点的重要作用（图10）。

通过加权评估分析，在公共空间体系上提取出重要区域、节点、路径。最终在中心城区形成3类公共空间节点类型，分别是公共中心、开敞空间以及历史节点；3类公共路径，分别是以商业活动为主的红色路径、以景观林荫为主的绿色路径以及以水系河道为主的蓝色路径。对这些点、线、面加以组织联通，就构成了整个城市区域的战略性公共空间。战略性的城市公共空间是政府自上而下的结构抓手，是市民自下而上的生活之地，也是城市风貌重要的名片区域。

3.3

品牌塑造

在“山泉湖河城”这五个要素中，山湖河是城市的自然基底，城是人民生活的承载。山水更迭、城市发展，亘古不变的是在这个城市中汩汩奔涌的泉水。那么在这个“不变应万变”的总体城市设计中，抓住济南泉城的核心要素“泉”，重塑城市品牌，是通过总体城市设计加强城市竞争力的核心内容。

百年来，济南的“泉”早已家喻户晓，泉水是济南的灵魂、文化标记、世界标志。泉水作为济南城市最具特色的价值资源，更应通过城市设计的方法全面提高人们对泉水的认识、感知和体验，突出泉城特色。但“泉”究竟如何作为城市品牌塑造的核心，在总体的战略中又如何明确“泉”在城市品牌塑造中的做法，成为总体城市设计中战略共识达成的关键。

对于“泉”要素的控制，本次总体城市设计提出“泉道”的概念。利用泉道将散布在城市中的泉水资源进行串联，形成济南独具特色的泉水特色串联线。这是泉道的本源要义。在此基础上，泉道也作为串联济南特色节点，串联公共空间的特色路径。那么这样就形成了泉水地区以泉眼和泉道为联系的泉道系统，在其他城市区域抽象泉景，延续济南的泉水文化及空间感受，形成泉景与泉道的特色空间系统。设计在总体层面提出“泉道+公共空间”的概念，在泉城建立“泉道”体系，将泉的价值在全城演绎，使“泉道”成为济南独有的城市特色品牌（图11）。

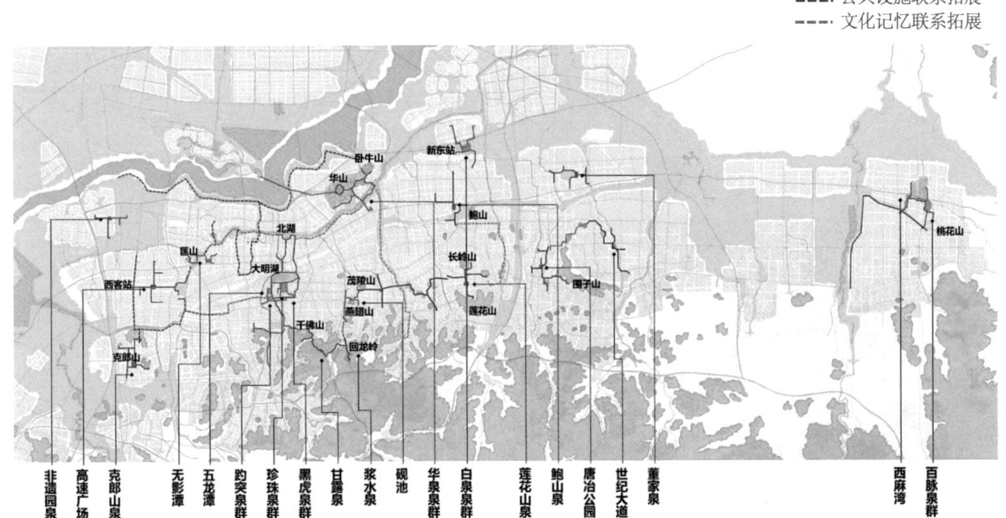

图11 泉道体系的建立
结合泉眼、泉景、泉道与公共空间，以点带面，形成网络，建立泉道体系。

在泉道的串联下，老城区散布的特色节点得以呈现，新城区的公共空间也得以联系，成为济南未来城市空间的塑造、线性空间的政策制定以及存量更新的位置选择最直接的空间抓手。结合城市宣传，文创品牌的打造，泉道在未来将成为济南的标志。

泉道从最初的特色道路铺砖到今天的泉道+城市公共空间系统，得到了全市上下的一致认可，泉道品牌在济南正在起着越来越重要的作用。

┤4├

设计实施

战略型的总体城市设计更关注在顶层层面的部署，而不是面面俱到的管控。设计所形成的核心价值共识将成为各个部门对城市未来核心价值的共同判断。在具体的实施措施上，设计通过三个“1”来确保总体城市设计核心价值的逐级传递。

4.1

一套规划编制

总体城市设计首先将总体的控制纲要落入下一级行政分区中，用以指导分区总体城市设计的编制；通过划定城市重点风貌地区，对这些重点片区下一步的片区城市设计提出相应的要求。同时，针对核心控制要素，规划部门需要进一步研究编制相关专项规划的内容（图12）。

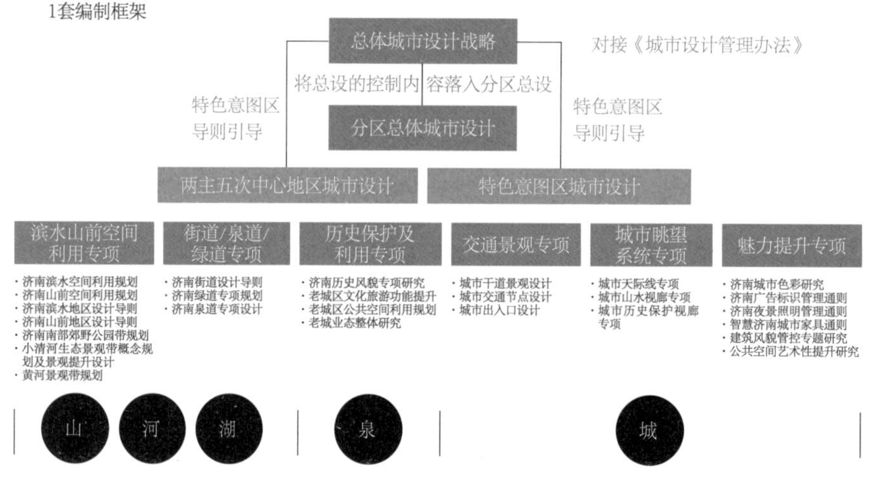

图12 规划编制内容的指引

形成“总体城市设计战略—分区总体城市设计—片区城市设计—专项规划”的规划编制体系，实现逐层控制引导。

4.2

一个管理体系

明确城市设计的管理体系，确保城市设计内容的逐级落实。落实各部门的事权范围：市规划局负责整体价值共识的建立，全市整体的控制以及总体设计；规划分局+区住建局+区政府要对本区域的分区落实进行负责；在具体的建设层面，要发挥城市更新局、各局委办、区街道等单位综合协调功能，形成微观实施，减少微观项目设计和总体方向的脱钩（图13、图14）。

· 一个管理体系：明确事权关系——确保城市设计的逐级落实

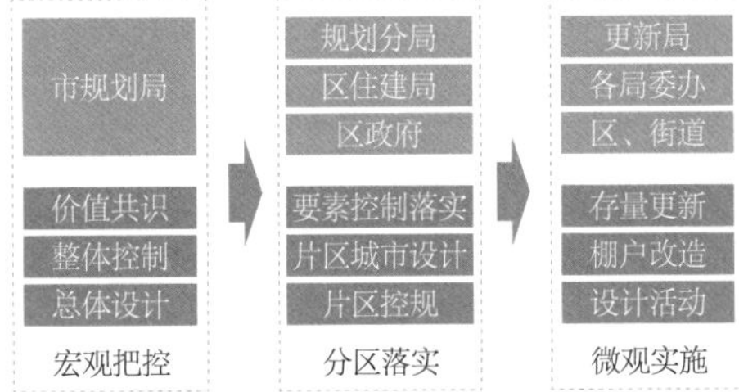

图13 事权管理体系的落实（市规划局现已更名为自然资源与规划局）
形成市规划局宏观把控，规划分局、区住建局、区政府分区落实，更新局、各委办局、区、街道微观实施的管理体系。

历下区风貌结构控制

	控制要点
视廊通道	1. 一级视廊：严格控制泉城广场、解放阁、CBD视廊通道的可达性与标志性。 2. 二级视廊：保证燕山立交、奥体中路二级视廊的通达性，以及经十路与CBD视廊通道的标志性。
战略性公共空间结构	一带两轴 1. 经十路商业服务带历下区段将重要的公共中心与景区联系起来，串联各个功能空间。 2. 打造泉城历史风貌轴和东部商务创新轴，凸显中心城区空间营造与风貌管控的南北向轴线。
特色意图区	1. 泉城风貌意图区：进一步开放大明湖景区，打开公园边界，增加湖景通透性，实现“园中湖”转变为“城中湖”，加强泉水文化在城中的体现，增加文化、公共活动活力场所，加强老城区活力点之间的步行联系。 2. 千佛山-英雄山-泉城公园特色意图区：彰显片区的特色历史文化、宗教文化，充分发挥现有资源的优势，打造成为城市的文化和公共开敞活力场所；优化该区域交通结构，加强不同休闲空间之间的步行联系，完善基础设施；对公园进行更新提升，开放界面，引入功能，为市民提供舒适的休闲场所。 3. 东部CBD核心区：经十路沿街界面统一中形成一定的变化，宜设置绿带丰富界面。连通五顶茂陵山-马山坡的生态绿廊，形成良好的视觉景观廊道。 4. 奥体中心核心区：考虑经十路沿线界面突出城市天际线的设计。 5. 汉峪金谷核心区：注重与齐鲁软件园在轴线关系上的呼应。保证西侧玉顶山与东侧围子山的视觉廊道通畅。 6. 佛慧山自然特色意图区、龙洞自然特色意图区：作为城市重要的旅游景点，同时面向旅游游客及市民，打造成为城市的公共开敞空间名片，应着重保护自然景观、历史文物及文化景点，彰显佛教文化和自然风貌。

历下区风貌要素指引

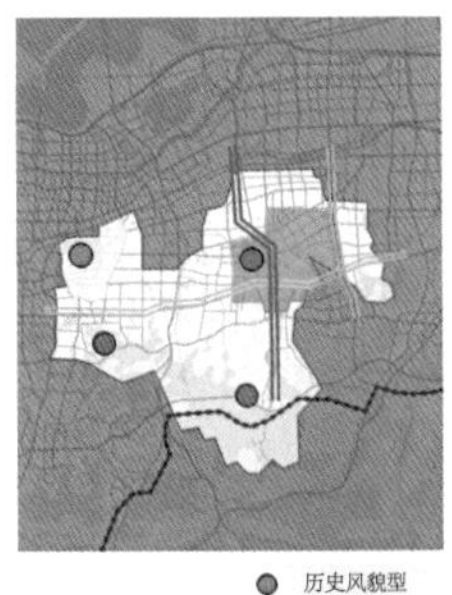

	要素名称	要素定位	引导要求
公共节点	济南老城	历史风貌型	开发与保护并重，佛光倒影战略视廊按市级天际线进行管控。加强对泉水体验的研究和实践。加强老城区活力点之间的步行联系。
	千佛山、佛慧山	风景休闲型	面向旅游游客及市民，完全免费开放或部分收费开放。应着重保护自然景观、文物建筑及文化景点，公园的发展建设应紧密结合文化主题。
	东部CBD	都市公共型	保证经十路沿街界面和谐统一但不呆板，宜设置绿带丰富界面。连通五顶茂陵山-马山坡的生态绿廊，形成良好的视觉景观廊道。
公共路径	经十路沿线	城市复合型道路	满足交通需求的同时，应强化慢行空间的设计。作为城市名片，需着重保证道路两侧的建筑景观界面和谐统一。
	凤凰路沿线	生活休闲型道路	组织各种类型的休闲节点，植入不同的主题，形成周边发展的亮点。
	大辛河特色结构带	公共服务型绿道	结合城市存量更新，增加公共服务设施与绿地；宜在节点处集中设置大型公共服务设施；增加垂直于水系的慢行道，提高可达性；结合岸线改造，提高亲水性与趣味性。
建筑风貌特征区	大明湖、济南老城区	泉城文化风貌	依托悠久的文化历史及自然人文资源，塑造融合当地文化特色的城市风貌，展现多元文化特征。保护传统城市街道空间尺度和特色绿化植被，通过多种设计手法，提升大明湖路对片区的影响，打造山水泉城。
	东部CBD，奥体中心，汉峪金谷，齐鲁软件园	现代都市风貌	塑造具有时代感的标志性建筑，突出新技术与新材料在公共建筑上的应用，展现多元现代的都市建筑群形象。

图14 历下区分区城市设计控制要求的落实
历下区分区城市设计从风貌结构控制、风貌要素指引方面落实总体城市设计要求。

4.3

一个建设抓手

通过“泉道”这个公共空间建设抓手，串联具体实施项目与特色政策区域。泉道将公共空间、公共艺术、公共设施、公共文化进行整合串联，通过具体的存量更新及工程建设，将“泉城”品牌效应展示出来。同时，泉道相邻区域可以成为特殊政策区域试点，为建筑底层更新要求、业态调控等指出明确的空间范围。

┫5┣

后续：实施情况

济南总体城市设计经历了较长时间的磨合反复，期间对接济南双修、泉城申遗、济南战略、多个重点片区的城市设计。在与各个事权部门的意见交换中、与兄弟单位的设计探讨中，总体城市设计的核心共识也在不断渗透进各个团队、部门。

5.1

向编制体系的传递

在编制的过程中，总体城市设计团队与负责编制《济南城市设计编制办法》的东南大学团队密切合作，最终形成了以总体城市设计为顶层设计的城市设计编制体系及设计内容的要求。

5.2

向重点片区的传递

总体城市设计内容已经在一些重点片区进行落实，如新旧动能转换区中心区城市设计及崔寨城市设计。新旧动能转换区中的重点片区城市设计将总体城市设计中的相关要求进行了落实，依据总体城市设计落实城市形态的塑造，对鹊华两山通道进行了重点设计，并将泉道体系在新区中进行布局（图15）。

图15 先行区泉道体系的延续
新旧动能转化区中的重点片区城市设计延续落实了泉道体系。

5.3

向存量空间的传递

存量空间的更新改造缺少上位规划的指引一直是微观项目操作的主要问题。济南城市更新局（现归于济南市住建局）在2018年度提出的重点更新项目中，参考了总体城市设计的相关要求，结合重点片区的划定，选择"5+1"重点更新街区，实现了总体城市设计要求向存量空间的传递。这些更新片区更好地落实了存量重点片区的设计要求，如老城区已将泉道概念落入更新设计（图16）。

5.4

向事权部门的传递

本次总体城市设计中的相关要求也成功地传递至下级事权部门。在总体城市设计的引领下，历下区政府结合本区情况对明府城区域以及解放路区域进行街区更新设计提升，泉道已经在历下区实践了两个版本，黑西趵北路街区的更新设计实施也已完工。由事权部门组织的泉道实施也标志着总体城市设计从宏观落实到微观的工程层面（图17）。

*济南市规划局现已更名为济南市自然资源与规划局

*本项目于莱芜区划之前基本完成，研究内容不含莱芜

图16 济南5+1街区提升中的黑西趵北路项目对总体城市设计泉道的落实
济南5＋1街区提升中的黑西趵北路项目将总体城市设计中泉道的概念落实到更新设计中。

图17 历下区住建局及城市更新局负责落实中的黑西趵北路街区更新提升
由事权部门组织的泉道实施标志着总体城市设计完成了从宏观到微观的落实。

后记

国土空间规划体系的建立标志着国家关于统一规划体系的顶层设计已经完成。城市是国土空间规划的重要阵地，在城市空间资源产品的供给中，城市设计则成为管控空间资源品质的重要工具。城市既是国土空间规划中的重要规划要素，也是山水林田湖承载和作用的重要地域。在国土空间规划体系中，如何通过总体城市设计延续城市与资源环境的文脉关系，如何在文化、形态、特色上建立城市整体空间格局与生态山水资源的关系，应是不可或缺的重要部分。济南，通过战略性地把握山水资源与城市的关系，将“山泉湖河城”的历史格局延续下去，传承下去，也通过后续城市设计的实施管控，提升济南核心空间资源的品质，实现在变化中的适应。

项目管理人：
陈振羽　李明

项目负责人：
何凌华

项目成员：
周瀚　纪叶　杜燕羽

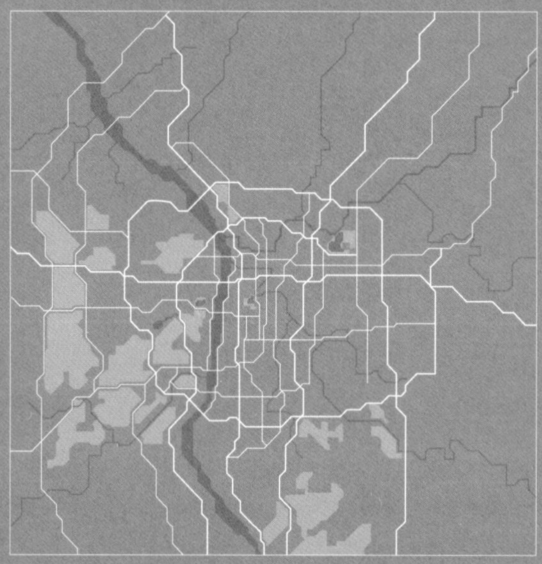

05

长沙

面对国土空间总体规划背景下新的工作要求，本次长沙市总体城市设计结合城市特点进行了初步探索。在战略性上，建立目标统领，对国土全域空间进行风貌层面的提炼与构思。在战术性上，确立策略传领，确定风貌塑造的战略抓手。在管控性上，加强政策引领，关注城市设计的有效落地。在实施性上，谋划行动纲领，加强一系列行动导向的实施层面工作，实现以人为本和提升品质的设计初衷。

聚焦山水洲城，谋绘城市新貌

——长沙市总体城市设计与风貌区规划

魏钢　管京

【摘要】

面对国土空间总体规划背景下新的工作要求，长沙市总体城市设计与风貌区规划对新形势下的总体设计工作进行了初步探索。聚焦长沙独特的“山水洲城”城市自然和文化特色，赋予其在新时代的全新内涵，并以此为核心，塑造全域风貌的战略性格局，探讨风貌提升的战术性策略，凝练可落地的管控性指引，谋划结合实际情况的实施性行动。

【关键词】

总体城市设计；全域风貌；山水格局；空间形态；长沙

以城市工作会议为标志，中央明确提出全面开展城市设计，建立城市设计制度的工作要求，并从注重“量”到注重“质”，关注城市特色风貌和空间品质问题。城市设计得到了前所未有的高度重视。作为城市设计项目类型之一，总体城市设计（简称“总设”）实践亦广泛开展。

近年来，国土空间规划体系逐步建立，其编制重点是对于国土空间的“保护、开发、利用、修复”。总设可以与不同层次的国土空间规划内容进行融合及衔接。通过总设，体现对大尺度城市空间结构的战略性把控，加强城市三维形态和特色风貌的塑造，有助于国土空间规划体系的完善和落实。

以长沙市总体城市设计与风貌区规划项目（以下简称“长沙总设”）为例，长沙在2014年就已开展了控制性详细规划城市设计全覆盖工作，并制定相关技术规定和编制相关规划。2017年，长沙入选住建部城市设计试点城市，将城市设计作为打造城市亮点和提升城市形象的重要抓手，开展了包括总设在内的一系列工作。同时，长沙市国土空间总体规划也开始进行编制，并拟将总设核心内容同步纳入其中。

面对国土空间总体规划背景下新的工作要求，长沙总设进行了初步探索。面对从增量时代到存量时代、从追求速度到追求品质、从城市总体规划到国土空间总体规划、从描绘愿景到落地服务等转型需求，长沙总设的实践方向和方法聚焦在以下四个方面。

┤1├

方向一：战略性——目标统领

存量背景下，总设工作内容已不再追求大而全，而愈加强调具有一定高度的战略性指引，与总体层面相关规划内容进行衔接。建立共识，强调高屋建瓴的战略性思维，明确风貌定位和格局结构，对全域国土空间进行整体性、框架性的构思与提炼。

首先，通过明确特色定位，形成价值观念和发展目标的城市共识。既形成目标统领总设全盘工作，也直观描绘出城市未来的风貌意象，得到各层次受众的共鸣。

以长沙总设为例，在资源特色维度上，长沙最重要的自然特征是以湘江为代表的水环境以及以岳麓山为代表的山环境。同时，岳麓山、湘江、橘子洲等自然要素与长沙老城之间形成了享誉全国的“山水洲城”关系，成为城市的核心特色。在长沙总设开展的市民问卷调查中，也可发现“山水洲城”是长沙市民最为认可的代表长沙特征的词语（图1）。在历史文化上，长沙作为湖湘文化的重要代表，形成了湖南人“敢为天下先”的性格，也孕育了近代红色文化以及现代时尚文化。在时代发展方面，长株潭一体背景下，长沙创新动力十足，需要呈现引领地区发展的现代化城市面貌。

通过从问题导向、资源导向和目标导向进行多维度梳理，从自然环境、历史人文和时代发展三个方面进行综合考量，长沙总设提出“山水洲城景，湖湘人文韵，时尚现代貌”的风貌定位，并进一步提炼“山水洲城诗画景，星耀湘都楚风情”的风貌愿景。通过风貌定位工作及愿景，形成价值观念和发展目标的城市共识，并一以贯之开展工作。

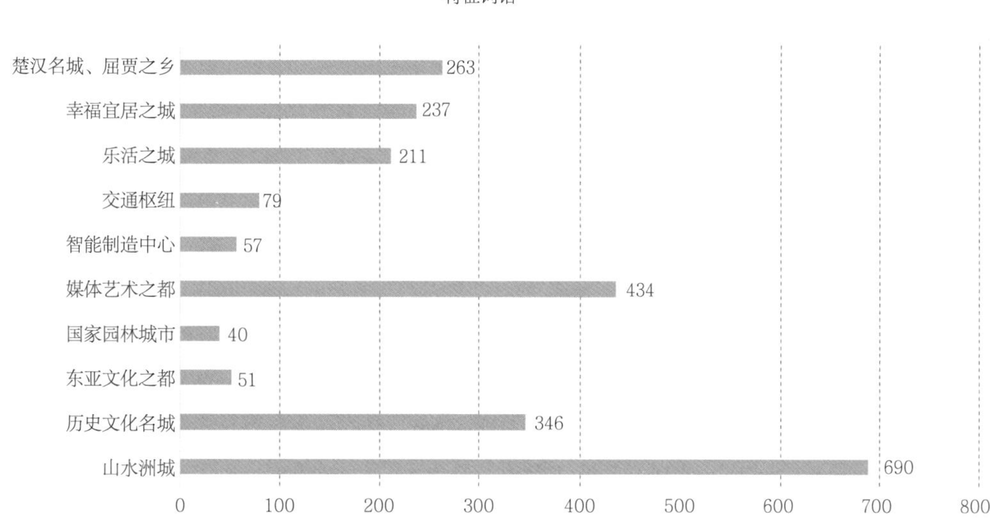

图1 调查问卷——您认为最能体现长沙特征的词是什么
近九成的问卷回答均选择了“山水洲城”作为体现长沙特征的词语，可见其在市民中的认可度相当高。

在战略性风貌格局上，长沙总设站在区域视角，顺发展大势、契山川形势，从国家层面到区域层面再到长株潭层面及国土空间层面，逐层递进与聚焦。

第一个层次，从国家层面来看，长沙未来将处在“大十字”空间格局架构中。现状而言，长沙与北部的京津冀都市圈、东部的长三角都市圈、南部的珠三角都市圈的联系最为紧密，呈“T”字形，未来随着与成渝都市圈联系的加强，大“十”字格局将显现。此外，未来长沙在与同属中部地区的武汉的竞争中，其是否领先将取决于这个大“十”字格局是否成型、是否强化。

第二个层次，从湖南省层面看，这个大“十”字裂变为“井”字。

第三个层次，由于长株潭一体化关系到长沙未来在中部地区的竞争力，因此需要着重从长株潭区域来看其空间格局。从总设角度，长株潭区域的空间格局可以概括为以下七点特征。

①三面群山一面湖：长沙整个地理格局是西、南、东三面群山，向北则面向洞庭湖平原。
②一条湘水两岸边：湘江从长沙穿城而过串联长株潭，形成一河两岸的格局。
③三星拱翠绿心畔：长沙、株洲、湘潭三座城市围绕昭山绿心，鼎足而立。
④十廊通江入云山：长株潭地区被十条通江连山的生态廊道所楔入，分别是谷山生态廊道、岳麓山生态廊道、大王山生态廊道、长湘生态廊道、涟涓生态廊道、株潭生态廊道、大京生态廊道、浏阳河生态廊道、捞刀

河生态廊道和黑麋峰生态廊道。

⑤二十组团山水衔：长株潭城市集中建设地区被各生态廊道及其他自然屏障区划分为二十个风貌组团。

⑥长株潭外保护环：长株潭都市区外围被长常高速、京珠高速、沪昆高速、长湘快速所环绕。

⑦中心亲江井字连：长沙、株洲、湘潭的城市核心及功能片区的中心结合湘江沿岸及东部的功能轴带形成“井”字形的中心体系骨架。

总体上，长株潭区域空间格局可以总结为“一江两岸三核、井构绿心十廊”。(图2)

在上述区域空间格局梳理的基础上，进而确立长沙“百里江廊，东西辉映，聚心控城，六脉通江”的都市区风貌格局(图3)。百里江廊提出加强湘江及两岸的风貌塑造，突出百里江廊统领城市空间格局、串联城市重点风貌区与景观节点的骨架作用，加强湘江两岸“山水洲城”的特色格局。东西辉映则突出湘江东西两岸城市总体风貌的差异化，形

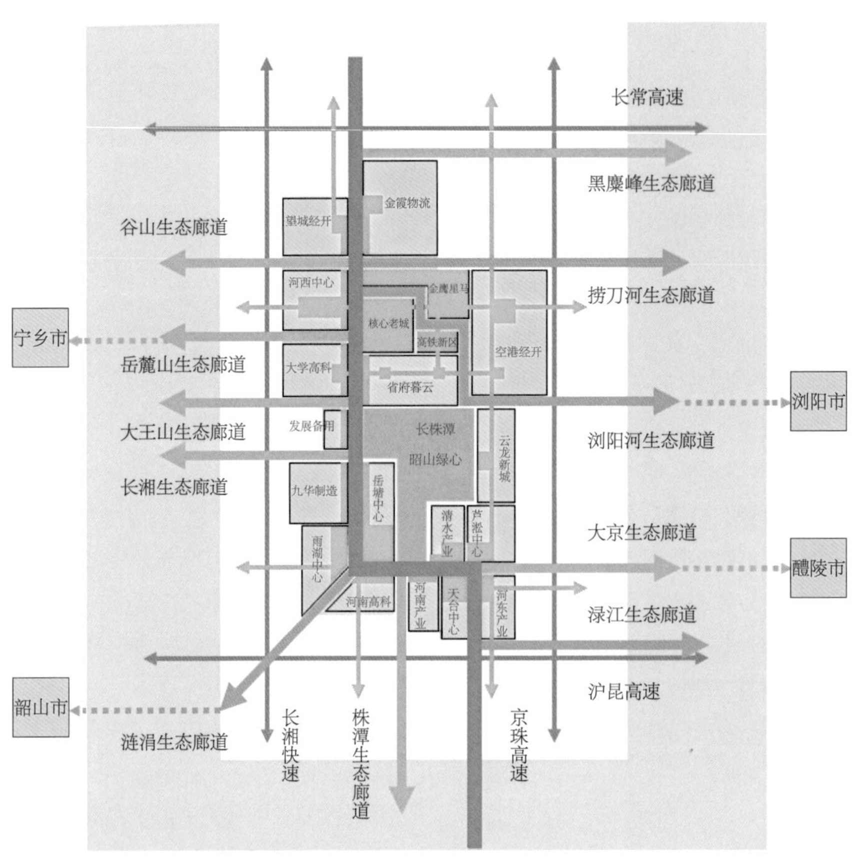

图2 长株潭区域空间风貌格局

通过格局梳理，可将长株潭区域空间格局总结为“一江两岸三核、井构绿心十廊”。

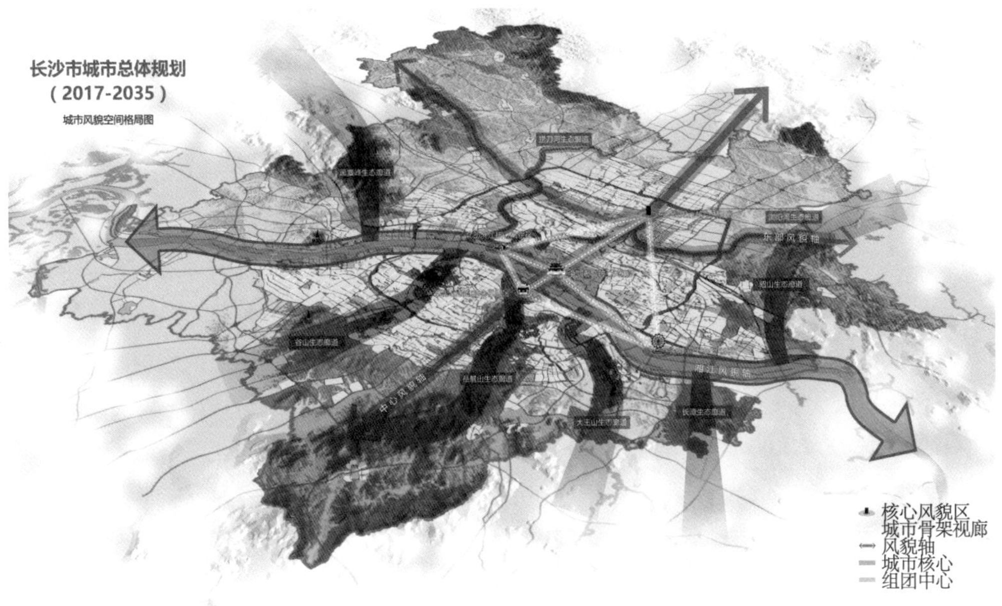

图3 长沙都市区风貌格局
“百里江廊，东西辉映，聚心控城，六脉通江”。

成西山东河、静动两分的差异特征。聚心控城，梳理最重要的精华片区进行重点打造，形成城市核心，重点塑造中部老城核心风貌区、东部潭阳洲及高铁新城核心风貌区、南部片区及解放垸核心风貌区、西部岳麓山核心风貌区、北部滨江核心风貌区五个核心风貌地区。六脉通江则关注对山体和河流生态廊道的保护和控制，结合自然山水条件，形成多条通湘江、衔远山的生态廊道，包括谷山生态廊道、岳麓山生态廊道、大王山生态廊道、浏阳河生态廊道、捞刀河生态廊道以及黑麋峰生态廊道。

┤2├

方向二：战术性——策略传领

战术性强调问题导向，寻找切实可行的切入点，并运用灵活方法，集中优势资源，强化城市环境和空间品质。

基于上述长沙风貌定位及风貌格局，进一步确定长沙风貌塑造的六大战略抓手，即“一江、两岸、五核、一心、两河、三山”，并确立七大风貌策略予以落实。

- 拥江策略：强化一江两岸的城市风貌特色。

湘江是长沙的核心风貌资源，也是长株潭一

体化的文化纽带。严控湘江河道蓝线和滨江绿线，沿岸规划建设滨江绿带。加强湘江十五洲岛的保护和利用。控制滨江建筑高度与整体尺度，塑造富有层次、错落有致的滨江天际轮廓线，形成共享舒适、文化魅力的一江两岸城市空间。拥江策略的具体工作包括分段定位、分层管控、视线通达和韵律天际，可传导的控制要求通过高度控制和一系列实施行动来落实（图4）。

• 傍山策略：形成青山入城的山城关系。

山体与城市的融合是长沙重要的风貌特色，傍山策略是凸显长沙核心风貌特色的重要方面，特别是与城市建设结合最为紧密的三座山体：谷山、岳麓山和大王山。傍山需要严格控制临近山体建设用地的建筑高度和体量；腾退侵占山体的建设，修复受到破坏的山体；紧临山体的道路需注重步行的连续性，结合城市绿道建设林荫景观路。

从位置分类来看，长沙的山体根据其与城市的关系可分为城中山、城畔山和城郊山三类（图5）。城中山与城市的关系最为密切，应注重其生态边界的划定，山中步行道的组织及与城市绿道的衔接，控制山边地区的建筑高度和体量；城边山是城市的背景，应注意山边缓冲绿带的建设，保护山体，近山地区的建设应控制高度；城郊山远离城市，应注重生态保育，设置郊野公园，满足市民远足需求。分层管控主要针对城中山，首先划定傍山建设控制地区，该地区内的建设行为需要受到管控，根据建设地区与山的关系划分为依山地区、沿山地区和近山地区三类。

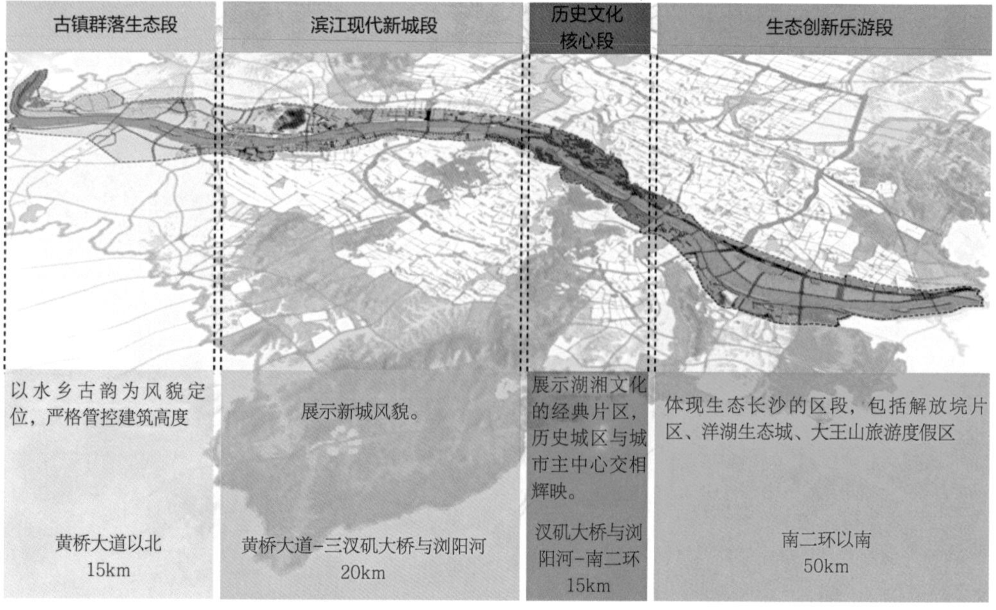

图4 长沙80km湘江岸线划分为4个各具特征的主题段落
根据长沙都市区范围内湘江两岸现状及未来发展的情况，可将湘江划分为四个主题段落，从北至南依次为古镇群落生态段、滨江现代新城段、历史文化核心段、生态创新乐游段。

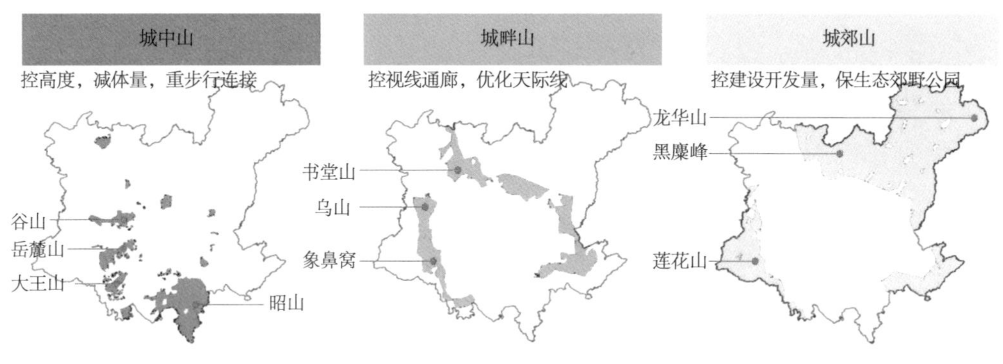

图5 根据山体与城市的关系进行分类管控

• 依河策略：塑造尺度宜人、市民乐享的滨河风貌地区。

除湘江外，长沙拥有多条尺度宜人的河道，因此，应加强浏阳河、捞刀河、圭塘河、龙王港、靳江河两岸的控制，保护生态湿地，重点对沿河道路、绿化景观、建筑高度和体量进行管控，形成良好的滨河城市景观。滨河空间除了不同区段拥有不同特征之外，在横断面上也应有不同的管控要求，这样才能保证良好的空间景观。总体城市设计根据两岸建设地区与河流的远近划分为3个层次，分别是临河地带、沿河地带和近河地带（图6）。

• 整故策略：保护和利用历史文化资源，彰显文化魅力。

整故策略是彰显长沙悠久灿烂的历史以及独特的地域文化的重要内容。不仅需要保护历史遗迹本身，周边地区的建设还应在建筑高度、体量、风格上与历史城区、历史建筑相协调。根据历史遗迹的年代、背景、历史事件等并结合已制订的历史步道规划，梳理出革命之路红线和湘楚文化金线两大主题，串联长沙老城核心区内重要历史文化节点。整故策略的具体工作主要是分区管控，可传导的控制要求通过高度控制来落实，同时开展历史文化主题步道等的行动。

• 优径策略：优化城市重要路径的沿路景观。

优径策略主要通过断面优化、沿路建筑界面控制、道路景观设计、停车行为规范等措施，对城市主要干路进行道路环境品质的提升。根据交通服务功能和公共服务功能两个维度的耦合关系，针对长沙主要城市干道的特点进行风貌优化与引导（图7）。同时，梳理和构建能够将长沙核心风貌区系统串联的精华路径。

• 塑核策略：建立长沙重要风貌节点。

通过公共空间、公共设施、历史遗迹等现状资源叠加分析以及大数据辅助分析的方式来识别风貌核心区，重点加强对风貌核心区的管控与风貌塑造，引导标志建筑与开放空间

图6 长沙市其他河流两侧地区分层管控图
临河地带是市民活动休闲、组织连续的慢行绿道空间，应注意生态绿化以及结合公共活动空间。沿河地带是沿河建设的第一界面，为形成有层次的沿河风貌，第一界面的建设高度应严格控制，中心功能区段不超过24m、居住功能区段不超过18m、公园功能区段不超过12m。近河地带是沿河风貌的背景界面，该地带的建设高度最大不应超过第一界面高度的两倍。

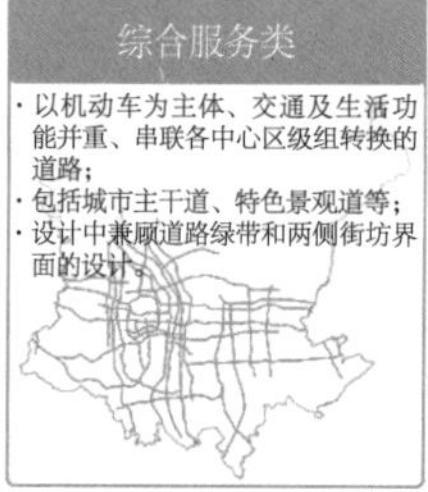

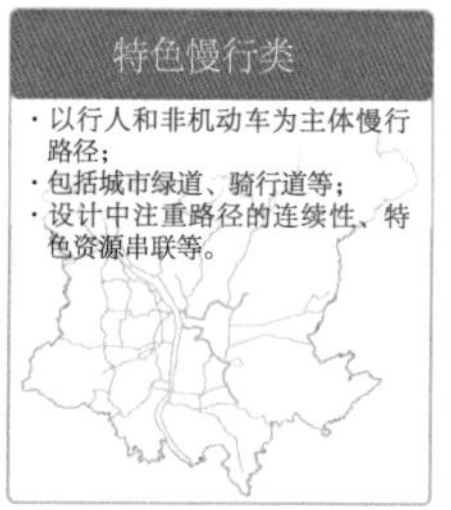

图7 主要干道的风貌分类引导
根据交通服务功能和公共服务功能两个维度的耦合关系，将路径分为四类，进行精细管控与引导。

相结合，加强风貌核心区之间的交通及视线连接。针对各类重点风貌区，分别从空间塑造、地标引导、建筑风貌三个方面加以控制。

- 控廊策略：控制城市视线廊道。

结合山体、江河、公园、湿地、田园、道路、广场等开放空间，通过建筑高度控制、标志建筑塑造、轴线空间建立，构建“核心风貌区之间的战略性结构视廊—地区性视廊—局部性视廊”三级体系，将景观及功能的核心地区串联为眺山、望水、见园、看建筑的视廊系统（图8），并依据视廊要求及其他策略要求优化城市高度分区。

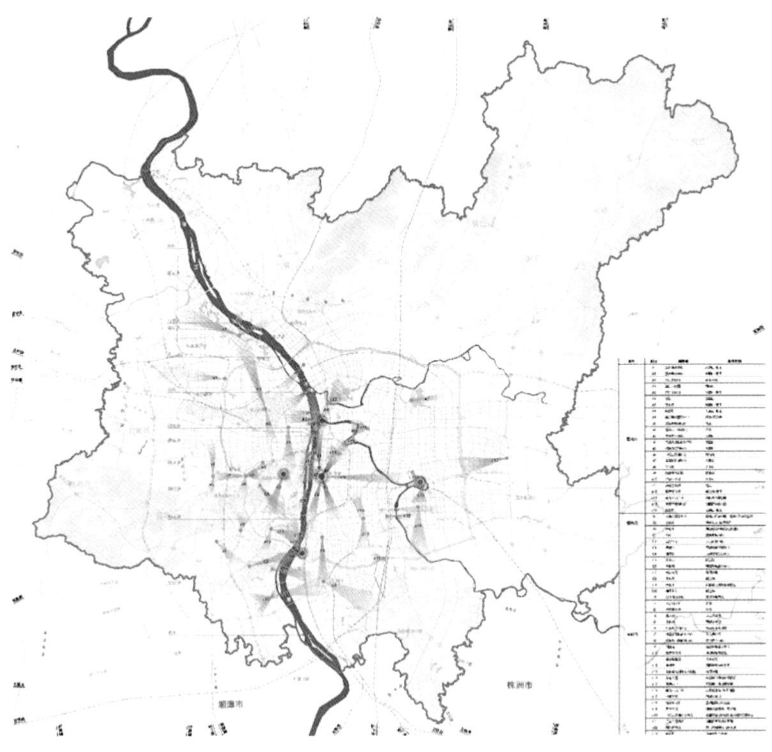

图8 长沙城市景观眺望系统
构建长沙“山水洲城”为基底的眺望系统，形成60组眺望景观。

┤3├

方向三：管控性——政策引领

如何使总设成果好用易用，便于操作和管控，也是当下总设工作需要考虑的重要问题。本项目认为应关注城市设计的有效落地，转译总设成果，衔接多层次的法定规划，进行总设成果的转译，完善城市设计实施管理程序和制度。

在本次长沙总设中，以重点风貌区+风貌分区的方式进行重点区段和特色分区的双重管控。通过划定48处重点风貌区（图9），突出历史文化型、公园绿心型、中心功能型和城市门户型的不同特色，加强风貌核心区之间的交通及视线连接。重点风貌区总面积约占市区面积的20%。

从空间塑造、地标引导、高度控制、密度要求等方面加以控制，引导标志建筑与开放空间相结合，有针对性地通过后续城市设计不断跟进，完善重点地区风貌。

图9 划定城市重点风貌区
通过公共空间、公共设施、历史遗迹叠加以及大数据辅助的方式，结合已有规划成果来确定重点风貌区。

对于重点地区之外的一般地区，进行风貌基本面的引导。结合地方管理单元，对全域空间进行风貌分区划定，将规划区划分为“中心城风貌区、村镇风貌区、开敞地区风貌区”三大类型。在此基础上，中心城风貌区进一步细分为三类十三个组团，村镇风貌区进一步细分为三类六型，开敞地区风貌区则细分为山地丘陵、田园、江河三类风貌区（图10）。针对上述细分，通过通则式管控，进行风貌及特色引导，控制城市风貌基本面。

4

方向四：实施性——行动纲领

总设方案落地的需求日益凸显，需要从人本角度满足市民的需求和感知。本项目通过加强一系列行动导向的实施层面工作，谋划实施项目，结合双修工作，使总设成果可用宜用、设计意图可被延续、特色风貌可被感知，实现以人为本和提升品质的设计初衷。

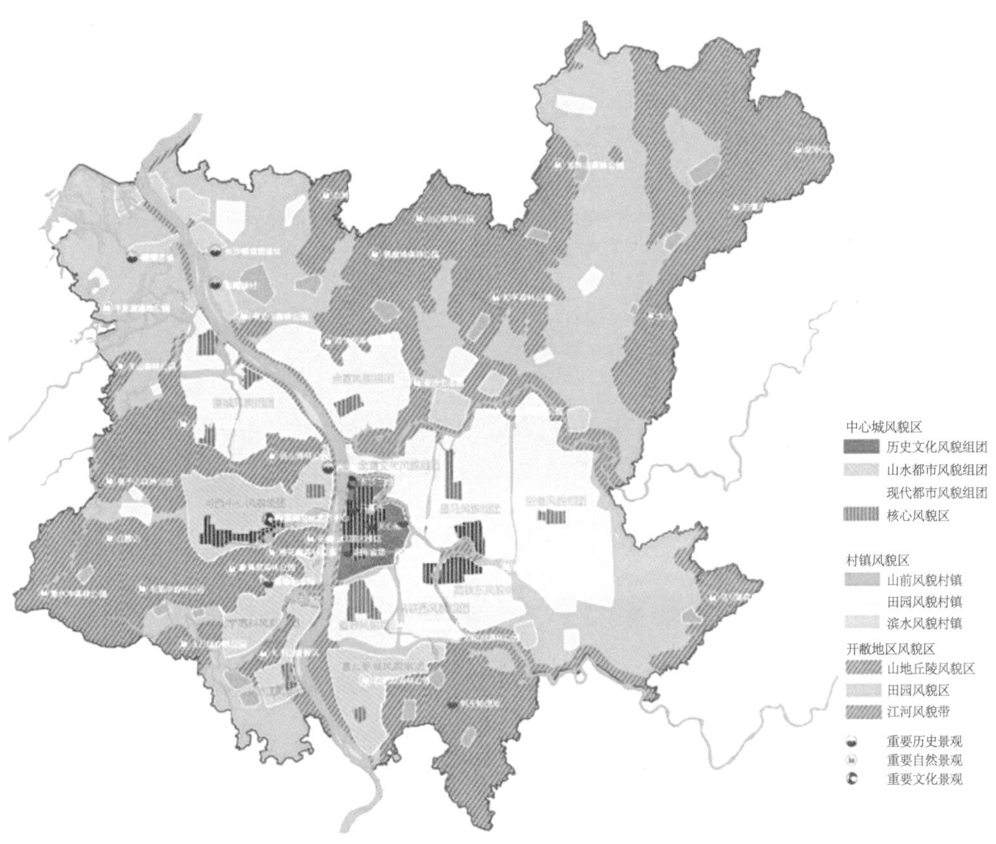

图10 划定风貌分区，管控风貌基本面

本次长沙总设的实施项目谋划紧密结合“山水洲城”的核心特色打造。结合七大策略，提出观山景观视廊、湘江特色画廊、中央洲岛翠链、活力城市客厅、最美城市林荫道、历史文化步道、山水洲城特色拓展区等七个行动进行风貌特色的塑造，使其可视可达可读可游；并进一步将总设的各项目标和内容进行分解与细化，形成城市设计项目库，以指导后续城市设计工作的开展。

以山水洲城特色区为例，通过研究总结，山水洲城特色区的选取依据两条原则：①区内有山、水、洲、城四个要素；②从特定的观景点能看到山、水、洲、城四个要素（图11）。

在现有橘子洲—岳麓山山水洲城特色区基础上，结合城市山水格局，扩展并塑造山水洲城特色区。经过现状资源梳理，规划提出打造四个新的山水洲城特色区，由北至南分别如下：①洪洲—黑麋峰余脉山水洲城特色区，视角是从湘江西岸向东看铜官古镇特色风貌区；②香炉洲、冯家洲—麻潭山山水洲城特色区，视角是从滨水新城向东看麻潭山；③月亮岛—谷山、鹅羊山、秀峰山山水洲城

要素	原则性要求
山	1. 显山，从特定视点看山时，山体不宜被山前建筑完全遮挡； 2. 青山，严格保护山体，严禁开山取石、乱砍乱伐。
水	绿水，保护和改善湘江的水环境。
洲	生态保护为主，不宜过度开发。
城	具有良好风貌特色；
观景点	1. 可达，塑造公众可达的城市公共空间 2. 控制视廊内的建筑高度，塑造山水洲城相印的城市景观。

图11 山水洲城特色区模式图

图12 山水洲城特色区
在现有“橘子洲—岳麓山”山水洲城特色区基础上，扩展“洪洲—黑麋峰余脉”、“香炉洲、冯家洲—麻潭山”、“月亮岛—谷山、鹅羊山、秀峰山”和“巴溪洲—大王山”四处山水洲城特色区，重点控制谷山、岳麓山、大王山等山前地区的建设，严控山体绿线，建设沿山绿带，腾退侵占山体的违章建设，控制近山建筑高度。结合观景点塑造公众可达的公共空间，控制视廊内的建筑高度，塑造山水洲城的城市景观。

特色区，视角一是从霞凝港向西看谷山，视角二是从湘江西岸向东看鹅羊山与秀峰山；④巴溪洲—大王山山水洲城特色区，视角是从解放垸向西看大王山风貌区（图12）。

2020年9月，长沙市人民政府办公厅发布《长沙市城市和建筑景观风貌品质提升行动方案》，将拓展并塑造山水洲城特色区作为城市特色塑造重点工程，进而“突出城市景观特色，彰显山水洲城独特魅力”。

5 小结

新时期背景下，制度建设已经明确了城市设计的常规动作和底线，并有效推进了工作成熟。本项目从战略性、战术性、管控性、实施性等方向进行了探索。在战略性上，建立目标统领，明确风貌定位和都市区风貌格局，建立共识。在战术性上，确立策略传领，采用问题导向，确定长沙风貌塑造的战略抓手，并确立风貌策略予以落实。在管控性上，加强政策引领，关注城市设计的有效落地，以“重点风貌区+风貌分区”的方式与相关规划进行多层次衔接，转译总设成果，完善城市设计实施管理程序和制度。在实施性上，谋划行动纲领，加强一系列行动导向的实施层面工作，紧密结合“山水洲城”的核心特色打造，使总设成果可用宜用，设计意图可被延续，特色风貌可被感知，实现以人为本和提升品质的设计初衷。

展望未来，总设应重点探讨如何在多尺度、多维度上参与国土空间规划编制内容，从而更好地发挥城市设计的价值。在国土空间规划体系下，总设工作将依然会发挥其独特作用，引领高质量发展和缔造高品质生活。

感谢长沙市自然资源和规划局的指导和长沙市规划勘测设计研究院的协助。

项目管理人：
陈振羽

项目负责人：
蒋朝晖　魏钢　魏维

项目成员：
管京　唐睿琦　袁璐

06

南昌

针对当前城市建设与山水环境缺少融合的突出问题，南昌市总体城市设计工作，提出城市与山水有机共生的设计目标，构建山水城文一体的空间格局。结合国土空间规划编制要求，划分市域景观风貌分区，因地制宜提出引导管控要求，在全域管控视角下形成分区、分类、分级的城乡风貌管控体系，为南昌国土空间规划提供了设计支撑。

国土空间规划下的城乡风貌管控体系构建

——南昌市总体城市设计

刘力飞　黄思曈

【摘要】

本文结合南昌市总体城市设计工作，落实国土空间规划编制要求，在梳理城乡风貌特色与面临问题基础上，系统提出南昌城乡风貌塑造的目标与策略，构建了具有南昌特色的山水城文一体的空间格局。合理划分市域景观风貌分区，因地制宜提出各分区、全要素的城市设计引导管控要求，在全域管控视角下形成分区、分类、分级的城乡风貌管控体系，为南昌国土空间规划关于风貌特色的塑造提供了设计支撑。

【关键词】

城乡风貌管控；南昌；国土空间规划；总体城市设计

┤1├

背景介绍

1.1

生态文明建设的总体要求

党的十九大标志着中国正式进入生态文明的新时代。2014年，江西入选我国首批生态文明先行示范区，为全国生态文明建设积累经验、提供示范。2016年习总书记在视察江西时强调，绿色生态是江西的最大财富、最大优势、最大品牌，应做好治山理水、显山露水的文章，打造美丽中国的“江西样板”。南昌作为江西省会城市，应当依托得天独厚的区域生态资源优势，在生态文明建设上率先示范，对区域层面的生态文明建设起到带动作用。

1.2

南昌总体城市设计的工作背景

南昌总体城市设计的第一轮工作于2016年开展，是《南昌市城市总体规划（2016—2035年）》的专项规划之一。配合总规工作要求，总体城市设计重点围绕南昌都市区提出了山水格局塑造的初步思路，为总体规划的空间结构优化提供了重要支撑。2019年，随着总体规划转向《南昌市国土空间规划（2019—2035年）》，南昌总体城市设计工作也面临新的挑战，规划对象由建设用地空间扩大到包括非建设用地在内的全域空间，要从全域管控视角回应城乡风貌塑造方面的新要求（图1）。

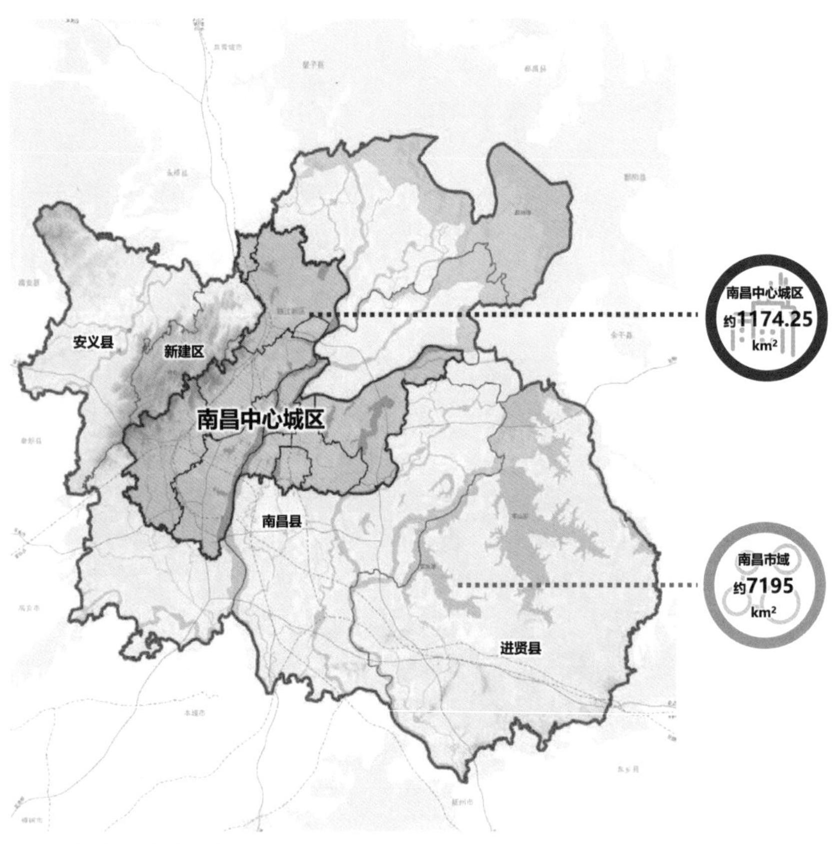

图1 南昌中心城区及市域范围
新一轮南昌总体城市设计的规划对象由建设用地空间扩大到了包括非建设用地在内的全域空间。

1.3

南昌国土空间规划的城市设计要求

中共中央、国务院出台的《关于建立国土空间规划体系并监督实施的若干意见》，自然资源部发布的《市县国土空间总体规划编制指南》《市级国土空间总体规划编制指南（试行稿）》等多项政策文件、指导文件逐步明确了国土空间规划对总体城市设计的工作要求，更加关注区域层面，更聚焦于山水林田湖草全要素空间。

《市县国土空间总体规划编制指南》中明确，总体城市设计是以保护自然山水格局，传承历史文脉，彰显风貌特色，提升环境品质为目的，对区域景观格局、公共空间系统和重要场所营造所作的整体构思和安排，是国土空间规划中优化城乡空间形态的重要手段。要求总体城市设计应构建城乡风貌体系，明确城乡风貌特色分区，注重城乡风貌特色的差异性，形成丰富的城乡景观序列。在这样的背景下，南昌总体城市设计的新一轮工作围绕着践行生态文明新理念，对接美丽中国新目标，落实国土空间规划新要求展开。其中，城乡风貌管控作为塑造多层次城乡风貌特色、优化城乡空间形态的关键手段，是国土空间支撑系统的重要组成部分，也是南昌总体城市设计中必须回应的内容。

┤2├

新时期南昌总体城市设计方法探索

2.1

传统总体城市设计工作局限性

2017年起施行的《城市设计管理办法》中要求总体城市设计应当确定城市风貌特色，保护自然山水格局，优化城市形态格局，明确公共空间体系。从既有实践项目看，总体城市设计一般是将城市集中建设区及其周边环境整体纳入研究范围，研究对象主要是城市建成环境，关注城市核心区、重要的历史地段等建设区域。对城市外围地区，主要关注城市与外围山水环境的融合关系，以及对外围部分重点建设片区进行建设风貌引导。对于市域范围内作为国土空间面积主要组成部分的生态、农业腹地与乡村地区，传统总体城市设计工作往往缺乏对其景观风貌塑造的战略指导与有效管控。目前国内相关规划实践较少，技术管理手段明显不足。

2.2

我国城乡建设风貌问题突出

我国在快速城镇化进程中，大量村镇建设大规模盲目照搬城市，导致很多地区城乡风貌不协调问题愈发突出。例如村镇建设空间无序扩张，郊野林田等生态空间遭到侵蚀，历史文化与地域特色逐渐消失，乡村与城市地区整体景观风貌逐步趋同。

2.3

南昌总体城市设计工作创新

本次工作结合国土空间规划编制，进行了总体城市设计工作内容与技术方法的探索。在研究范围与对象上，首先是把总体城市设计的研究尺度从单一城市集中建设区扩展到对城乡的共同关注；其次是将总体城市设计的研究视角从人工建设延伸到生态人文一体化建设；最后是将总体城市设计的研究对象从建设空间扩展到全域空间。

在技术路线上，强化战略引领，加强空间管控，建立了“一条主线，两个层面，三个面向”的技术工作框架（图2）。紧扣南昌的城乡风貌特色这条主线，从两个层面展开：在市域层面，针对城乡风貌不协调的系列问题，明确南昌整体风貌定位与城乡风貌提升策略，构建具有南昌特色的山水城一体的空

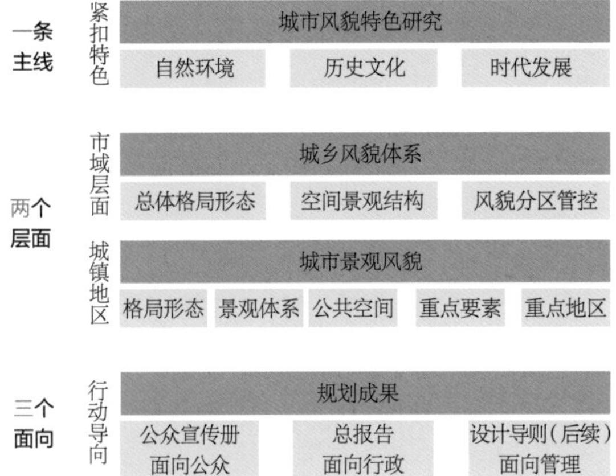

图2 南昌总体城市设计技术框架

间格局，形成全域视角下的城乡风貌管控方法；在城市层面，从格局形态、景观体系、公共空间、重点地区与要素等方面加强城市景观风貌体系构建，最后形成对接公众、管理以及行动的技术成果。

3 构建具有南昌特色的城乡风貌体系

3.1 识别城乡景观特色

3.1.1 山水格局——襟江带湖，山水风光

南昌因水而兴，因水而建，“襟三江而带五湖，控蛮荆而引瓯越”。城市东北部为鄱阳湖及其流域湖泊，东南为军山湖、金溪湖、青岚湖等水系湖泊。鄱阳湖是中国第一大淡水湖，流域内水网密布，山、川、湖、丘等生态条件极为优越，自古以来孕育了灿烂的城市文明。城市西北为九岭山脉余脉西山，东南为大公岭。西部梅岭为主体的西山山脉植被茂盛，风光秀美，构成城市的生态景观背景（图3）。

3.1.2 历史文化——赣鄱古韵，红色风采

南昌古称豫章、洪都，有着2200多年的历史和深厚的文化底蕴，具有“七门九洲十八坡，三湖九津通赣鄱”的古城格局，也是价值重大的国家级历史文化名城。始建于唐永徽四年的滕王阁是江南三大名楼之一，因王勃诗句“落霞与孤鹜齐飞，秋水共长天一色”而流芳后世（图4）。八一南昌起义在中国革命斗争史上写下了光辉的一页，南昌也被誉为“军旗升起的地方”“英雄城”。除了老城历史文化核心区外，南昌市域内文化资源也非常丰富，基本形成了北部海昏侯文化区、西山梅岭文化区以及赣江、抚河、潦河三

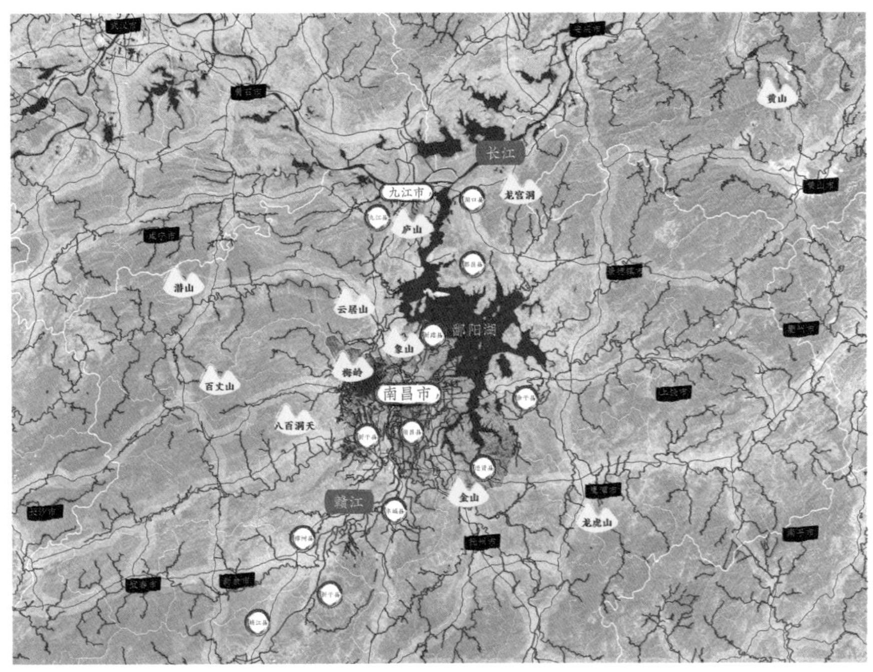

图3 南昌的区域山水格局
南昌北临中国第一大淡水湖鄱阳湖，中部赣江穿城，东西两侧山体环抱。

图4 江南“三大名楼”之一滕王阁

条历史文化资源集中分布带。其中2015年西汉海昏侯墓的发掘举世瞩目，是我国形制最完整、面积最大、保存最好的西汉列侯墓园。

3.1.3 城乡建设——花园秀樟，乐活风尚

南昌享有国际花园城市、国家园林城市、国家森林城市、全国文明城市等称号，在2006年被美国《新闻周刊》(*News Week*)杂志选为世界十大动感都会之一。以红谷滩新区为代表的高层建筑群、富有时代气息的滨江天际线也展示了南昌与国际接轨的城市新形象(图5)。南昌的田园水乡同样具有特色，在鄱阳湖、抚河、赣江等郊野湖泊水系的周边，形成了具有独特水乡韵味的村庄环境；围绕大公岭与军山湖、青岚湖形成的湖泊丘陵地带，产生了多样的乡村人居空间，构成了优美的田园人文画卷。

3.2

梳理城乡风貌问题

在城市建设取得日新月异巨大成就的同时，南昌也面临城乡建设无序、景观风貌魅力不足、空间品质欠佳等诸多问题。

目前南昌的城市形象主要集中在城市中心区，外围重要自然文化资源保护与利用不足。例如，鄱阳湖地区独具特色的景观风貌未得到充分彰显，周边的村镇乡居特色也在逐步消失；梅岭近山地区的镇村建设强度缺乏有效管控，山体与城市间的视线廊道被城镇建设逐步侵占；山水与城市缺乏融合，导致城市局部地区密不透风，难以望山亲水；城市深厚的人文底蕴在开发过程中被逐步削弱，“七门九洲十八坡，三湖九津通赣鄱”的古城风

图5 红谷滩新区时代风貌　图片来源：视觉中国

貌消失殆尽，豫章十景中多数景色已经不见当初原貌；外围郊野林田的景观资源仅作为农业空间进行粗放式利用；由于缺乏对乡村地区建筑风貌的有效管理，大量乡镇、村庄与城市地区愈发趋同，很大程度造成了乡村地区“城非城、乡非乡”的风貌问题。

3.3

提出城乡风貌提升策略

本次总体城市设计在梳理南昌城乡总体风貌特色的基础上，以打造美丽中国的“江西样板”、建设世界级的生态都会为目标，形成了“山水风光，豫章风采，乐活风尚”的风貌定位。针对现状城乡风貌不协调的系列问题，系统提出“揽山亲水、亮古弘文、理序提质、更新善治”的城乡风貌提升策略（图6）。

揽山亲水，优化自然山水格局。围绕梅岭等自然山体建立山中、近山、远山三个层次的空间关系，凸显山地特色。结合江河水系网络构建和谐优美的湖城关系，乡村村落地区形成诗情画意的江南水乡人居意境；结合大型城市风道建设，构建与山水林田联通的开敞空间系统，打造多层次、多形态的公园绿化节点，形成山水交融、可呼吸的生态安全格局。

亮古弘文，彰显历史文化脉络。挖掘梳理市域历史文化资源，建立全域历史文化保护格局。以线串面，通过加强交通空间联系与功能景观互动，构建市域文化空间网络。以点带片，差异化、整体化、多元化打造多个重点风貌区。明确南昌建筑风貌总体定位，确定建筑风貌与城市色彩的空间分布，提出负面清单，加强乡、镇、村建筑风貌管控。

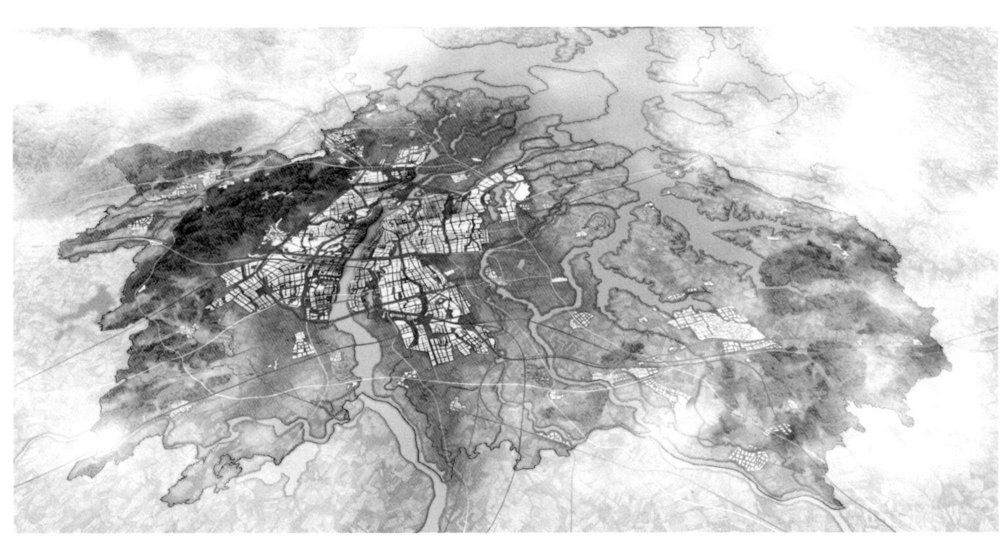

图6 南昌城乡风貌意象
通过总体城市设计，展现“西山耸翠、章江秋水、鄱湖秀泽、古韵豫章、魅力都会”的整体风貌意象。

理序提质，整合城乡景观资源。通过梳理整合各类生态文化资源，建设南昌全域魅力空间体系网络，按照城内、城边、远郊三类空间形成多个特色鲜明的城市客厅。结合城市公共中心、公园绿化、慢行系统、天际轮廓线等的建设，优化城市空间形态，提升空间品质。

更新善治，加强城乡风貌管控。以人民群众满意为目标，以面临突出问题为导向，以生态修复、城市修补为抓手，全面系统推进城市更新工作。结合城乡风貌管控的总体思路，制订城市设计类规章制度、办法规范等，全面建立以共同决策和分类指导为原则的风貌管控行政机制。

3.4

优化景观风貌结构

充分发挥城市设计在全域空间格局优化与风貌特色塑造等方面的战略引领作用，通过对整体山水格局、历史脉络及城乡建设的有机融合，积极构建具有南昌特色的山水城文一体的空间格局，提出了“一鄱两带两屏，一城一轴多点”的市域景观风貌结构（图7）。

一鄱为鄱阳湖湿地景观区，围绕鄱阳湖在城市东部形成大水环绕之势。两带为抚河文化景观带、潦河文化景观带，围绕抚河与潦河流域历史资源形成集中传承流域文化的景观廊道。两屏为九岭山—梅岭景观屏障、怀玉山—玉华山景观屏障，在城市西部、东南部围绕梅岭、大公岭形成环抱格局。一城为南昌都市景观区，在城市中部集中建设具有南昌特色的都市区空间。一轴为赣江景观轴，沿赣江形成南北向穿越城乡地区的沿江景观轴线。多点为遍布城乡地区的多个景观节点，包括海昏侯国遗址节点、南昌古城节点、赣江新区节点等多个文化景观节点、城镇景观节点。

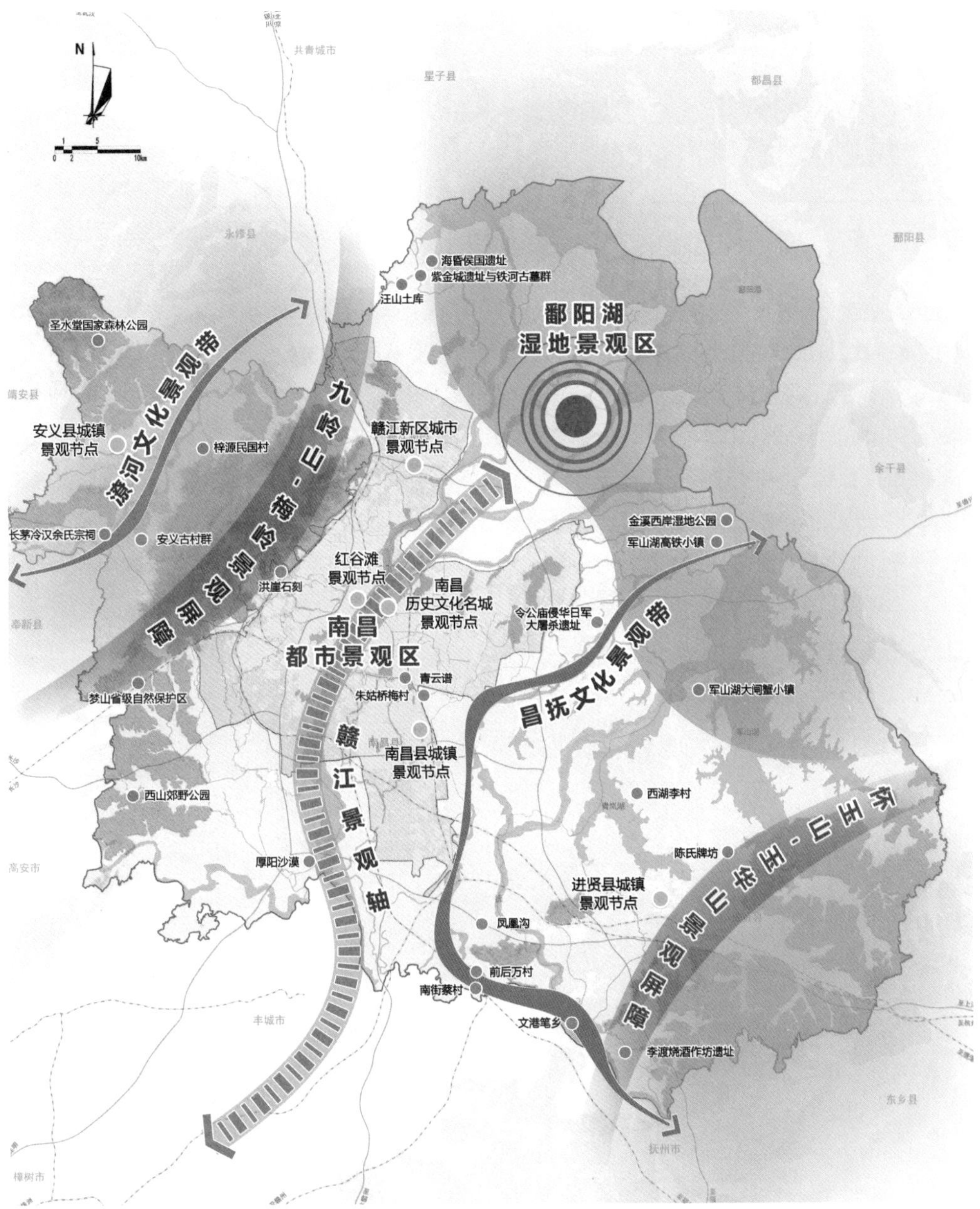

图7 南昌市域城乡景观风貌结构
构建具有南昌特色的山水城文一体的空间格局，提出“一鄱两带两屏，一城一轴多点”的城乡景观风貌结构。

4

构建分区、分类、分级的城乡风貌管控体系

依托南昌景观风貌格局划定风貌分区，结合风貌分区梳理，确定各类管控要素，对各类要素因地制宜、有所侧重地提出与自然山水、田园风光、历史文化资源相协调、相融合的城市设计要求，并根据不同管控对象的重要程度采取分级管控措施，形成分区、分类、分级的城乡风貌管控体系（图8）。

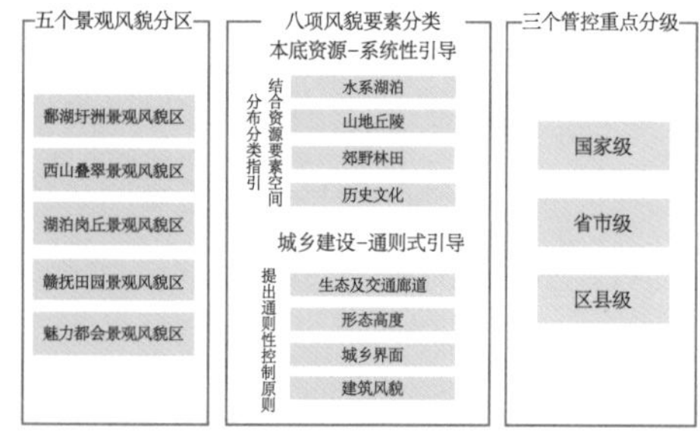

图8 南昌城乡风貌管控体系
构建风貌分区、要素分类、管控分级的城乡风貌管控体系。

4.1

城乡风貌分区

结合生态安全格局、自然景观资源、魅力文化资源、城镇空间布局等国土空间规划研究基础，梳理山体、水系、林田、村镇等乡镇空间要素特色，在南昌市域范围内划定城乡风貌分区（图9）。

按照空间特色类型形成鄱湖圩洲景观风貌区、西山叠翠景观风貌区、湖泊岗丘景观风貌区、赣抚田园景观风貌区、魅力都会景观风貌区五个风貌分区。对于传统总体设计对应的城市集中建设空间，在这一层次统一划分为魅力都会景观风貌区，以对接下一层次都市区层面的总体城市设计。其余四个风貌分区均以生态本底为主导，结合山水环境、地形地貌等特征形成差别化、特色化的整体风貌意象，并针对性地提出各分区整体风貌塑造总目标。

在鄱湖圩洲景观风貌区内，通过严格控制鄱阳湖周边开发建设，加强对鄱湖圩洲景观风貌区的生态保育，塑造品牌形象，形成能够集中展现“山水湖城”特色的国家级大湖风光地区；在西山叠翠景观风貌区内，通过对西山梅岭、峤岭、大公岭的生态涵养与绿化保育，组织观山视线廊道，加强城市对山体的感知，打造能够展示自然山体原始风貌的特色地区；在湖泊岗丘景观风貌区内，通过保护军山湖、青岚湖、金溪湖、抚河等水系湖泊的自然景观特色，适度发展生态休闲与旅游产业，塑造大面积湖滨景观与农田、村庄相结合的景观风貌；对于赣抚田园景观风

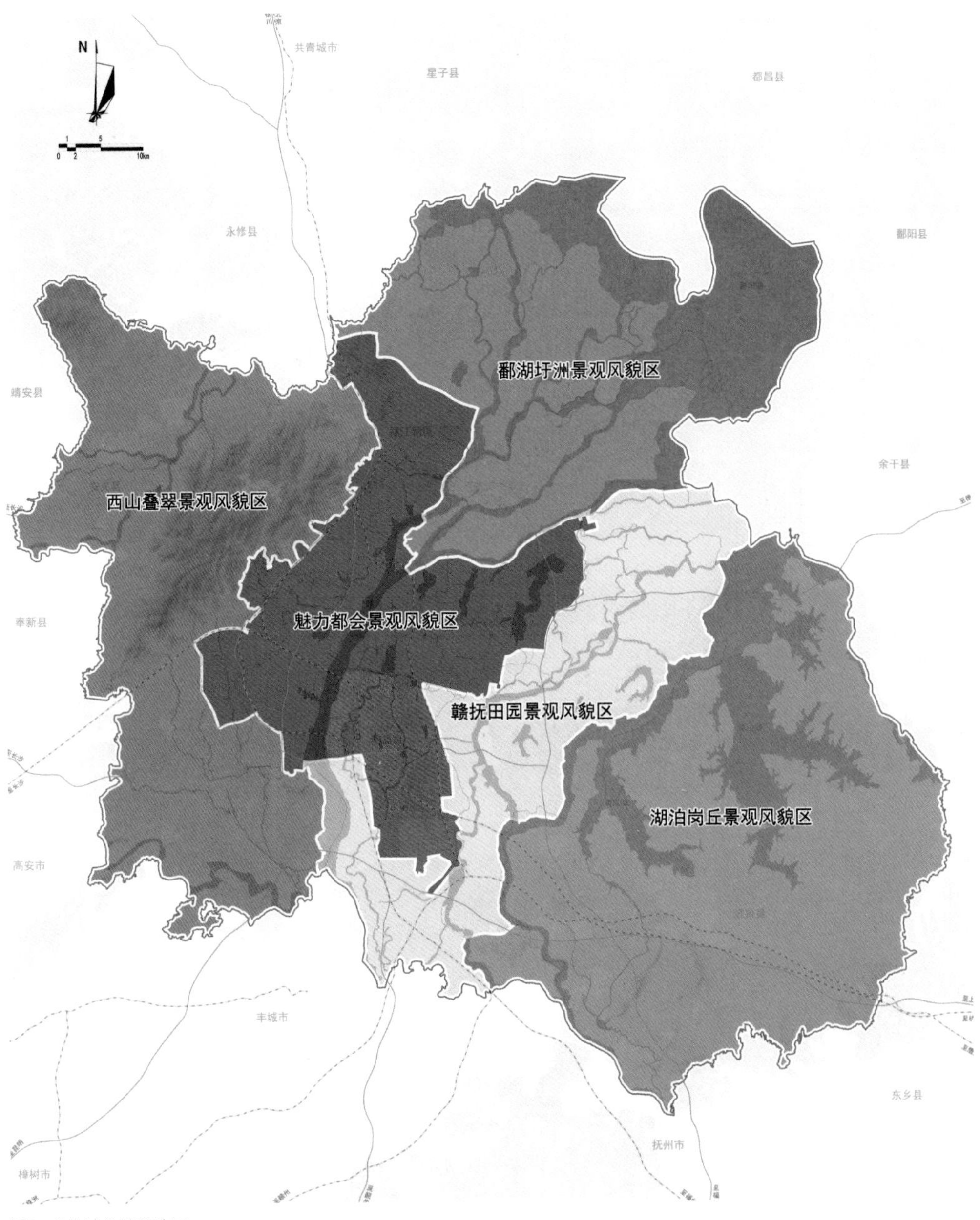

图9 南昌城乡风貌分区
梳理山体、水系、林田、村镇等乡镇空间要素特色，划定城乡风貌分区。

貌区，重点保护水田旱地、坑塘山林的自然原真性，重点控制镇村建设，保留村庄传统特色，展现村庄与田园密切结合的人居意境；在魅力都会景观风貌区内，通过塑造城内十湖、赣江等水系的滨水空间，加强对滕王阁、绳金塔等历史地区的整体保护，形成能够展现南昌山水特色、古城文化、红色文化、时代建设的特色景观风貌区。

4.2 要素分类引导

依据各风貌分区整体风貌塑造目标，对重点控制要素开展分类管控。主要分为两种类型：对自然生态、历史文化类本底资源要素提出系统性引导，结合要素空间分布进行分类指引，主要包含水系湖泊、山地丘陵、郊野林田、历史文化四类要素；对城乡建设类要素提出通则式引导，制定通则性控制原则，包含生态及交通廊道、形态高度、城乡界面、建筑风貌四类要素。

4.2.1 水系湖泊要素

对于水系湖泊要素，按照鄱阳湖水系、郊野水系湖泊、城市水系湖泊三类进行引导，从保护、利用、建设要求等方面形成对水系湖泊要素的管控要求（图10）。对于鄱阳湖水系，应严格保护鄱阳湖、南矶山湿地等自然保护区，禁止开发建设，保护与加强鄱阳湖的自然风光；加强保护区周边水域及湿地的生态保育建设，重点建设环湖生态休闲通道，打造高品质的滨湖生态文化休闲区；突出鄱阳湖候鸟栖息地特色，融入鸟类科普教育基地等重点功能，策划开展相关活动，提升品牌形象。

对于郊野水系湖泊，应保护与加强军山湖、青岚湖、赣江、抚河等主要水系湖泊的自然景观特色，限制大规模开发建设；在保护的基础上，结合资源特色适度发展生态休闲与旅游功能；滨水区域建设风貌要进行严格控制，与自然环境应充分协调。

对于城市水系湖泊，则应结合水系湖泊所处地区的区位进行功能布局与空间塑造，尽量减少大面积的住宅开发，增加城市活力；加强滨水绿地建设，结合慢行系统建设加强滨水空间的公共性和可达性，塑造特色节点，提升城市景观文化品质；结合水系湖泊各自的形态、尺度，控制滨水空间建设强度与高度，塑造各具特色的滨水界面与景观形象。

4.2.2 山地丘陵要素

基于地形地貌分析，对山地丘陵要素按照山中区、近山区、远山区进行分区引导（图11）。山中区应加强生态涵养与绿化保育，保护山体自然风光，重点强化豫章十景之“洪崖丹井”“西山积翠”的景观特色；严格限制山中区内开发建设，加强对已有建设的提升和改造；结合罗汉峰等六个制高点组织城市观山廊道。

近山区应严格保护山体自然形态，禁止在城市可视面进行山体开挖等破坏性活动；结合视线廊道组织布局城市绿廊，保证绿化开敞空间不受建设侵占，形成“揽山入城”的整体意象；严格控制近山区建设高度，建设高

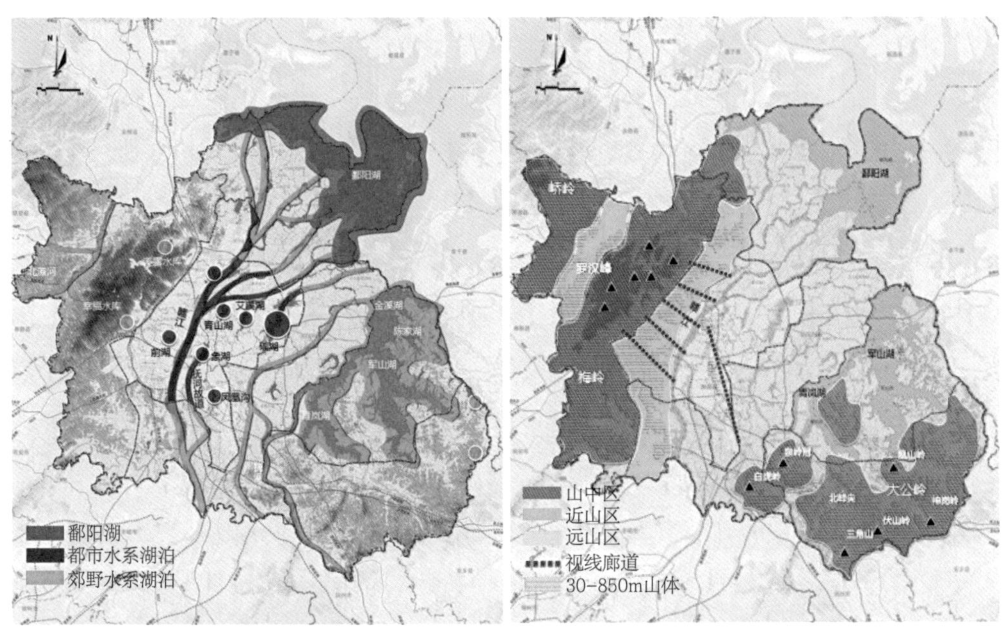

图10 水系湖泊要素、山地丘陵要素分析图
引导鄱阳湖水系、郊野水系湖泊、城市水系湖泊三类水系湖泊要素；划分山中区、近山区、远山区三类山地丘陵区域。

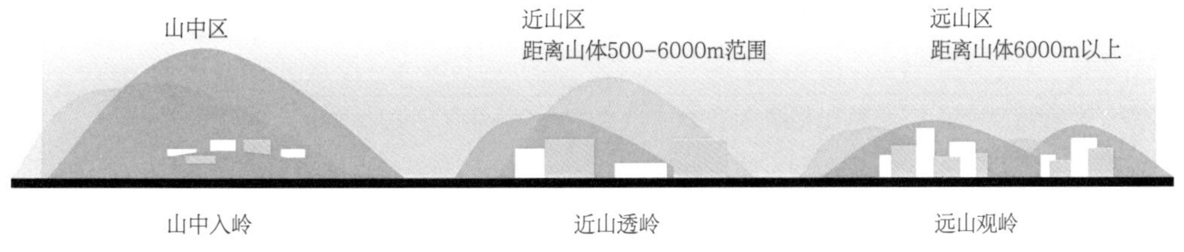

图11 山地丘陵要素分类指引示意

度不应影响山脊线的完整性，使建筑体量和风貌与山体环境浑然一体，相得益彰。

远山区则应保证城市重要节点对山体轮廓的感知，山体整体可视范围不少于山体总高度的30%；赣江南北未开发区域结合山脊线加强建设高度控制，优化天际线；尊重城区内现有的地形地貌特色，禁止对丘陵山体大规模推平改造。

4.2.3 郊野林田要素

对于郊野林田要素，按照耕地集中区、坑塘集中区、林地集中区三类进行引导（图12）。耕地集中区域以阡陌纵横的大片农田为本底，传承传统农业方式，塑造特色农业风貌；根据地形地势，对水田和旱地采取差异化的景观塑造手法。识别提取坑塘集中区域，围绕鄱阳湖下游、赣江东岸、抚河西岸等区域的多片特色坑塘集中区，塑造水—田—村一体的特色风貌，展现村落与水系结合密切的人居意境；针对林地集中区域，要求保持林地集中区域的自然原真性、树种多样性与风貌整体性，结合山地丘陵地势，保证观山视域内生态背景的完整性。

4.2.4 历史文化要素

对于历史文化要素，根据点线面相结合的原则，按照历史文化要素集中区、文化线路、文化点三类进行引导。形成南昌老城历史文化区，海昏侯国历史文化区，西山梅岭历史文化区，抚河古镇历史文化区四个历史文化要素集中区；统筹文化区内历史资源，加强整体保护，形成各片区协调统一的历史文化风貌；发挥文化资源价值，大力发展文化产业。塑造南昌老城特色文化线路，延续豫章古城文化、红色文化特色，串联滕王阁、万寿宫、绳金塔、八一广场等文化景观资源，根据线路主题强化功能景观互动，形成体现南昌特色的城市文化线路；围绕南昌的各类历史街区、文保单位、名镇名村形成多样的历史文化点，通过挖掘地方特色，活化历史资源，推动产业发展，展示传统风貌；禁止整片拆除建设“假古董”，鼓励修补式的建设，保证本土性和原生态风貌。

4.2.5 生态及交通廊道要素

生态廊道包含水系廊道、楔形林带等线型生态空间。生态廊道及其周边应保证自然生态风貌，避免大规模人工建设，并与所处地区的城乡建设风貌相结合。发挥不同生态廊道的自然地貌与生态景观特色，提出差异化的生境建设、植物选种要求，提高生物多样性。近城市区域的生态廊道应形成城市绿环，并结合城市功能形成环城慢行绿道、运动型郊野公园。城镇内结合通风廊道，依托水系、林带规划建设带状楔形绿地，与外围生态空间有机连接。

交通廊道包含公路铁路、景观游憩路、水上游线等。通过加强交通廊道沿线景观塑造，避免大规模人造景观，体现地域自然与文化特色。公路铁路两侧需避让一定生态距离，公路两侧鼓励采取林荫路形式，禁止一层皮开发建设。交通廊道在穿越城镇建成区时，加强两侧建筑立面景观塑造，增加服务咨询与文化标识。同时，结合历史文化与风景旅游资源，塑造景观游憩路、水上观光游线，打造多条“最美公路”。

4.2.6 形态高度要素

对于形态高度要素，应结合“城—镇—村”城乡建设形态的过渡，在城市地区形成林上对景、乡镇地区形成林间掩映、村庄地区形成林下遮蔽的高度变化（图13）。城市地区的建设基本高度可高于林，形成高低错落的整体形态。整体建筑高度控制在18～45m，以多层和小高层建筑为主；中心区布局高层建筑群和地标建筑；乡镇地区的建设高度应掩映于林，以多层建筑为主，整体高度控制在18～24m，体量适中，限制大尺度建筑；村庄地区的建设高度应遮蔽于林，以低层建筑为主，整体高度控制在6～9m，尺度亲切宜人。

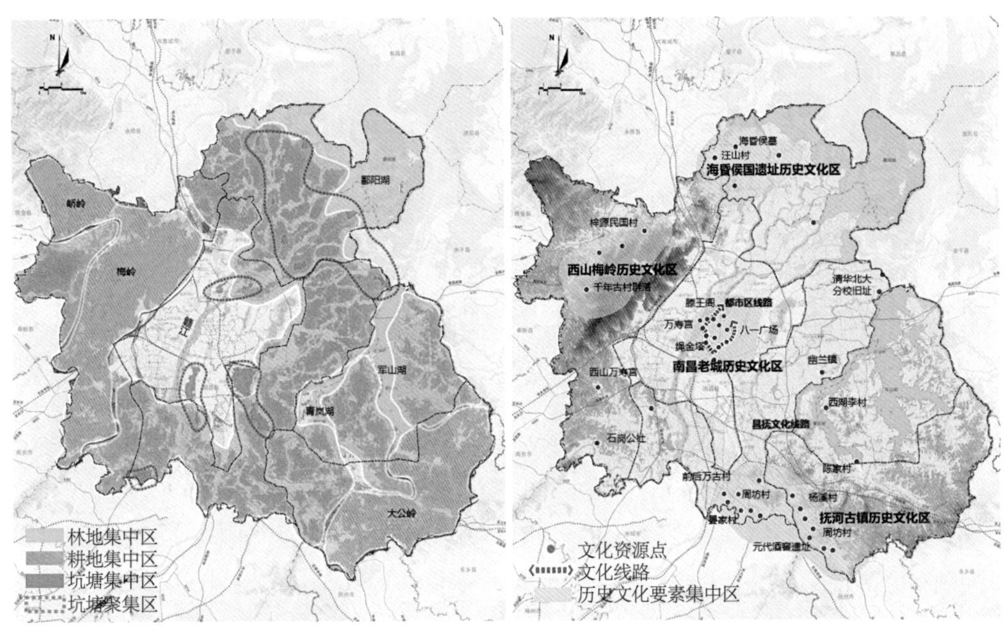

图12 郊野林田要素、历史文化要素分析图
引导耕地、坑塘、林地三类郊野林田要素；点线面结合引导文化集中区、文化线路、文化点三类历史文化要素。

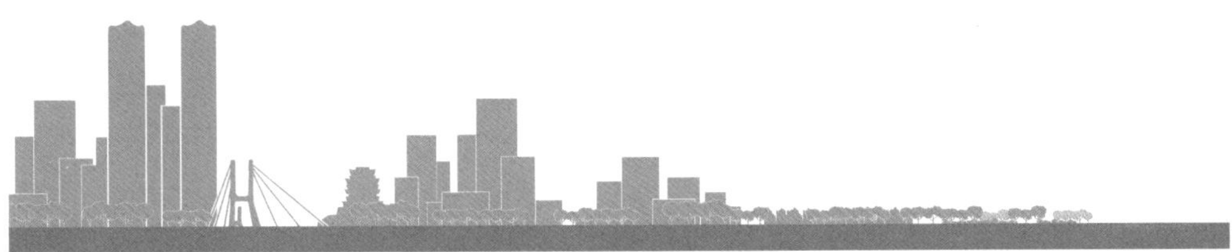

图13“城—镇—村”城乡形态过渡示意
在城市地区形成林上对景、乡镇地区形成林间掩映、村庄地区形成林下遮蔽的高度变化。

4.2.7 城乡界面要素

对于城乡界面要素，应从塑造整体界面秩序以及门户节点两方面出发。首先，应建立均衡而有韵律的“城—镇—村”城乡界面，禁止城市开发无序蔓延，从城到村建筑密度与高度逐渐降低，达到城市肌理和村镇肌理的自然过渡。城市外围利用地形地貌、郊野公园、环城林带等建立清晰美观的城乡印象；其次，应塑造高品质、特色化的门户节点。在主要进出城镇、乡村的通道入口，通过以构筑物强化门户、以建筑形态塑造门户、以景观美化门户、以肌理对比凸显门户等多种方式，提升门户节点标识性。

4.2.8 建筑风貌要素

建筑风貌要素分为城市建设与乡村建设两类进行管控。在城市建设方面，重点风貌区应注重彰显城市特色风貌，结合城市设计确定的重点风貌区，明确特色建筑风貌的主要特征，集中展现南昌的古城文化、红色文化、时代建设等特色。一般风貌区应关注城市的整体性、协调性和美观性，明确一般性居住、办公空间风貌基调，结合负面清单引导形成和谐统一的整体风貌。

乡村建设方面，重点风貌区应注重展现传统村镇特色，结合历史文化名镇名村、中国传统村落等重点村镇，尊重传统村落的街巷肌理，保护发扬村镇内具有文化价值的空间，建筑风貌凸显地方民居特色。一般风貌区应以建设美丽乡村为目标，鼓励沿用传统的建筑形态和建筑材料，制定建筑高度、风格、材质等负面清单，避免与城市化空间趋同。

4.3 管控重点分级

对城乡风貌特色有重大影响的资源要素或地区，根据景观资源价值，按国家级、省市级、区县级实施三级管控，对风貌管控力度、规划编制优先级、审批决策级别以及建设改造计划提供工作指导要求。

国家级管控对象为具有国家级城乡景观风貌价值的区域，如国家公园、国家级自然保护地、风景名胜区，国家级文保单位，国家级历史文化名镇名村，中国传统村落等，如鄱阳湖国家级自然保护区，梅岭—滕王阁风景名胜区，海昏侯国遗址公园，安义千年古村群等。省市级管控对象为具有省市级城乡景观风貌价值的区域，如省市级自然保护地、风景名胜区，省市级文保单位，省市级历史文化名镇名村，市级历史文化街区（风貌区）等，如峤岭自然保护区，象湖省级风景名胜区，西山万寿宫，梓源民国村，绳金塔历史文化街区等。区县级管控对象为未列入国家级及省市级的，具有一定城乡景观风貌价值的区域，如府城文化、红色文化、工业文化要素集中的区域，特色非遗技艺聚集区域，传统农业、渔业人居空间等。

5

结语

在生态文明背景下，城市集中建设区以外的生态地区、农业地区得到了越来越多的关注。国土空间规划明确提出通过总体城市设计进一步优化城乡空间形态、加强全域景观风貌管控的要求。本次南昌总体城市设计工作对全域城乡风貌塑造与管控方法进行了初步的探索，是城市设计工作对接国土空间规划要求的一次积极探索与尝试。

注：本文成稿期间，南昌市总体城市设计工作仍在推进，本文研究方法、设计内容等均以阶段性工作成果为基础展开探讨。

项目管理人：
刘力飞

项目负责人：
黄思曈　周瀚

项目成员：
谢婧璇　孙拓　高文龙　董超

参考文献

[1] 袁青，于婷婷，王翼飞．城乡统筹背景下城乡风貌研究进展分析[J]．现代城市研究，2018（6）：91-98.

[2] 刁星．北京昌平城乡风貌规划及实施对策研究[D]．哈尔滨工业大学，2010.

揽望山峦叠翠，活化湖江水城

——刍议南昌都市区特色山水格局构建

周瀚　刘力飞

【摘要】

本文结合南昌总体城市设计工作，针对当前城市建设与山水环境缺少融合的突出问题，提出城市与山水有机共生的设计目标，积极构建南昌都市区蓝绿交织、揽山亲水的山水空间格局。系统提出了揽望山峦叠翠、活化湖江水城两方面设计策略，并结合现状特征提出了具体的管控引导措施。

【关键词】

南昌；总体城市设计；山水格局；梅岭；赣江

┤1├

南昌山水环境特色与问题

1.1

独具特色的山水资源禀赋

南昌都市区是指将南昌市中心城区、南昌县中心城区、梅岭涉及乡镇街道纳入，统筹规划引导的以城市建设区为主的空间区域。南昌都市区西部为九岭山脉余脉西山，东部为鄱阳湖、军山湖、金溪湖、青岚湖等水系湖泊，赣江穿城而过，山环水绕，风光绮丽。山在西为阴，水在东为阳，天人合一，充分体现了传统东方人居智慧（图1）。

西山以梅岭为山地主体，形成城市西部的生态屏障，植被茂盛、风光秀丽，也是南昌的生态后花园。南昌水多、样全、名旺，既有辽阔无际的鄱阳湖，雄浑壮阔的赣江，也有精致秀美的内四湖，开阔大气的瑶湖、青山湖、象湖，还有江南水乡的塘沼，可谓千姿百态。南昌历代涌现出大量的艺术大家，正是这里的山川秀美、气候温暖、水域众多，造就了江南才子柔和的性情和细腻的情感，可以说山水是南昌城市文化的摇篮与灵魂。

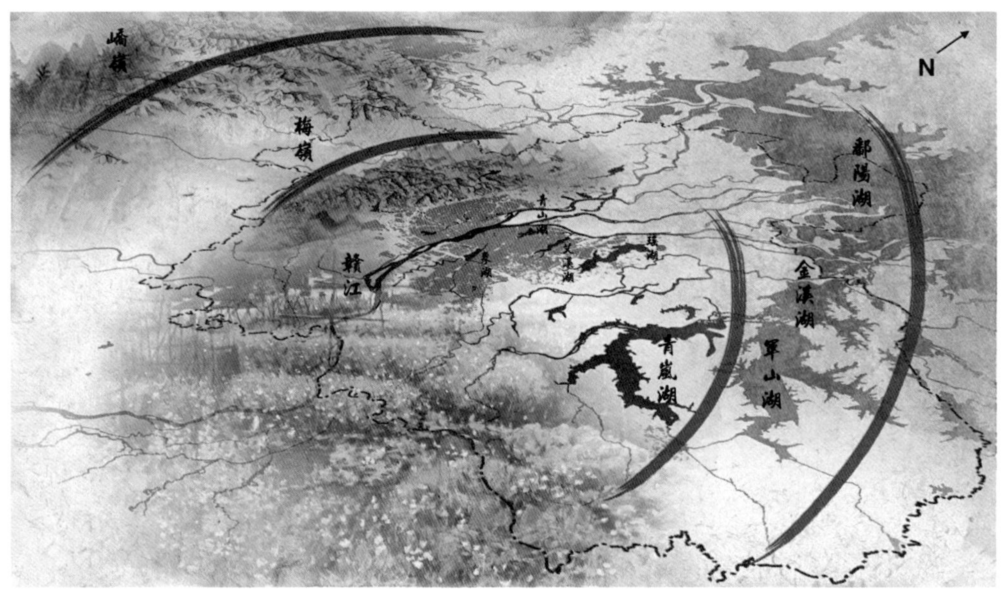

图1 南昌都市区周边的山水资源分布

1.2

城市与山水缺少融合互动

目前南昌城市建设与自然环境缺少融合，山水特色彰显不足，城市中难以望山亲水。在山与城的关系上，近山地区开发建设无序，建设强度缺少控制，目前在都市区中尤其是赣江东岸的老城地区，难以观望西山梅岭的山体轮廓，大大削弱了人对特色山景的直接感知；在水与城的关系上，河湖水系缺少系统性的联系，沿湖沿河地区开发建设缺少管控，一方面滨水地区被大量住宅占据，公共性与可达性不足，另一方面高强度开发造成部分滨水地区尺度失衡、亲水性差，此外还分布有大量未利用岸线与粗放使用空间，这些都对滨水地区的公共价值、活动体验以及景观塑造产生了负面影响。

优美的山水环境是南昌最宝贵的生态资源，也构成南昌城市特色的根本，因为山水人们爱上这座城市。南昌总体城市设计在都市区层面的重要工作之一，就是探索城市与山水和谐融合的发展路径，优化城市山水格局，提升城市魅力特色。

┤2├

构建揽山亲水的城市山水格局

2.1

揽山亲水的总体思路

总体城市设计针对南昌都市区提出了“揽山亲水”的总体思路，通过构建城市与山水交融互动的整体空间格局，集中展现“城在青山绿水间、人在鸟语花香中”的独特魅力。

在山城共融方面，通过揽望山峦叠翠，以梅岭山体为研究对象，在都市区建立山中、近山、远山三个层次的空间关系，展现山地景观特色；在水城共融方面，通过活化湖江水城，以水为核心要素，构建蓝绿融合的城市景观与开敞空间结构，打造高品质的亲水空间（图2）。

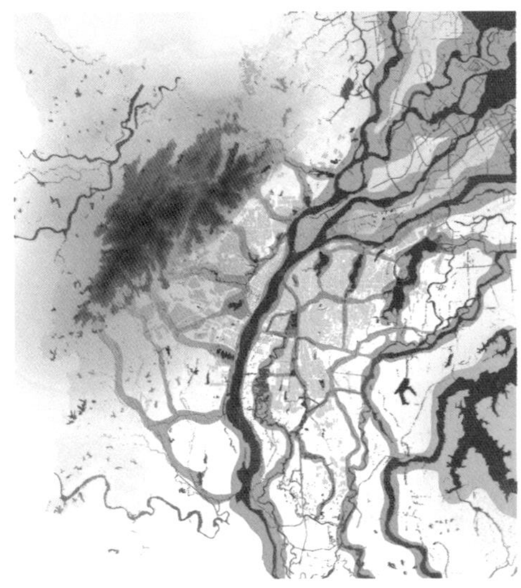

图2 南昌都市区山水格局构思图

2.2

策略一：揽望山峦叠翠

2.2.1 实施差异化的分区建设策略

总体设计分析借鉴了国内外多个山地城市总体布局的先进经验，通过梳理南昌都市区的山城关系，围绕梅岭山体，按照山中、近山、远山三个层次建立控制引导分区，实施差异化的分区管控引导，实现依山就势、揽山入城的设计目标。

山中区为都市区范围内自环城高速和铁路西环线向西包含梅岭的区域，远山区为乌沙河中下游、黄家湖立交、西一环路以东的区域，近山区为山中区和远山区之间的区域。进而对各分区提出具体的建设引导策略：山中区以保护为主，除湾里、乐化、溪霞外禁止建设，不再增加罗亭的工业面积。现有建设组团中除必要的旅游服务、生活服务设施外，原则上不再增加建设规模。建筑风貌上鼓励采用适应地形的低层建筑组群，建筑形式体现自然山地特色；近山区建立多条围绕现状水系和绿地组织的绿化开敞廊道，形成近山建设用地组团化的灵活布局，鼓励设置文化旅游等公共功能，同时控制整体建设强度，避免对山体景观和绿廊的遮挡；远山区则通过大型开敞空间、城市绿心与近山区相衔接，形成近山组团向城市高密度中心区的逐步过渡。

通过实施差异化的分区管控引导，拉近梅岭与市民生活环境的关系，人们可以远观山、近游山。在远山区可远观山体天际景观，展示城市钟灵毓秀的背景轮廓；近山区的绿化开敞通道则是从人的视角为城市景观创造可感知、可欣赏的细节；山中区适应地形的低层建筑组群与原有的山形地势共同营造空间均衡、形态生动的城市生境。

2.2.2 加强观山视廊与天际线控制

在城市中对外围山体最直接的感知方式是眺望观景，因此在都市区中建立观望梅岭山景的视线通廊系统，对提高南昌城市特色至关重要。通过梳理梅岭多个山峰制高点，将罗汉峰、花老脊、葛仙峰等作为远眺山景的标志点。同时在都市区内根据现状情况确定秋水广场、朝阳大桥、南昌西站、孔目湖等多处城市重要节点或公共空间为主要观景点，建立九条观山视线通廊。严格确保视线通廊范围内现状开敞空间不受建设空间侵占，廊道两侧空间以低密度、低强度的形式进行开发建设（图3）。

同时，以老城滕王阁为观景点，严格管控引导城市西望的观山天际线。现状红谷滩片区滨江高层建筑密集，远景梅岭山脊线露出较少。应重点对目前可以看到山脊线的区域进行严格建设控制，不再增加建筑高度，同时对既有城市天际线进行优化，使建筑轮廓线与山脊线景观形成呼应，塑造层次丰富、起伏变化的天际轮廓线（图4）。

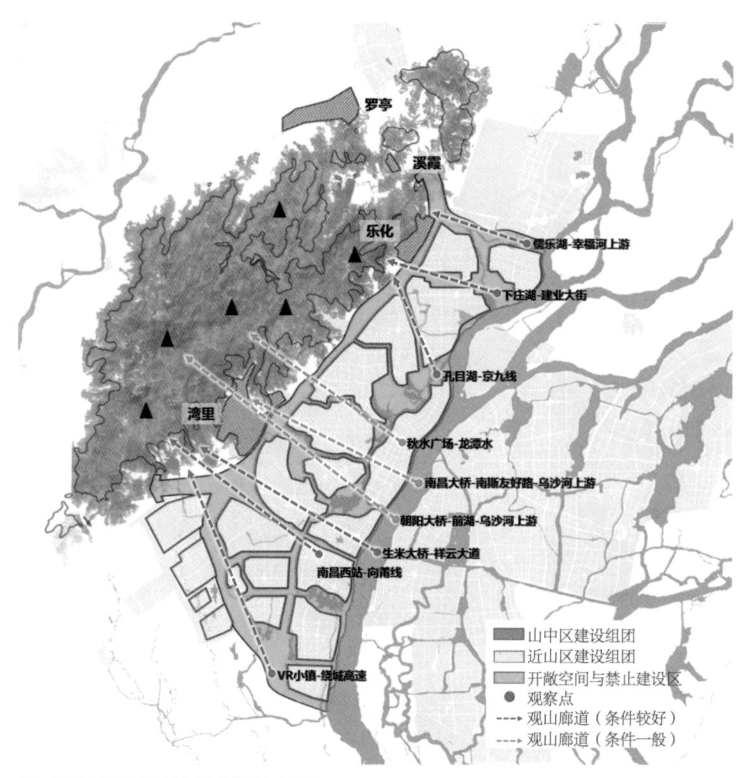

图3 近山区组团布局与视廊控制示意图

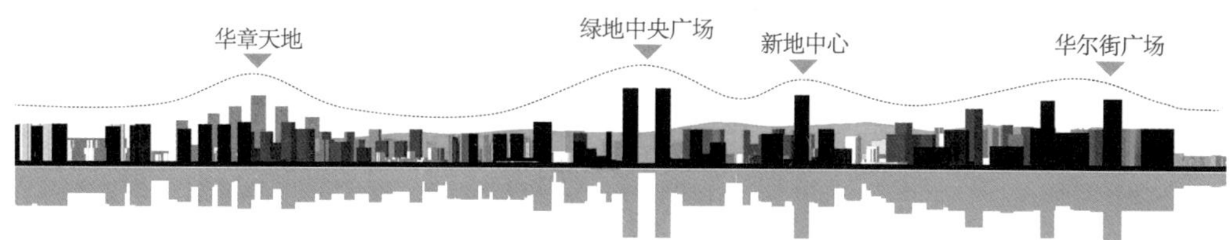

图4 观山天际线管控引导建议（从滕王阁眺望西岸红谷滩地区）

2.2.3 优化提升近山区建设格局

落实揽山入城策略的核心空间是近山区。通过具体落实分区控制和视廊控制，在近山区形成四心两带、八廊四楔的总体建设格局。四心是指四处城市绿心，保护黄家湖、前湖两处现有大型绿心，提升景观品质，严格控制建设强度。打造九龙湖、下庄湖两处绿心，形成开敞景观格局。两带是指两条生态绿带，以环城高速与铁路西环线为近山生态隔离带，两线路间禁止扩大现有建设规模，线路外侧应保留不小于100m的生态空间；以乌沙河中下游、枫生高速南段沿线为城市生态景观带，串联绿心绿廊，两侧保留不小于50m的生态空间。八廊是指八条景观绿廊，规划幸福河、建业大街、京九线、青岚水、龙潭水、乌沙河上游、向莆线、环湖西路8处主要绿廊，两侧绿带宽度原则不小于50m。绿带中除景观工程、小型景观建筑与市政设施外，严禁其他建设。四楔是指近山区外围邻近梅岭一侧形成四处由山体渗透向城市的绿楔，保护绿楔范围内生态景观的连续性，对范围内已有建设用地，严格控制其建设强度，避免对山体景观的遮挡，同时整治提升其建筑风貌，体现适应地形、色彩淡雅的山野特色。

根据近山建设绿廊控制，进一步提出城市建设组团划分建议，明确组团建设边界。同时根据望山视线通廊的塑造要求，加强近山组团建设高度控制，邻近山体区域新建建筑高度原则上不高于24m（图5）。

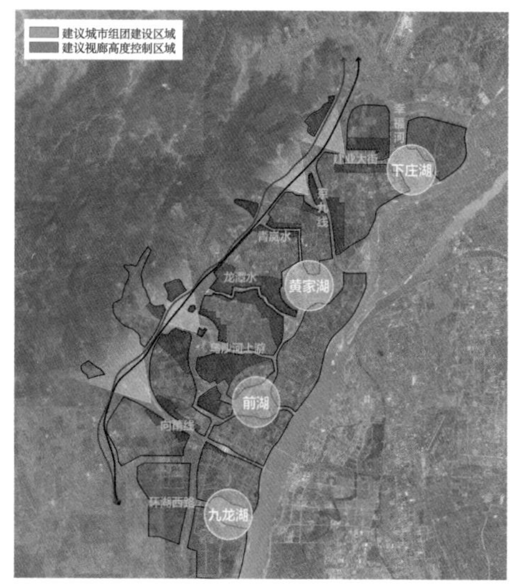

图5 近山区建设引导管控示意图

2.3

策略二：活化湖江水城

2.3.1 构筑蓝绿结合的水系网络

抓住南昌水系多样、水网密布的特色，在都市区构筑“一江三脉串十湖”的水系结构，形成江湖互通、蓝绿交织的水网系统。以赣江为主脉，乌沙河、抚河故道、玉带河三条水系为支脉，形成水网系统的基本骨架。赣江作为城市景观主走廊，两岸融入商务办公、商业活动、旅游休闲、文化展示等功能，彰显大江大城的景观特色；乌沙河、抚河故道、玉带河作为城市生态景观绿廊，串联城市内部公共中心和开敞空间，形成城市活力带。通过一江三脉串联十余处湖泊，包括内四湖、瑶湖、艾溪湖、青山湖、东湖、象湖、梅湖、黄家湖、前湖、九龙湖、儒乐湖等，注重对湖泊水域的资源保护和环境提升，构建湖滨公园，打造城市滨水特色空间（图6）。

在水网系统结构的基础上，梳理多条次要水系，与“一江三脉串十湖”的主要水系纵横交织，形成江湖相通、水城共生的城市蓝道网络。以赣江沿江绿带为主轴，形成贯通都市区的南北向生态蓝绿带，沿各水系支脉向两侧延伸多条水绿廊道，提升城市蓝绿空间环境，串联滨水公共中心、绿化慢行与景观节点系统，营造多元化的城市滨水功能区，形成水绿融城的空间意象。

2.3.2 提升和谐优美的湖城关系

南昌都市区湖泊数量众多、规模多样、特色各异，不同尺度与区位的湖泊在空间利用与景观塑造上应采用不同的方式。本次总体城市设计通过对我国典型滨湖空间建设模式的梳理研究，总结出围湖、伴湖、借湖三种典型模式。

围湖模式：以济南大明湖为代表，水域面积约0.6km^2，规模较小，周边城市建设基本围合，采取小尺度开发，水岸开敞程度和公共性高，满足城市对湖区的通达性要求，周边以居住功能和小型商业、公共服务为主。

伴湖模式：以杭州西湖为代表，水域面积约6km^2，规模中等，沿湖采取区段式开发的方式，周边留出充足开敞空间。有超过一半的岸线具有亲人尺度的滨水空间，周边多布置标志性公建，包括大型商业综合体或省市级文化场馆。

借湖模式：以武汉东湖为代表，水域面积约33km^2，规模较大，沿湖远离建成区一侧以生态空间为主，作为城市生态屏障，邻城市一侧布置局部点状开发组团，设置教育科研居住等功能。

按湖泊区位与规模，在南昌都市区内划定围湖、借湖、伴湖三种类型，制定差异化的滨湖城市建设开发策略（图7）。围湖模式设计定位为公共型，建设开发应有利于公共使用，包括东西南北湖、礼步湖、梅湖、孔目湖、南塘湖、黄家湖，滨湖地区宜采用连续的中高密度建设。滨湖岸线地区应保持公共

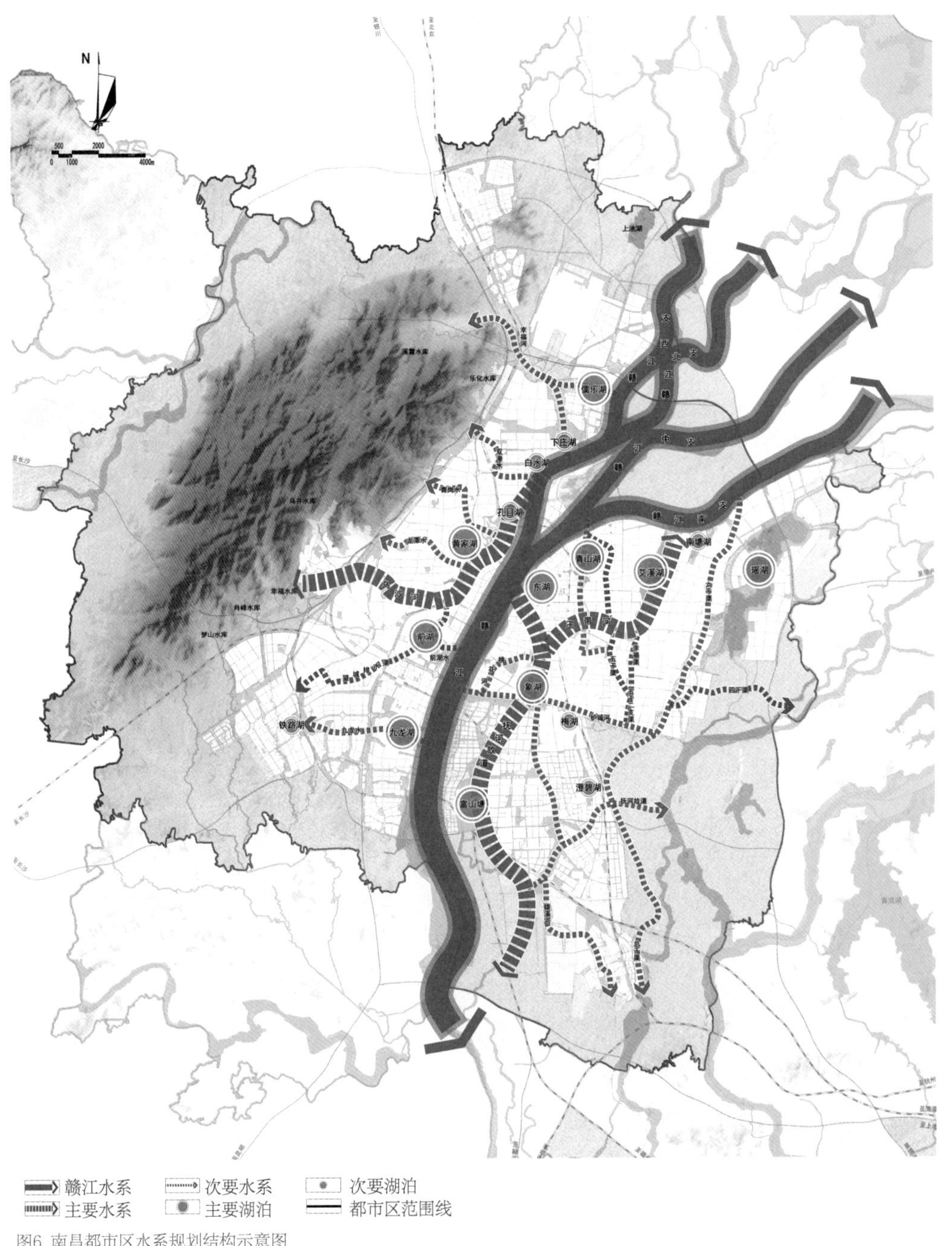

图6 南昌都市区水系规划结构示意图

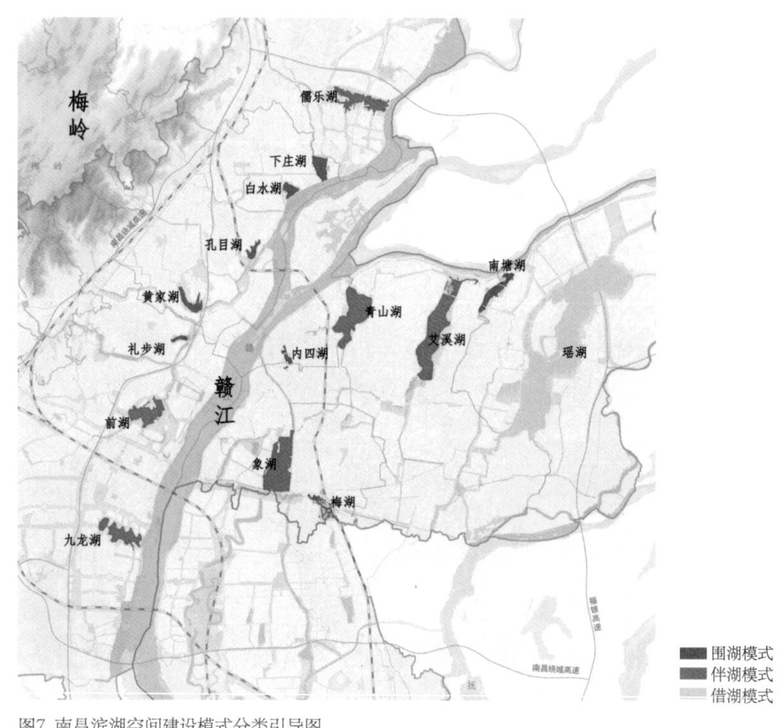

图7 南昌滨湖空间建设模式分类引导图

空间连续性，建设沿湖步行及自行车道以增加可达性。结合水系建设绿地公园、文化休闲、商业娱乐等设施，增加滨湖地区活力。伴湖模式设计定位为景观型，建设开发应有利于塑造景观，包括前湖、象湖、青山湖、艾溪湖，滨湖地区宜采用不连续、区段式的中低密度建设。建设用地间保留绿廊，使之成为湖面与周边山水间的生态联系及视线廊道。滨湖保持景观绿地连续性，设置适当公共服务设施，沿湖建设步行及自行车道。借湖模式设计定位为郊野型，建设开发应有利于生态游憩，包括瑶湖，滨湖地区宜采用散点式、组团化的低密度建设。采取对自然生态环境低冲击的建设模式，用地布局及道路建设应顺应地形地势，尊重现有的农林资源等生态要素。滨湖地区建议布局文化创意、科教园区、主题小镇等功能，保持景观绿地连续性，沿湖建设慢行游玩系统。

2.3.3 塑造高品质、人性化的滨水空间

水是南昌最大的特色，孕育滋养着城市发展。总体城市设计提出新时期要以水为脉组织南昌公共空间体系，提高滨水空间品质，塑造美好生活。

在都市区水网系统空间格局的基础上，通过对滨水空间的功能布局、景观界面、岸线使用、交通环境四个方面的优化引导，进一步提升滨水空间品质。在功能布局上，提高滨

水空间公共性、可达性与连续性，加强功能混合，创造可停留的空间场所，促进滨河空间向城市渗透；在景观塑造上，结合河流尺度打造优美宜人的滨水景观界面，对赣江等大尺度界面采取连续界面、前低后高、高层塔楼、地标提升的设计原则，对其他河流小尺度界面采取滨水低层、有序退让的设计原则；在岸线组织上，结合功能活动打造多样化滨水岸线，引导形成生活、生态、游憩三类典型岸线；在交通环境上，滨水交通性道路采用不对称断面设计，临江一侧设置游览车专用车道，非机动车道适当加宽，紧密连接滨江公共空间。滨水生活性道路等级不宜过高，设计速度适当降低，道路非临水一侧宜设置沿街底商，与滨河慢行空间进行衔接，提高活力。

3 结语

我国已经进入生态文明建设的新时代，“绿水青山就是金山银山”，自然山水是城市建设的核心特色资源，南昌也提出让市民“望得见真山、看得见大水、记得住浓浓乡愁”。总体城市设计通过揽望山峦叠翠、活化湖江水城的空间策略，构建南昌都市区揽山亲水、蓝绿交织、特色突出的城市山水格局，为南昌打造生态文明建设的先行示范之城和世界级的生态都会奠定基础。

注：本文成稿期间，南昌市总体城市设计工作仍在推进，本文研究方法、设计内容等均以阶段性工作成果为基础展开探讨。

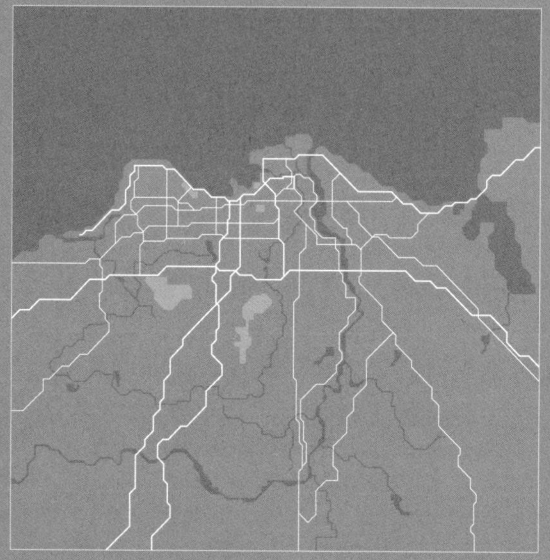

07

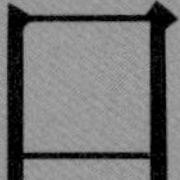

结合海口市 “多规合一”总体规划编制工作，同步开展的总体城市设计提出“滨海花园，魅力椰城”的设计主题，构建了系统的空间提升策略，并将总体城市设计的内容与多规合一、控规、专项规划及双修工作充分衔接，形成了对空间规划的有力支撑和有益补充，使设计意图得到更加有效的落实。

转型背景下的滨海总体城市设计探索

——海口总体城市设计

岳欢 申晨 王力 周瀚

【摘要】

在我国新型城镇化建设着力推进、城市规划体制改革深入开展的背景下，城市设计在构建空间秩序、塑造城市风貌、彰显城市文化和提升空间品质等方面发挥的作用愈加明显。2015年，海口市率先开展了“多规合一”总体规划编制工作，总体城市设计与之同步开展，挖掘了海口的自然景观资源，梳理了城市历史文脉，整理了现状建设的特征与问题，在此基础上提出“滨海花园，魅力椰城”的设计主题，并构建了系统的空间提升策略，形成了对空间规划的有力支撑和有益补充。与此同时，总体城市设计与多规合一、控规、专项规划及双修工作充分衔接，使设计意图得到更加有效的落实。

【关键词】

总体城市设计；空间特色；城市风貌；管控传导

┤1├

转型背景认识

1.1

总体城市设计的角色承担

随着我国经济由高速增长转向高质量发展阶段，社会方方面面都面临转型挑战。近年来，党中央高度重视城市工作，把城市规划建设等上升到中央层面进行专门研究部署，着力推进以人为核心的新型城镇化建设。2015年12月，中央城市工作会议在北京召开，会议明确提出要“加强城市设计”和“全面开展城市设计”，将城市设计作为提高城镇建设水平、塑造城市特色风貌的重要抓手。

总体城市设计是城市设计体系的宏观统领，其核心工作是对总体空间格局和城市形态做出整体构思和安排。[1]《城市设计管理办法》指出，总体城市设计应当确定城市风貌特色，保护自然山水格局，优化城市形态格局，明确公共空间体系。此前，总体城市设计在空间上主要与总体规划相互对应。自国土空间规划制度探索、建立以来，总体城市设计与区域、市域及中心城区层面的空间规划均有更为深度契合，在转型时期城市空间提质总体目标的指引下，发挥着更加重要的作用。

1　段进，季松．问题导向型总体城市设计方法研究[J]．城市规划，2015，39（7）：56-62，86.

1.2

海口转型发展的背景与机遇

20世纪末、21世纪初，海口市进入快速发展阶段。有限的资源条件和巨大的发展动能使城市建设面临极为复杂的情况——滨海与内陆的关系、新城与旧城的关系、城市与乡村的关系、历史与未来的关系均有待进一步梳理。海口于2013年提出了建设海南“首善之城”的发展目标，“21世纪海上丝绸之路”战略的构想也为其打开了新的发展窗口。在现实形势与发展政策的引导下，海口迎来了转型发展的最佳时机。

海南省于2015年4月开始《海南省总体规划》编制工作，率先成为我国在省域范围内探索“多规合一”试点工作的省份。编制海口市总体城市设计时，海口市“多规合一”工作也正稳步推进，新一轮城市总体规划尚未启动。通过编制总体城市设计，可以在空间层面落实城市战略定位，充分挖掘和利用海口历史人文特色和地域景观资源，研判和解决城市空间矛盾，形成对规划工作的有力支撑和有益补充，共同构建高水平城市空间管控引导框架。

2

特色资源梳理

2.1

生态格局：地脉结丘，江洋抱城

从宏观岛屿视角看山水格局，海南岛风水来龙兴起于五指山脉，其余脉延续经屯昌至定安，于海口市南方形成主山。面南而望，左有乌盖岭、陶公山至七星岭一脉为左辅，右有金星岭至马鞍岭一脉为右弼。南渡江玉带曲水而过，海口市正位于山前平缓开阔的明堂之处，适宜人居建城（图1）。

从市域相对微观的视角来看，海口的城市山水格局可以概括为“地脉结丘，江洋抱城”。石山火山群的马鞍岭、苍屹山以及羊山地区丘陵等环抱主城区三大组团，南渡江、五源河、美舍河、秀英沟等水系穿流绕城，形成三处明堂。海口建城于山海相望、江海交汇之处，场地顺延了从南侧山体到北侧大海过渡的整体气势，可谓山水形胜（图2）。其独特的山水格局是城市空间发展的基础，在城市的建设过程中，必须加以严格保护，协调城市建设与自然资源的关系。

2.2

景观基底：江海交汇，海岛花园

海口北临宽阔的琼州海峡，拥有长约131km的海岸线。南渡江是海南省最大的河流，在海口市北部海岸入海。作为海口市的生态主干，南渡江北端与大海相交汇形成“T”字形结构，是海口市生态系统的重要支柱。市域其他河流水系众多，支流湖泊密布，水资源丰富。

地处热带气候带的海口拥有独特的岛屿地理特征，生态基底优良。城市范围内林地资源丰富，自然林地针阔混交，形成石山火山群和东寨港两处节点。农业生产用地以耕地和果园为主，广泛分布于南部地区。茂密的热带植被与郊外的水田果园相互交错，形成了城市外围的绿色支撑，同时向城市组团内部渗透（图3）。市区内绿量也十分充足，以滨海公园和万绿园等点状绿化为核心，以海岸线绿化带、滨水绿地、道路绿化为链条联结成内部的绿地系统，绿化面积占主城区50%左右。城市集中建设区域处于江海交汇之处，腹地结合山林田园形成“江海交汇、海岛花园”的景观风貌（图4）。

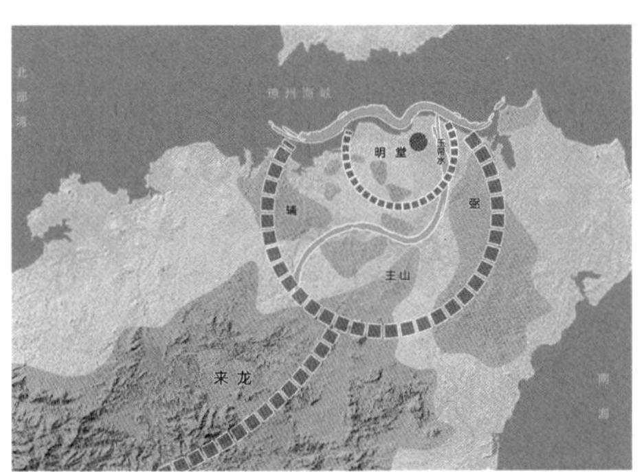

图1 海口区位山水格局图

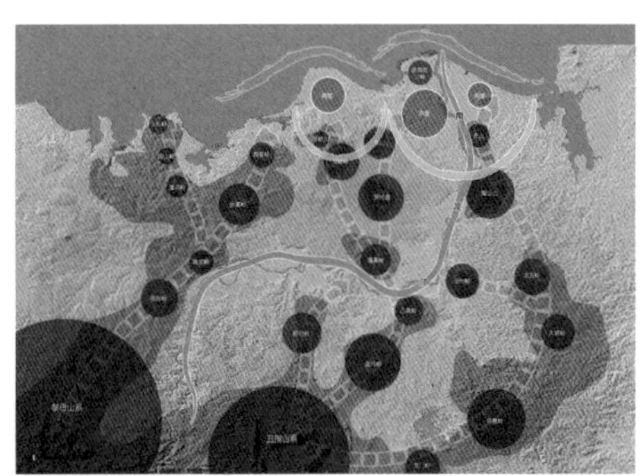
图2 海口市域山水格局图

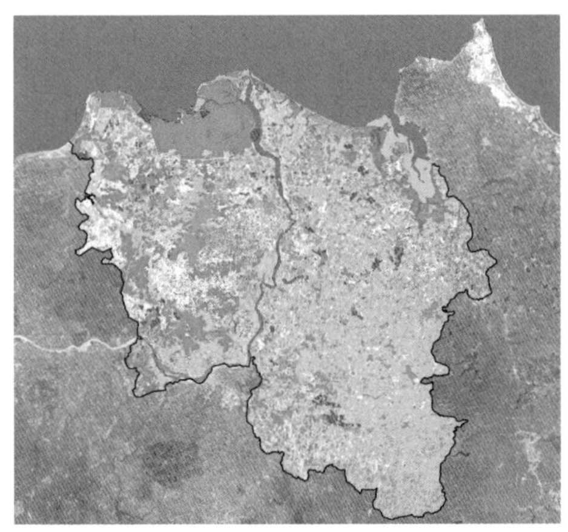
图3 海口市建设用地与绿地系统布局图

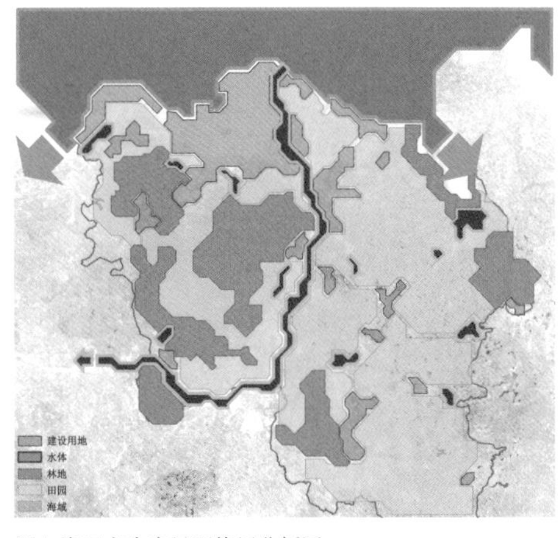

图4 海口市生态景观格局分析图

2.3

建成环境：城园交错，组团分隔

海口市现状建设用地主要分布于北部滨海地区（图5），其中南渡江西侧的临海平原建设较为集中，形成主城区，另外西海岸和东海岸也均有一定建设量。向内陆纵深，中部腹地有少量城市建设用地，向南逐渐融入生态基底。南部丘陵地带多为林地草地等生态用地，建设用地较少。海口市的建制镇镇区多建于南渡江沿线的平坦地区，村庄散布于自然基底之中。总体来说，海口城市建设形成了城园交错的布局。

进入快速发展阶段，海口市“中心集聚，两翼拓展”的发展态势愈加明显。中心组团范围内原有空地逐渐被建设用地填满，北侧滨海和东侧滨江的建设几乎达到饱和状态，城市形态逐渐向西、向南蔓延。2011版城市总体规划确定了中心组团东西两侧的新城组团建设，2012年海口市政府正式搬迁于西部的长流组团，海口的城市空间逐渐向东西两翼拓展。虽然目前中心组团现状规模远大于东西两侧新城组团——长流组团刚刚完成部分滨海区建设，江东组团建设仍处于起步阶段，新城组团建设规模、功能完整性等方面均远低于中心组团，但已经可以清晰地看到以南渡江、五源河为分隔的三大城市组团结构初具雏形，逐步实现组团式发展格局（图6）。

图5 北部滨海集中建设地区

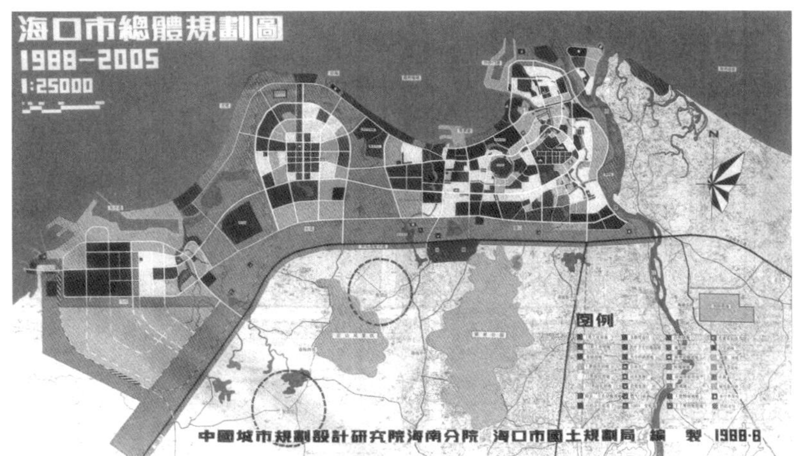

1988版海口市城市总体规划

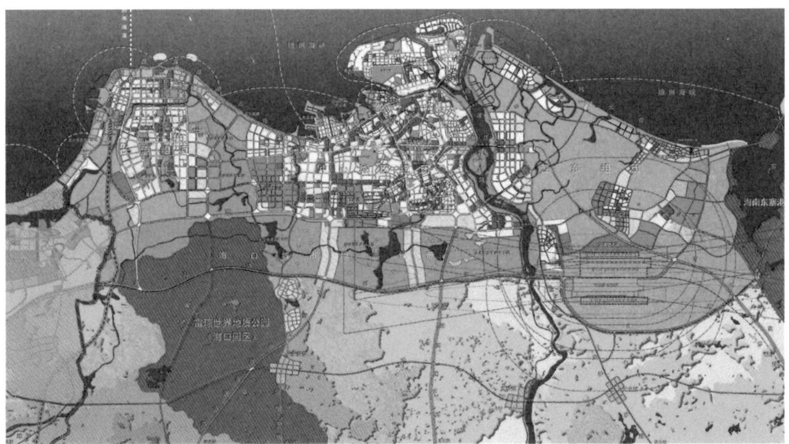

2011版海口市城市总体规划

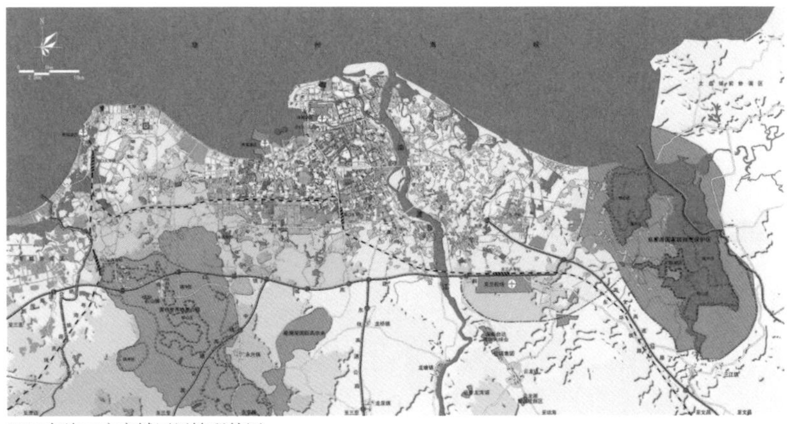

2013年海口市主城区用地现状图

图6 城市建设环境演变相关规划资料及现状情况

2.4

城市文脉：古今更迭，多元融合

海口城市发展历史悠久，是国家历史文化名城。海南建制的初期，政治和经济中心在南渡江渡口的旧州镇。随着商贸业的发展，中心北迁至“府城”，成为琼州的首府，海口是首府外海南与大陆往来的交通要冲。明代成立“海口所”，清代时海口辟为商埠，开始成为一座在区域内较为发达的近代化港口城市，府城所城逐渐连为一体（图7）。正是自古以来双城相望这样特殊的城市发展格局，使如今的海口市保留有府城和旧城两处历史文化保护街区，其中仍保留有很多珍贵的历史文化遗存，是海口历史文化记忆的重要空间载体。

海口历史上作为连接我国内陆与东南亚地区的重要枢纽，形成了特色鲜明的文化积淀，可梳理出传统文化、南洋文化、红色文化、地域文化以及火山文化五种人文资源。在明代，海南被誉为“南溟奇甸”，本土名士辈出，琼州府城作为海南的政治中心，也浓缩了海南传统文化的精华。海南自古就是南洋华侨的重要输出地，海口在清末开埠以后更成为国际商贸文化交流的窗口，成为中西文化交融的南洋名埠。海口在我国工农革命史上也占有一席之地，城市中设置了很多纪念性构筑物，凸显了鲜明的“红色基因”。特殊的地理区位和气候条件使海南具有迥异于内陆地区的风土人情，也构成了海口区别于内陆城市的海岛地域文化。此外，最早在海南生活的先民们利用火山石作为材料构筑自己的家园，逐渐形成了别具特色的火山文化，具有极高的科考、科研、科普和旅游观赏价值（图8）。

滨江、
向海、
靠海、
拥海、

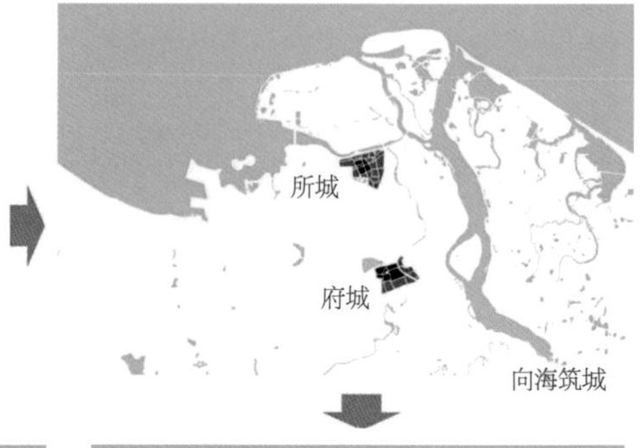

两翼齐拓、拥海发展

中心集聚、靠海起势

图7 主城区格局演变

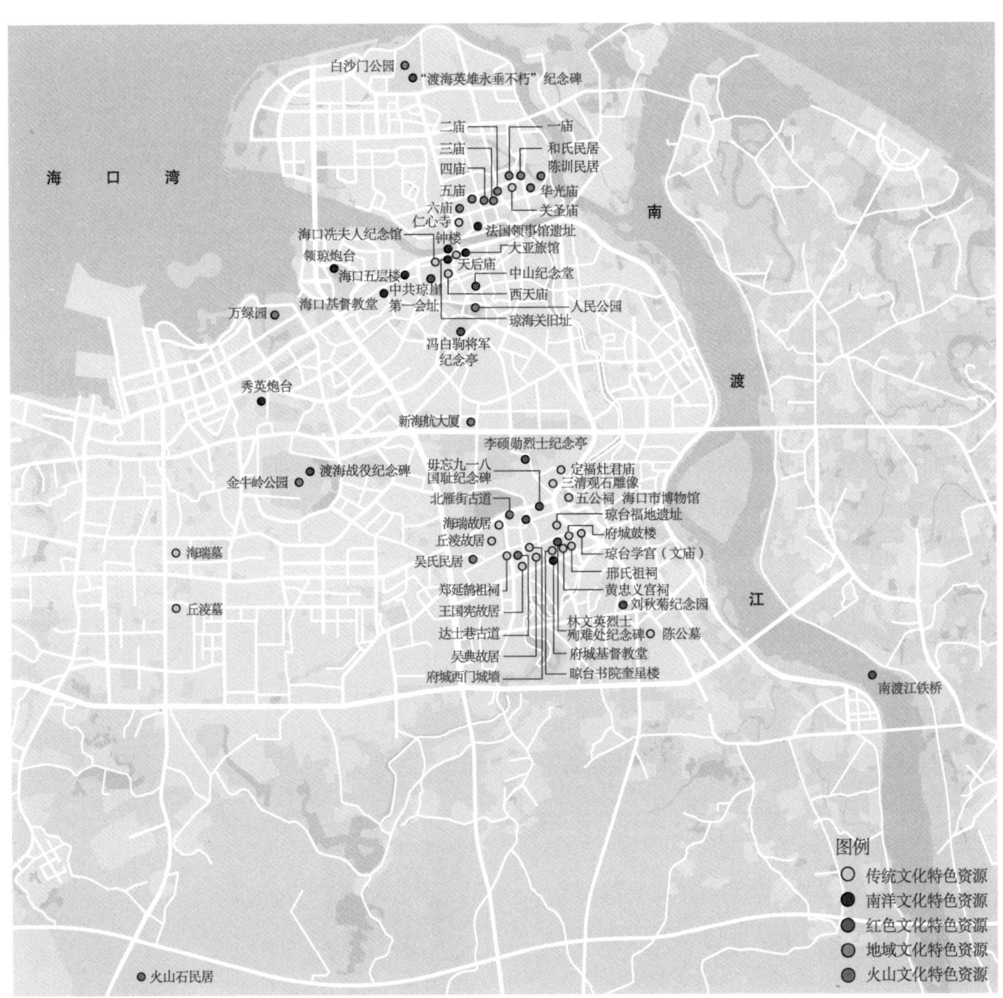

图8 历史人文特色资源分类分布图

2.5

建设风格：根植本土，体现时代

地处热带气候区的海口拥有得天独厚的地理特色，美学特征明显。现状城市建设与海岛自然风光呼应，城市道路肌理与海岸线形态相协调，城市景观与园林设计也多运用地域性植物，突出了椰城的特点。与此同时，海口历史悠久、人文厚重，府城、所城历史文化街区建筑风格独特，形制美观、功能性强的骑楼建筑是海口的特色建筑之一（图9）。在历史文物保护单位附近区域，新建建筑对传统风格建筑也有所保留和传承，形成了具有本土特征的城市建设风貌。

作为21世纪海上丝绸之路上的战略支点城市和海南国际旅游岛的中心城市，海口近年的城市建设体现出鲜明的现代化特征，城市面貌焕发出新的活力。在主城区中心组团，以国兴大道片区和金贸片区为代表，已经初步形成了以商务办公、酒店娱乐功能为主的现代超高层建筑区。在长流组团滨海起步区，建成了海口国际会展中心、海口市政府办公区等大型现代功能建筑群，彰显了新时代的风范。

图9 骑楼建筑

┤3├

空间策略构建

3.1

设计主题：滨海花园、魅力椰城

从以上分析可以看出，海口的蓝绿空间环境和历史人文景观具有其独特的魅力和价值。在总体城市设计中，我们强化了这种城市生命力，同时将体现转型发展理念的自然观、历史观、人文观和民生观融入其中，将本次总体城市设计主题确定为“滨海花园，魅力椰城”。

海口市多规合一中提出了海口的城市建设目标——现代港口城市、生态文明城市、历史文化名城、国际旅游胜地。结合上位规划指导和海口市现状特征，将设计主题分解为“四城”空间目标，分别为面向国际的滨海“秀”城、凸显生态的花园“绿”城、健康宜居的活力“乐”城、根植本土的魅力“名”城。基于设计主题，提出空间格局、形态秩序、公共空间、滨海界面、风貌特色五个方面的设计策略。

3.2

空间格局：拥海望山、城园相嵌、轴引簇生、多廊聚心

从城市总体建设格局看，山与海起到了确定城市发展框架的作用，但自进入快速发展阶段以来，海口城市建设开始出现生态被蚕食、结构无秩序、功能不合理的现象。火山口公园、东寨港保护区、海口湾、南部生态绿带等地，局部区域被开发建设所侵占；城市主干脉络不通畅，三条横向骨干道路均有部分路段尚未联通；现状建设过多强调了城市空间的横向联系，而对纵向与海的互动重视不足，滨海地区并没有作为组织城市功能、塑造城市形象的重点，多数滨海、滨水优越地段被住宅甚至工厂所占据，未在城市空间中充分发挥其价值。

根据“地脉结丘，江洋抱城”的山水格局和“城园交错，组团分隔”的现状建设特点，在市域层面形成横向分层的空间结构，由北向南依次形成滨海旅游度假、城市生产生活、生态休闲文化、特色观光农业四条功能带，其中城市生产生活带中包含若干集中建设组团（图10）。在中心城区层面，我们构建了“拥海望山、城园相嵌、轴引簇生、多廊聚心”的空间结构，强调滨海特色，优化功能布局，实现整体提升。积极引导滨海地区功能更新和空间组织，凸显向海而生的空间张力，展现海口作为现代港口城市和国际滨海都市的形象特征。保持市域中部的自然田园基底，同时将绿引入城中，形成园中有城、城中有园的景观风貌。延续城市东西轴带联系，打通“二横五纵”的城市主干脉络，完善城市空间结构，形成城市功能、交通、景观的连续线性支撑体系。加强城市内陆与滨海地区间的南北向廊道联系，在轴廊交汇处组织城市中心，形成形象和服务节点（图11）。

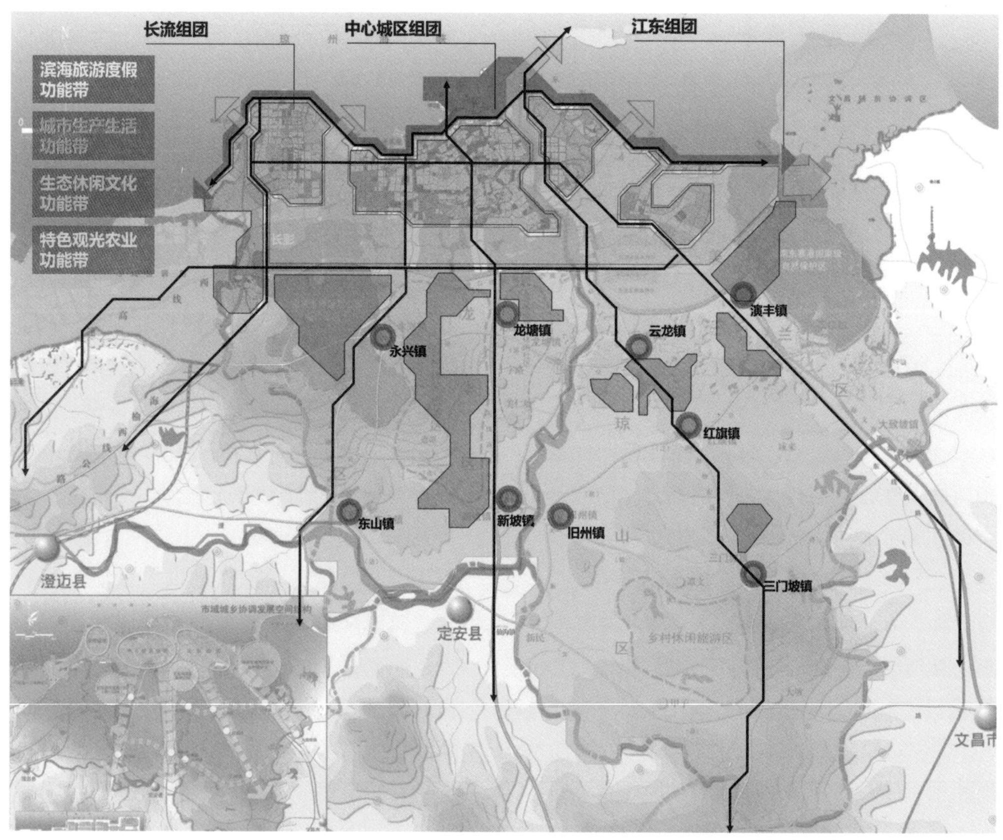

图10 海口市域空间格局图

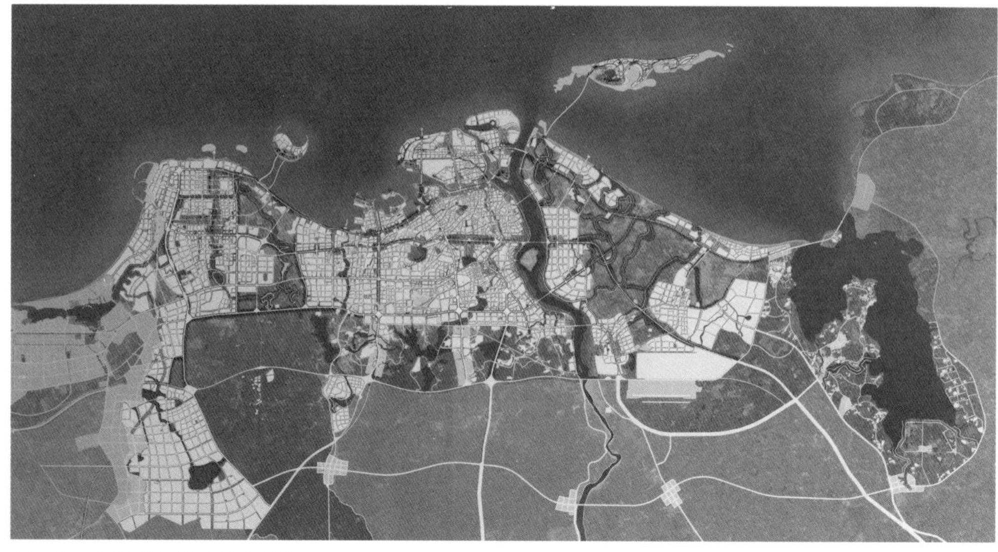

图11 海口中心城区城市空间结构图

3.3

形态秩序：腹地舒缓、中心突出，滨海灵动、局部成冠

海口城市建设形成了北高南低的空间形态。较高的商务建筑多分布于北部滨海区域；中南部主要为居住空间，多为多层与小高层建筑；南控带开发建设较少，以多层建筑为主。主城区中心组团大致形成了以由龙华区和琼山区为中心，向周边扩散发展、高度逐渐降低的圈层式布局。现状高层建筑分布较为散乱，既缺乏相互协调，又缺乏明确集中的区域，导致城市立体空间结构不清晰，特别是主要轴线和核心区域未能强化凸显。

城市设计从整体角度出发，按照强化空间结构、凸显滨海城市特色两个原则对控规建筑高度进行调整，借助三维模型，确定城市总体空间形态。在城市内陆区域控制建筑高度整体平缓，避免片区突兀拔高或内部高差变化剧烈。在国兴大道CBD区、长流组团核心区、秀英-金贸片区局部凸显高度，形成内陆与外围山体马鞍岭遥相呼应的三处城市制高点（图12）。滨海地区则注重彰显滨海城市的特色，打造滨海形象门户，以规模相对较小的建筑组群模式进行空间形态组织，在南海明珠岛、秀英港、葫芦岛、海甸岛西端、海甸溪北岸、南渡江三江口、如意岛等区域设定七处局部高点，形成滨海城市建筑景观组群。在此基础上，根据市民与游客使用频率和视域开阔度等相关要素，建立城边看海、海上看城、城内看城和城外看城四类视线廊道，构成城市总体视廊系统，校核空间形态（图13）。同时，着重滨海沿线建筑高度引导和管控，形成整体疏朗大气、横向富有韵律变化、纵向具有空间层次感的滨海景观界面（图14）。

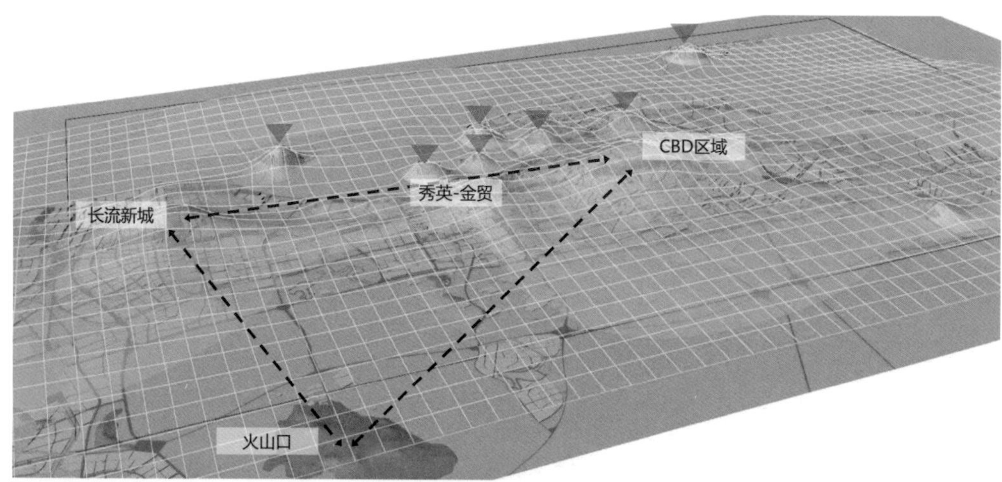

图12 海口市主城区城市形态示意图
从主城区整体的角度出发，按照强化空间结构、凸显滨海城市特色两个原则对控规建筑高度进行调整。借助三维模型模拟，确定“陆上整体舒缓、中心突出，滨海组群集中、局部成冠”的形态引导策略。

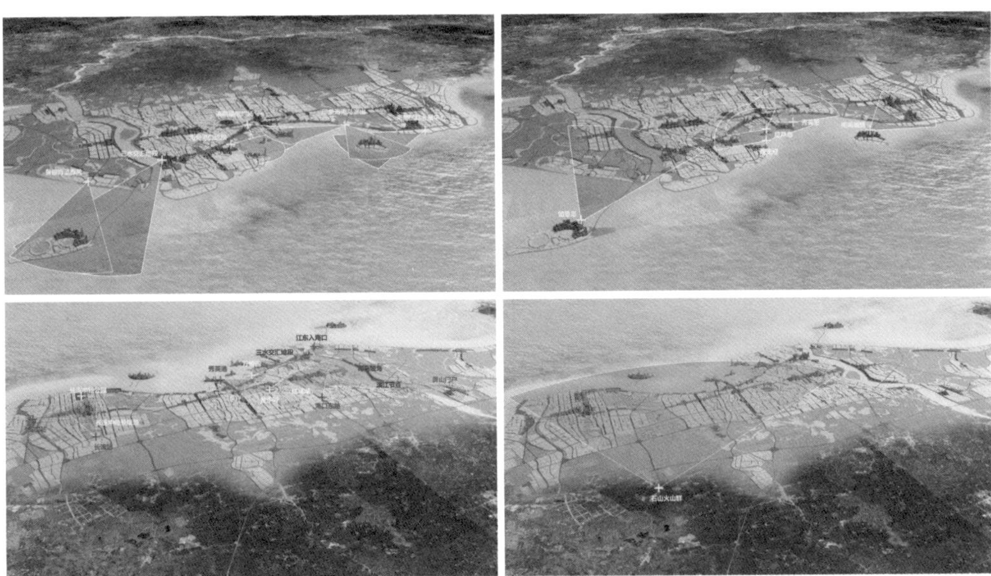

图13 城市视廊系统

图14 滨海天际线引导示意图

滨海大道北侧建筑为天际线前景，整体高度较低矮，在秀英港片区及世纪大桥形成局部高点；金贸路-国贸路沿线建筑为中景，整体高度高于前景，加强其轮廓的起伏变化；国兴大道-海秀路沿线建筑为远景，制高点为CBD区域，形成突出的天际线轮廓。

3.4

公共空间：海岸抱城、八脉贯城、南控护城、绿网缀城

海口拥有丰富的水资源要素，绿地总量也较为充足，但现状蓝、绿生态景观保护状况不佳，并且以此为依托的开敞空间系统尚有待构建。城市局部区段河道收窄或被填埋，湖面萎缩，水体完整性受到破坏；有的水体两侧极度贴线建设，水岸空间拥挤，硬质化严重，沦为消极空间；还有部分水体污染较为严重。城市公共绿地空间分布不均衡，综合性公园普遍面积较大，品质较高；社区公园则数量不足、体系不完善；外围火山口公园等大型郊野公园由于限制居民的日常使用，导致区域内真正意义上公共绿地的缺乏。城市中公共绿地网络不够完善，系统性不强，缺少具有衔接作用的带状绿地。

借鉴国外滨海城市公共空间组织经验，利用河流水系、线性公园绿地、林荫大道、慢行步道等，将滨海区域与城市核心区域进行连接，沟通引导人群流动，激发空间互动活力。设计在原有蓝绿要素基底上构建了“海岸抱城、八脉贯城、南控护城、绿网缀城”的公共空间系统（图15、图16）。东西海岸形成贯通的滨海景观活动空间，形成环抱城市之势。选取南渡江、五源河、美舍河、秀英沟、龙昆沟、荣山河、芙蓉河、响水河八条城市主要河流作为主脉，在两侧空间条件许可的情况下，控制单侧绿地宽度不小于河道宽度的1/3，形成城市开敞空间系统的主干，通达至南控带中水库、湿地、森林公园等。加强南控带重要生态节点的建设，主要包括雷琼世界地质公园、永庄水库、沙坡-羊山水库、白水塘湿地、玉龙泉国家森林公园等。着重城市道路沿线景观绿化及其他线性绿带建设，与滨水绿化空间交织形成覆盖全城的绿色网络，支撑城市各景观要素互联互通。

3.5

滨海界面：划定重点、强化标识、打通廊道、聚集人气

滨海区域的建设秩序对于滨海城市整体空间品质塑造具有至关重要的作用。目前海口中心城区生活性、旅游性、生态性、工业生产性岸线混杂，各滨海区段定位不明确、功能组织不合理、景观特色不突出。城市主要路网在这里出现断头与错位的情况，交通性较强的滨海大道难以穿越，导致城市与各滨海功能片区的空间割裂。大面积滨海岸线被住区、酒店等非开放功能所占据，导致岸线公共性降低，活力不足。

为此在总体城市设计中，我们重新组织划分滨海岸线，明确长流新城岸段、海口湾（秀英港）、海甸溪（三江口）、江东生态旅游岸段构成“一湾一溪两岸”滨海重点特征区，并分别提出具体的功能定位：长流新城岸段主导功能为都市旅游度假；海口湾岸段主导功能为滨海旅游消费；海甸溪岸段主导功能为商业文化体验；江东生态旅游岸段主导功能为生态旅游度假（图17）。在此基础上，建立滨海景观标志物系统，以“时尚清新”为总体风格特征，形成富有变化的空间地标组合，提升滨海岸线感官体验（图18）。根

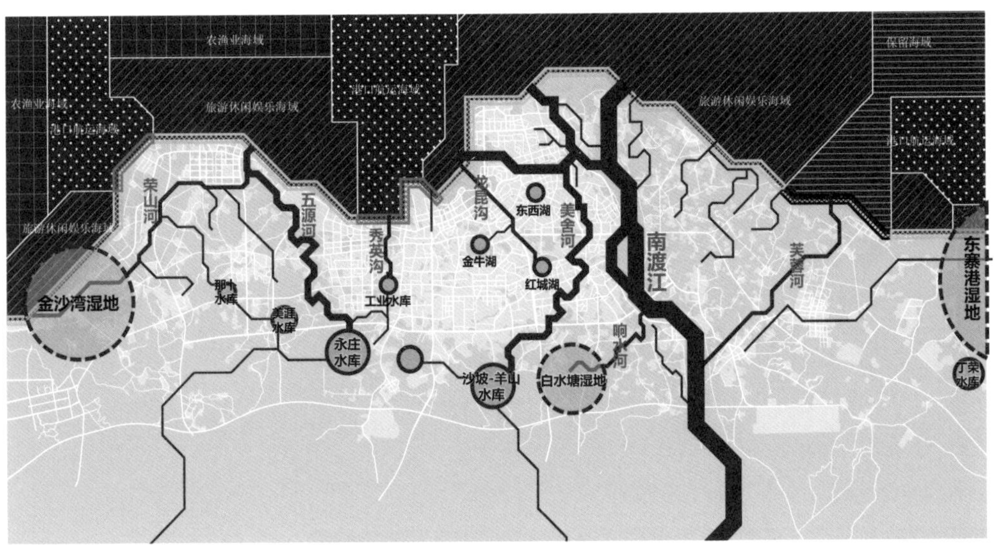

图15 海口市主城区水系分析图

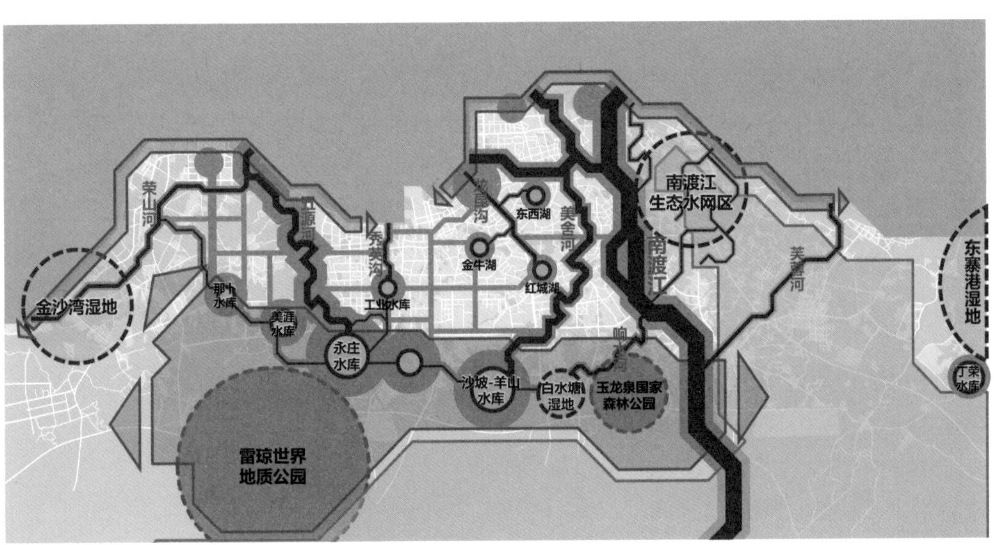

图16 海口市主城区开敞空间系统结构图

据建设现状和景观条件，按照公共服务型和景观资源型两种模式，打造城市腹地通往海岸的空间廊道，将城市内部的活力引向海滨，打通海城边界。提倡慢行交通联系，通过立体化设施穿越交通性道路，消除空间隔离（图19）。

图17 滨海重点特征区

图18 滨海岸线分段与地标塑造

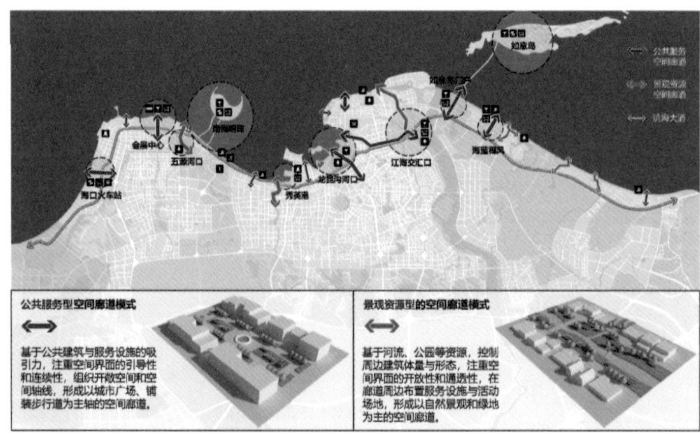

图19 城海边界空间廊道引导图

3.6

风貌特色：滨海风采、田园风境、现代风尚、本土风情

城市风貌可理解为“城市的社会、经济、历史、地理、文化、生态、环境等多方内涵所综合显现出的外在形象的个性特征”的集合，往往能反映城市独特的形象和性格，是一个城市与其他城市相区别的重要属性。海口作为一座因海而生的城市，与悉尼、巴尔的摩等国际知名滨海城市在城市形象方面仍有较大差距。虽然如今滨海一线地区不乏高层与标志性建筑，但整体特色尚不鲜明。与此同时，海口也是一座拥有悠久历史的城市，海口所城和琼山府城都是保留深厚文化印记的传统街区，但在当今城市快速发展过程中，老城历史风貌逐渐消退，周边的建设也失于管控，造成现代与历史的失调。

在海口总体城市设计工作中，我们通过实地调研、文献查阅、地方访谈等方式，深入研究城市的历史人文、地域风情、自然环境特征，总结归纳出海口的城市风貌定位为“海滨风采、田园风境、现代风尚、本土风情”。为了在风貌管控中突出重点、强化特色，在城市空间中区分了一般风貌区和特色风貌区。特色风貌区是重点管控地区，根据所依托的风貌资源和要素，细分为滨海风尚风貌区、滨海风情风貌区、都市风尚风貌区、生态滨江风貌区、本土风情风貌区、都市田园风貌区六个类别，明确提出不同类型风貌区的管控目标、主要范围、控制重点及控制要求（图20）。一般风貌区则根据空间主体功能，进行较为粗线条的风貌管控引导（图21）。

建筑风貌是体现城市风貌的核心内容。在海口总体城市设计中，我们提出建筑设计“透、轻、雅、错、皱、绿”的原则，同时给出分片、分类建筑设计引导策略，突出海口气候与文化特色，展示滨海城市风采。

图20 海口市主城区特色风貌分区图

图21 海口市主城区一般风貌分区图

┤4├

设计内容传导

《城市设计管理办法》从制度层面构建了与法定规划相对应的城市设计编制体系，完善了城市规划技术体系，保障了城市设计工作的法律效力。在《城市设计管理办法》的指引下，我们将本次总体城市设计的相关内容分别与多规合一、控规及专项规划、城市双修工作进行衔接，借助法定规划的严肃性以及双修工作的落地性，实现总体城市设计中的战略意图和空间构想。

4.1

与多规合一衔接

海口总体城市设计站在全市域空间的角度，对城市总体格局进行系统性分析，与多规合一中生态保护边界、城市增长边界、功能空间布局等内容进行充分的衔接。例如，设计根据海口市多规合一工作中提出的“两带两廊”生态结构，提出进一步设计引导：在南部生态绿廊区域，积极建设提升森林公园、湿地公园、火山公园等郊野公共性项目，培育绿色植被，强化南控带的生态结构，保证山体周边区域生态安全格局；在主城区范围内，保护河流水系及其周边防护绿地的结构完整性，修补城市自然水网，增加滨水绿化，在南渡江、五源河两大生态廊道之外，形成密集的水绿廊道，展现水系丰富的自然特征；在南部生态绿廊以南地区，延续村庄水、田、林、路等自然格局，与自然山水环境相结合，引导乡村空间品质就地提升。此外，总体城市设计对城市空间结构和空间形态进行梳理和模拟，与多规合一中公共服务设施体系、高度密度分区等内容也进行了对接与优化。

4.2

与控规、专项规划衔接

在编制海口市总体城市设计时，我们同步完成了秀英区、龙华区、琼山区、美兰区四个片区的分区设计导则，将城市空间设计的总纲领下放到分区层面。在分区设计导则中，明确每个片区的定位、目标、设计结构，形成空间引导策略，同时提炼实施项目库，明确城市建设的行动纲领。落实与行政区边界一致的分区设计导则，易于对控规及专项规划编制形成直接指导，完善城市建设开发管控（图22）。

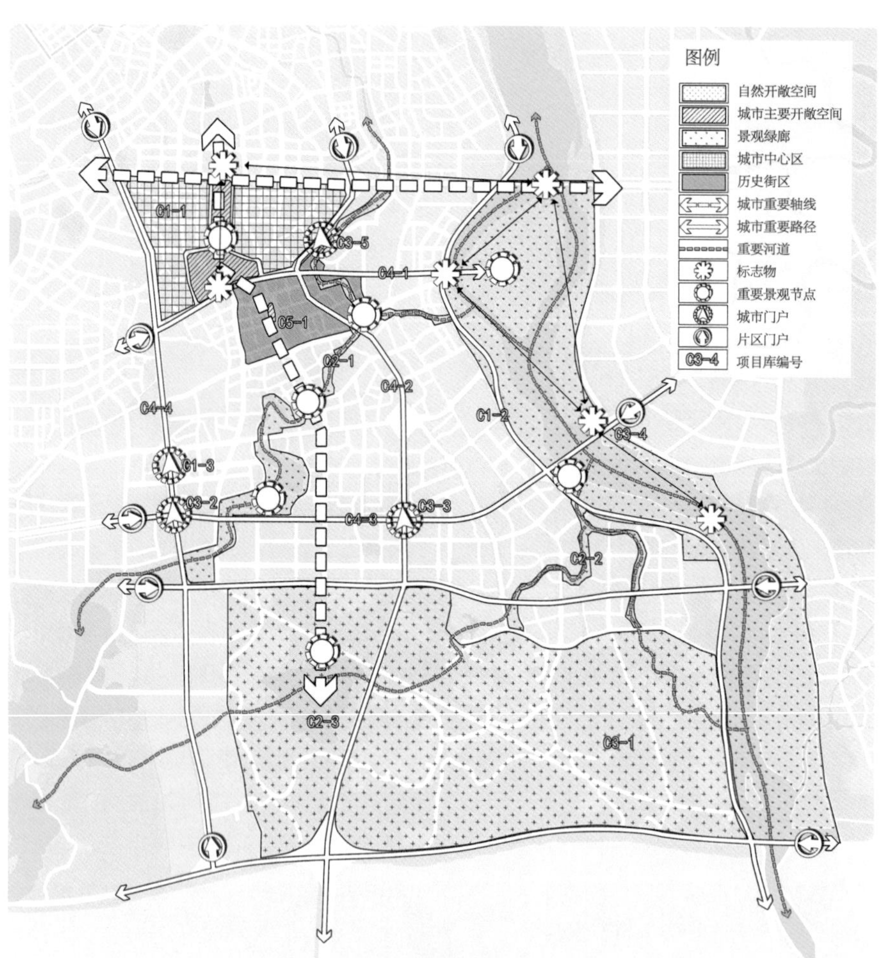

琼山区城市设计引导图

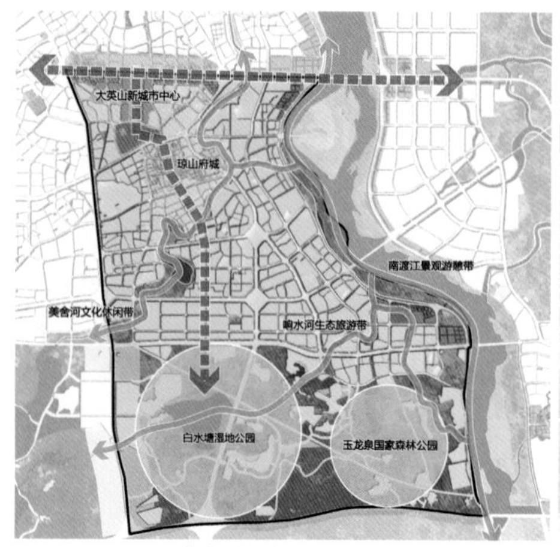

琼山区规划设计结构图

琼山区建设风貌引导图

图22 琼山分区设计导则

4.3

与“双修”工作衔接

总体城市设计是对城市空间进行整体构建和优化，因而再聚焦到城市中微观问题时，往往容易提出更具合理性的引导方向。深入实施层面的城市双修工作，可直接从总体城市设计提炼的重要空间要素中进行摘取，然后根据设计指引制定具体工作方案。海口市“美舍河”生态修复重点工程就是总体城市设计工作向下的延伸。总体城市设计“八脉贯城”的概念明确了美舍河设计定位与公共价值，将其作为城市结构完善、历史文化展示、健康休闲活动组织、生态环境提升等多重重要功能汇集的线性空间载体。美舍河生态修复工作结合总体城市设计中的分段指引，明确了重点项目和范围，进而制定了相应的实施计划（图23）。

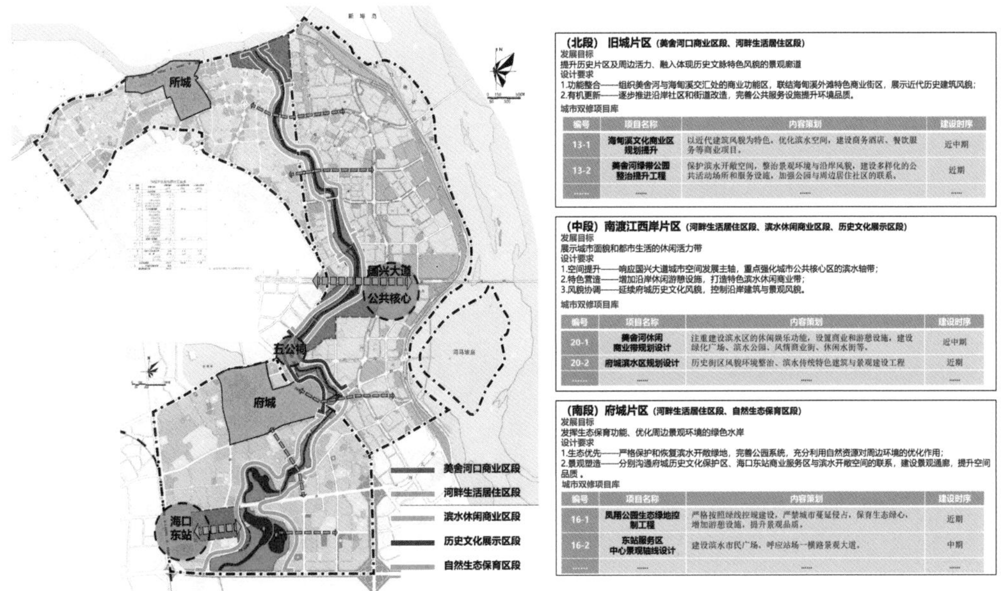

（北段）旧城片区（美舍河口商业区段、河畔生活居住区段）

发展目标

提升历史片区及周边活力、融入体现历史文脉特色风貌的景观廊道

设计要求

1.功能整合——组织美舍河与海甸溪交汇处的商业功能区，联结海甸溪外滩特色商业街区，展示近代历史建筑风貌；

2.有机更新——逐步推进沿岸社区和街道改造，完善公共服务设施提升环境品质。

城市双修项目库

编号	项目名称	内容策划	建设时序
13-1	海甸溪文化商业区规划提升	以近代建筑风貌为特色，优化滨水空间，建设商务酒店、餐饮服务等商业项目。	近中期
13-2	美舍河绿带公园整治提升工程	保护滨水开敞空间，整治景观环境与沿岸风貌，建设多样化的公共活动场所和服务设施，加强公园与周边居住社区的联系。	近期
......	......	......	......

（中段）南渡江西岸片区（河畔生活居住区段、滨水休闲商业区段、历史文化展示区段）

发展目标

展示城市面貌和都市生活的休闲活力带

设计要求

1.空间提升——响应国兴大道城市空间发展主轴，重点强化城市公共核心区的滨水轴带；

2.特色营造——增加沿岸休闲游憩设施，打造特色滨水休闲商业带；

3.风貌协调——延续府城历史文化风貌，控制沿岸建筑与景观风貌。

城市双修项目库

编号	项目名称	内容策划	建设时序
20-1	美舍河休闲商业带规划设计	注重建设滨水区的休闲娱乐功能，设置商业和游憩设施，建设绿化广场、滨水公园、风情商业街、休闲水街等。	近中期
20-2	府城滨水区规划设计	历史街区风貌环境整治、滨水传统特色建筑与景观建设工程	近期
......	......	......	......

（南段）府城片区（河畔生活居住区段、自然生态保育区段）

发展目标

发挥生态保育功能、优化周边景观环境的绿色水岸

设计要求

1.生态优先——严格保护和恢复滨水开敞绿地，完善公园系统，充分利用自然资源对周边环境的优化作用；

2.景观塑造——分别沟通府城历史文化保护区、海口东站商业服务区与滨水开敞空间的联系，建设景观通廊，提升空间品质。

城市双修项目库

编号	项目名称	内容策划	建设时序
16-1	凤翔公园生态绿地控制工程	严格按照绿线控规建设，严禁城市蔓延侵占，保育生态绿心，增加游憩设施，提升景观品质。	近期
16-2	东站服务区中心景观轴线设计	建设滨水市民广场，呼应站场一横路景观大道。	中期
......	......	......	......

图23 生态修复重点工程“美舍河”

5

结语

新时期我国城市建设工作从“速度造城”迈入“品质营城”的新阶段，在这样的转型背景下，城市设计工作的重要性和紧迫性更加凸显。海口总体城市设计力求用设计的方法塑造一个更生态、更宜居、更美丽的城市，且编制既注重空间策略的构建，也注重将设计意图进一步传导与落实。通过与法定规划和双修行动进行衔接，将技术语言转化为管控语言和行动计划，对空间塑造产生实质性影响。

城市空间秩序的构建是规划设计关注的永恒议题，总体城市设计的核心也正在于此。因此，应积极结合新的转型时代背景，进一步探索和实践总体城市设计工作的方式方法，使其成为促进城市高品质、高水平发展的有力手段。

项目负责人：

孙彤　岳欢

项目成员：

王力　申晨　周瀚　郭君君　郭嘉盛　徐钰清

参考文献

[1] 王建国. 城市设计[M]. 南京：东南大学出版社，2011.

[2] 田宝江. 总体城市设计理论与实践[M]. 武汉：华中科技大学出版社，2006.

[3] 段进，季松. 问题导向型总体城市设计方法研究[J]. 城市规划，2015，39（7）：56-62，86.

[4] 孙彤. 我国现阶段总体城市设计方法研究[硕士学位论文]. 北京：清华大学，2004.

[5] 周瀚. 城市设计工作法定化背景下的海口市总体城市设计研究[硕士学位论文]. 北京：清华大学，2016.

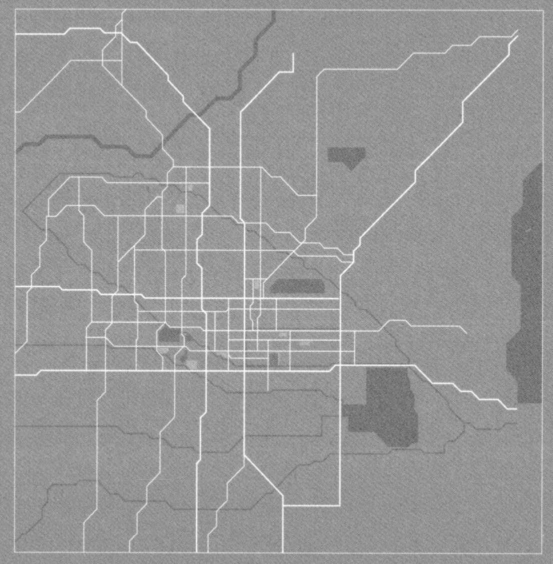

08

东营

东营市中心城区总体城市设计将人居环境品质提升作为核心目标。本次总体城市设计在加强城市风貌特色、优化城市空间格局的基础上，重点梳理了东营现阶段城市建设面临的突出问题，针对性提出“以小见大、秀外慧中”的总体设计策略，并与城市修补、生态修复紧密结合，明确城市建设开发新方向与新模式，推动全面实现建设美丽幸福新东营的宏伟目标。

『以小见大、秀外慧中』的人本设计策略探索

——东营市中心城区总体城市设计实践

刘力飞　鞠阳　郭君君

【摘要】

作为住建部首批城市设计试点城市，新时期东营市中心城区总体城市设计将人居环境品质提升作为核心目标。通过梳理东营现阶段城市建设面临的突出问题，针对性提出“以小见大、秀外慧中”的总体设计策略，并与城市修补、生态修复紧密结合，明确城市建设开发新方向与新模式，推动全面实现建设美丽幸福新东营的宏伟目标。

【关键词】

总体城市设计；城市空间；设计管控

东营市位于山东省东北部黄河三角洲地区，紧邻渤海，是著名的胜利油田所在地，是一座因油而生、因油而兴的城市。黄河从这里入海，形成了河海交汇的旷世奇景。长期以来东营市一直高度重视城市建设工作，城市环境建设水平较高，在得天独厚的自然环境上形成了河渠纵横、城绿交融的城市风貌特色。

1

认知思考：东营的“大”与“小”

1.1

“西起、东拓、中联”的城市空间演变

东营市设立于1983年，是一座很年轻的城市。20世纪80年代东营城市建成区集中在胜利石油管理局所在的西城，东城的建设刚刚起步。进入90年代，城市建设向东拓展，东城组团逐渐形成规模，城市形态上呈现双中心组团格局；2000年后，东营区政府新办公楼选址于东西城之间，区政府周边地区成为开发建设的重点地区，东西城之间的建设空白区被逐渐填充；2010年后，随着城市建设逐步完善，东西城在空间上逐步连接为整体，组团式带状城市格局基本形成（图1）。

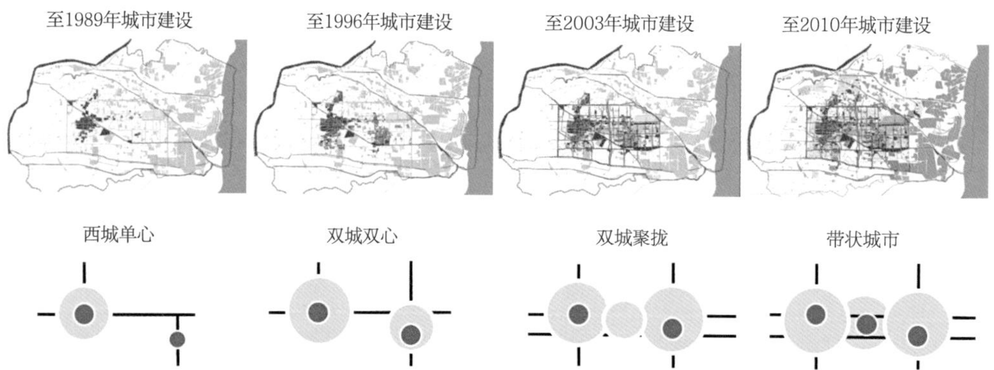

图1 东营城市空间演变历程
在发展过程中，东营城市空间经历了一系列的演变，从单中心到双中心，最终形成带状城市。

1.2

“大空间、大绿地、大水面、大湿地”的城市空间特征

城市空间的历史演变深刻影响着东营的城市空间特征。在因油而生的西城依然清晰可见“石油大院”的空间格局，而在城市快速向东拓展过程中，东城建设普遍以大空间、大尺度为特点，街坊尺度大，建筑密度低（图2）。

在大尺度、低密度的空间基调下，城市建设了大面积的河湖水系、公园绿地、广场街道，为城市提供了充足的开敞空间与蓝绿景观。例如东营龙跃湖湿地公园占地面积1837hm^2，远大于680hm^{2}的北京奥林匹克森林公园。整个城市形成了“大空间、大绿地、大水面、大湿地”的空间特征，充分体现了“河海相拥、城绿交融、疏朗大气”的城市风貌（图3）。

1.3

“大中无小、秀而无趣”的城市空间问题

到过东营的人都对东营的“大”印象深刻。虽然“大空间”已经成为东营城市空间的典型特征，却在给城市带来大气美丽形象的同时，也带来了城市空间形态相对松散、空间品质缺乏魅力、公共场所缺乏活力等诸多问题。东营市区东西横跨约30km，这接近于北京西六环至东五环之间的距离，但城市人口密度远远低于北京，地广人稀；街坊面积很大，但建设容量很低；城市街道普遍宽度很大、建筑退后多，导致街道基本成为为机动车服务的空间，人行环境不佳；城市虽然拥有数量众多的公园与广场，但实际上很多场所的功能与景观基本雷同，公共空间利用率很低，城市场所活力明显不足（图4）。

图2 东营城绿交融、疏朗大气的城市风貌

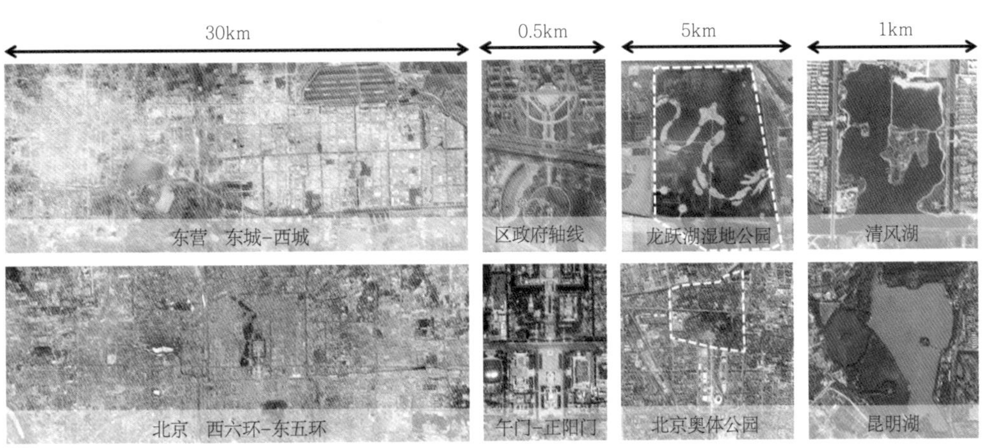

图3 东营与北京城市空间尺度比较 图片来源：Google earth
通过影像图对比，发现东营东西向城市尺度与北京西六环至东五环的尺度基本相当，城市内公园、湖泊的尺度甚至远大于北京的公园、湖泊，整体呈现“大尺度”的空间特征。

图4 空旷无人的城市公共空间
城市内公共空间尺度很大，但是空旷无人，明显活力不足。

基于东营的“大空间、大绿地、大水面、大湿地”的城市空间特征，东营目前亟待解决的是城市空间“大中无小、秀而无趣”的问题，也就是如何提高城市空间品质与活力的问题。因此，本次总体城市设计在加强城市风貌特色、构建山水格局以及景观系统优化的基础上，重点针对以上问题进行了深入研究与探索。相比东营以往的总体城市设计，我们形象地称之为总体城市设计的升级版。

2

总体思路：以人为本、品质提升

改革开放以来，我国城市建设进入了快速发展时期，但往往偏重于城市物质空间的建设，过于强调壮观宏大的形象塑造，却忽视了人是城市空间最本质的使用者，没有从人的体验角度来思考如何塑造城市空间，直接导致了城市形态相对松散、空间品质缺乏魅力、公共场所缺乏活力等诸多问题。东营面临的城市空间问题，在快速城镇化发展背景下的国内城市中具有普遍性与代表性，尤其是很多新城新区矛盾问题更加突出。这些新建的城市新区，街道宽阔整洁，绿化景观美观，但常常空旷无人，甚至演变为所谓的“鬼城”，这不得不引起我们的深思与警惕：我们的空间到底是为了谁而建设？是为了好看还是为了好用？（图5）

2015年中央城市工作会议以来，中国城市建设进入了一个新阶段，逐步从增量发展转向存量优化，城市空间的建设目标由形象塑造转向品质提升。本次总体城市设计在总体思路上坚持新发展理念，以人民为中心，将人居环境品质提升作为核心目标，强调上台阶、修内功，由粗放拓展转向内涵提升、由形象塑造转向人文关怀、由空间构建转向生活体验。

通过全面梳理东营“大中无小、秀而无趣”的现状问题，针对性提出了“以小见大，秀外慧中”的精细化设计策略。在继续加强东营大美特色的同时，与宜居环境建设、文化内涵塑造相结合，力图打造一个大气中有细节、环境中有生活、景观中有文化，可赏、可用、可品的魅力宜居城市，让“品质”渗透到城市每个空间，让每个场所鲜活有趣起来。这个精细化设计策略具体分解为聚气理序、画龙点睛、乐水尚园、增韵添趣四个方面。

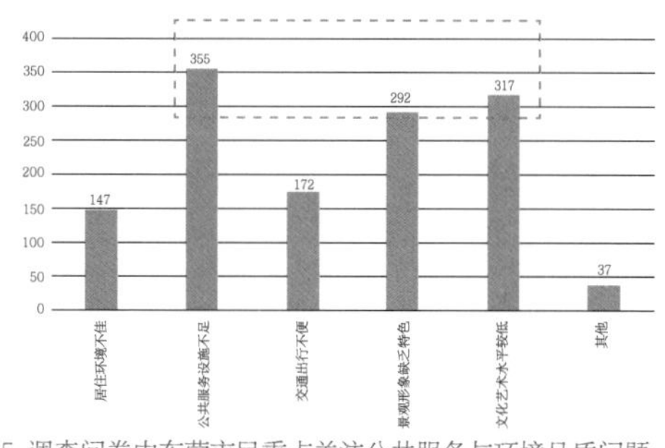

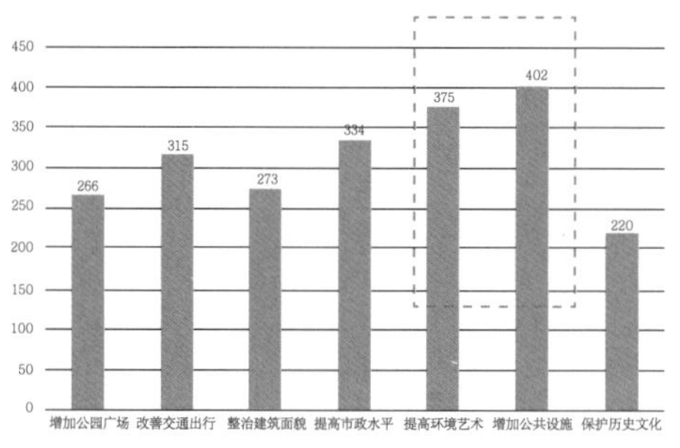

图5 调查问卷中东营市民重点关注公共服务与环境品质问题

┤3├

设计策略：以小见大、秀外慧中

3.1

聚气理序

3.1.1 构建清晰有序的空间结构

面对当前城市框架过大、地广人稀的问题，明确提出收缩用地框架，促进城市紧凑发展的要求。首先通过划定城市空间增长边界，严格控制城市向外蔓延扩张，将建设重点向城市内部引导聚集；其次针对城市布局分散、中心过多同质的问题，明确中心布局体系，建立清晰的城市空间组织序列，集中打造若干重点节点、重点区域，而不是均匀分布、四面开花（图6）。

针对现状高层建筑组织缺乏秩序、外围高层住宅建设失控的问题，提出强化中心、严控背景、精细化设计的要求。一方面延续东营舒缓开阔的空间特征，整体背景以多层为主进行严格控制，另一方面结合城市空间结构明确高层建筑集聚地区，区域内鼓励发展高层建筑，凸显城市形象。划定高层区（45m以上）、过渡区（24～45m），背景区（24m以下），在此高度分区基础上对城市重要视廊、景观界面以及天际线进行精细化设计管控，从而形成舒缓开阔、疏密有致的立体形态（图7）。

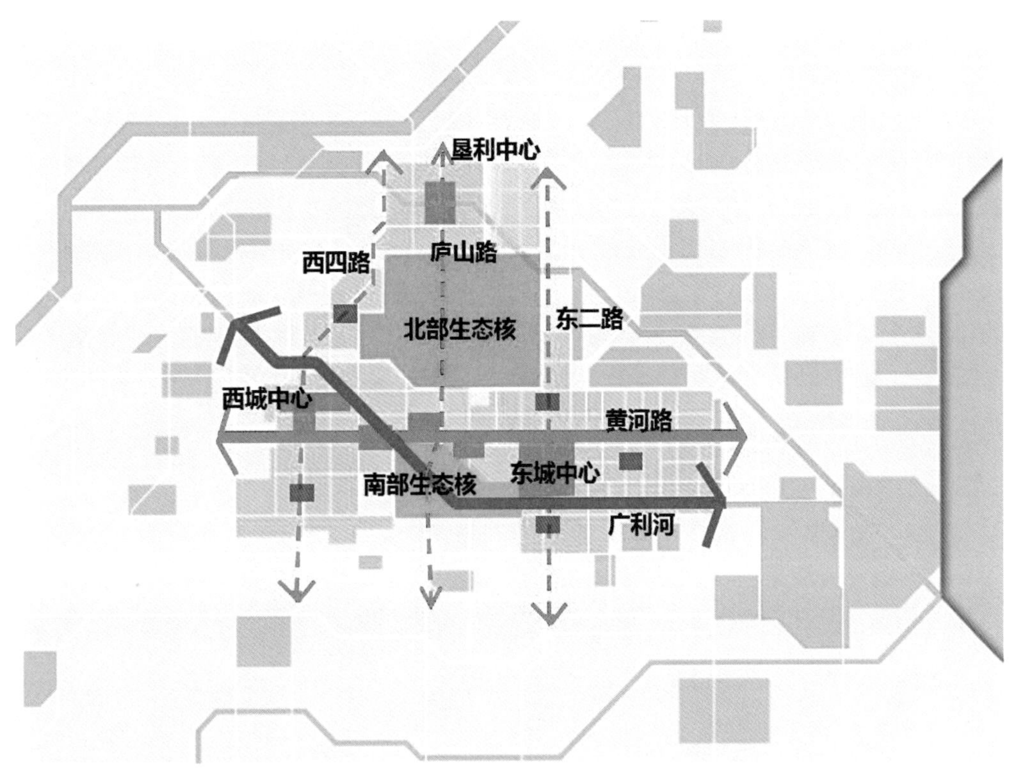

图6 两核三心、两带多轴的城市空间结构

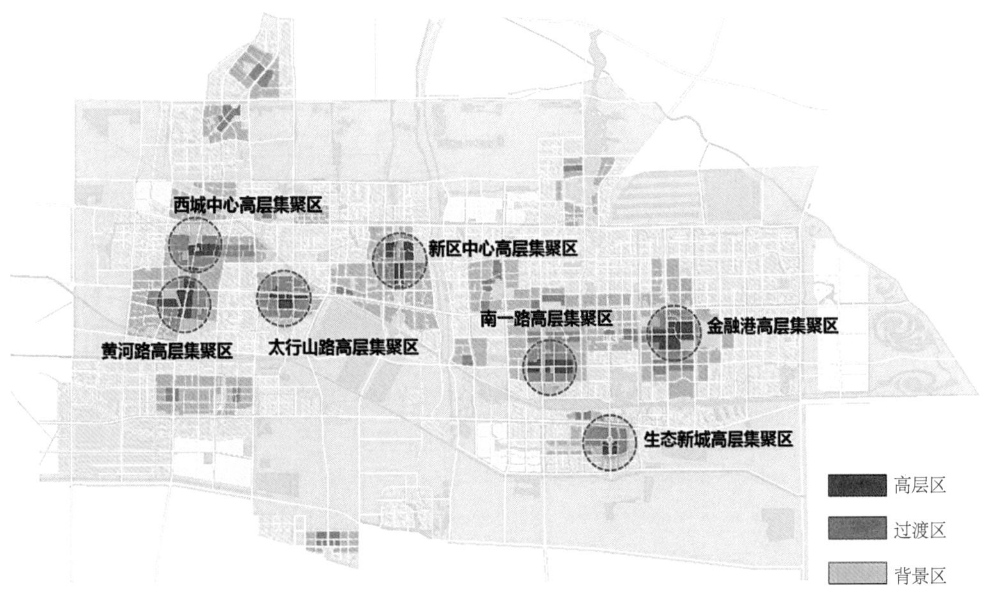

图7 强化中心、严控背景的建筑高度管控

3.1.2 营造集聚人气的活力空间

对密度过低的存量街区提出更新改造要求，针对建设强度较低地块进行填充式改造，提高土地利用效率，提升公共空间的人气与活力。以东营区政府南侧黄河文化公园为例，改造密度极低的地块，置入商业服务功能，将建筑与公园、广场等开敞空间进行一体的景观设计，提升该场所的吸引力。针对城市街区普遍过大的现状，推行“小街区、密路网”理念，对西城封闭大院进行开放式改造，打通断头路，缩小街坊尺度。东城有条件地区适当增加支路，提高道路网密度，增加步行空间与交往机会。以西城黄河路两侧的大院社区为例，通过打通支路，将道路间距300～500m减到150～250m，盘活了整个地区的交通组织，促进了社区居民之间的交往互动（图8）。

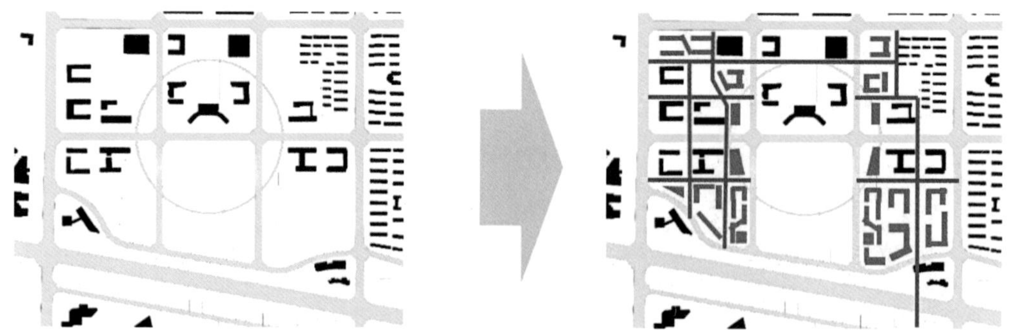

图8 低效用地填充式改造
对密度过低的存量街区提出更新改造要求，针对建设强度较低地块进行填充式改造，提高土地利用效率，提升公共空间的人气与活力。

3.2

画龙点睛

3.2.1 塑造东营特色的整体景观风貌

借助大数据活动热点分析，在居民心理认知地图基础上构建具有东营特色的景观网络体系，强化景观节点的功能完善与品质提升。通过大联接、小内聚策略，各公共节点强调空间的紧凑与活力的提升。设计提出依托现状白鹭湿地与森林公园构建城市南北两个生态绿肺，成为东城、西城和垦利三个片区之间相互联系与分隔的生态绿核。通过广利河、东青绿带等蓝绿空间，串联西城、东城、垦利的中心区域，加以胜利电视塔、雪莲大剧院、民丰湖塔等地标，构建居民和游客在东营城区的心理地图（图9）。

3.2.2 建设特色鲜明的城市客厅

结合城市景观体系，构建特色鲜明的城市客厅，打造引人入胜的城市亮点。在南部森林公园结合会展中心，在公园内增加休闲游乐、商业服务等公共服务用地，利用耿井水库，建设水主题文化公园。通过融入各类公共活动与设施建设，真正让湿地、森林、水鸟成为城市美好生活的一部分，让“大水面、大绿地”真正成为可游、可赏、可用、能够为市民服务的生态游憩空间。

在北部白鹭湿地结合现有资源条件，借鉴杭州西溪湿地的功能策划经验，打造以湿地资源保护、修复为前提，以芦苇沼泽湿地生态系统为主要景观资源，以科普教育、湿地休闲游赏、民俗观光、田园风情体验为主要内容的国家湿地公园。

在东部清风湖地区，对清风湖北岸的老旧公共建筑进行改造，提升清风湖公园的公共服务功能，增加亲水游乐设施以加强文化娱乐体验，形成城湖相融的特色公共空间（图10）。

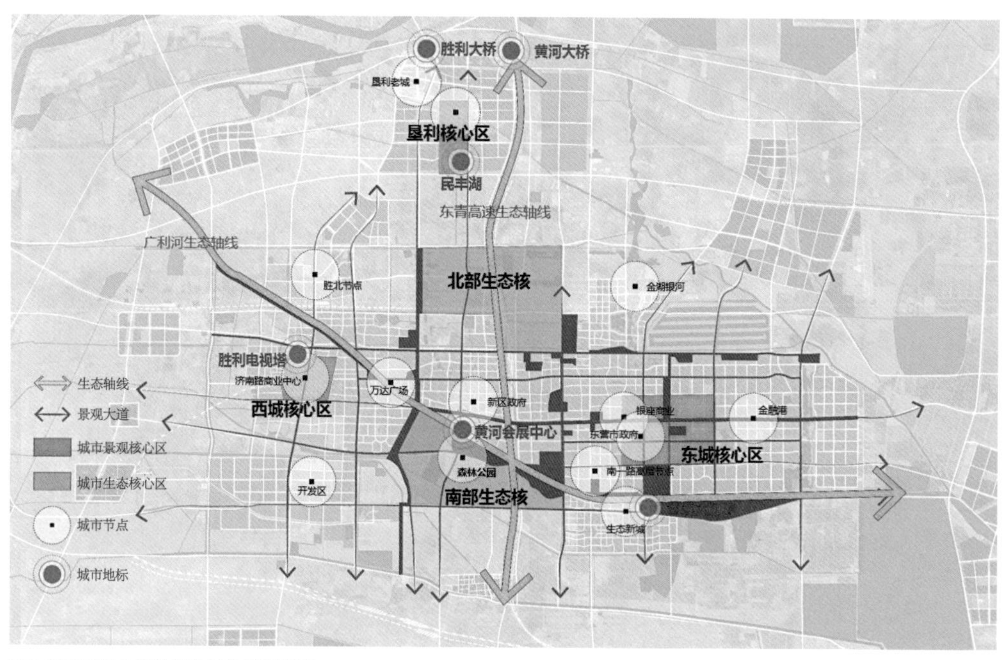

图9 基于居民心理认知的特色景观体系
借助大数据活动热点分析，在居民心理认知地图基础上构建具有东营特色的景观网络体系。

图10 东营中心城区整体鸟瞰图

3.3

乐水尚园

3.3.1 凸显绿水融城的滨水场所

虽然东营河湖水系众多，但以生态和观赏功能为主，人们日常生活和水的关系并不亲近。本次总体城市设计提出理水为脉、梳绿织网的设计策略，依托水系、绿道来营造亲近自然的水城生活。

通过打造若干清新明亮、迷人有趣的滨水场所，实现水城融合。首先优化水环境，打通阻隔，河湖贯通，实现水系联通流动，并对现有部分水系进行生态修复，改善水质；重点打造“三横四纵”城市带状滨水公园，包括广利河滨水公园带、黄河路滨水公园带、东营河滨水公园带、京青高速滨水公园带、登州路滨水公园带、西一路滨水公园带，形成可看、可游、可亲的滨水公共空间。强化滨水空间的利用，增加游憩设施、活动设施以及滨水慢行系统，围绕水系打造各级公共中心，凸显水城特色。例如东城围绕广利河、东营河、东一路水系和登州路水系形成的环状滨水空间，重点形成六个社区公共服务节点。组织城市水上游线系统，在广利河策划赛龙舟、皮划艇等体育赛事与节庆活动（图11）。

通过联通城市水系，提高滨水岸线公共性与连续性，使片区与社区公共中心和滨水空间充分结合，强化滨水空间的利用；增加游憩设施、活动设施以及滨水慢行系统，围绕水系打造各级公共中心，凸显水城特色。将公众活动引向滨水公共空间，充分体现水城特色与价值。保障河流绿带宽度，实现慢行系统贯通，融入休闲观景与人文活动，对重点节点进行精细化管理。沿河1000～2000m规划预留公共绿廊联通滨河绿地，沿河100～200m有公共通道到达滨河绿化（道路或公共绿带）。滨河空间注重节奏和变化，通过桥、特色庭院、标识景观、活动场所、旗舰项目等形成丰富景观。

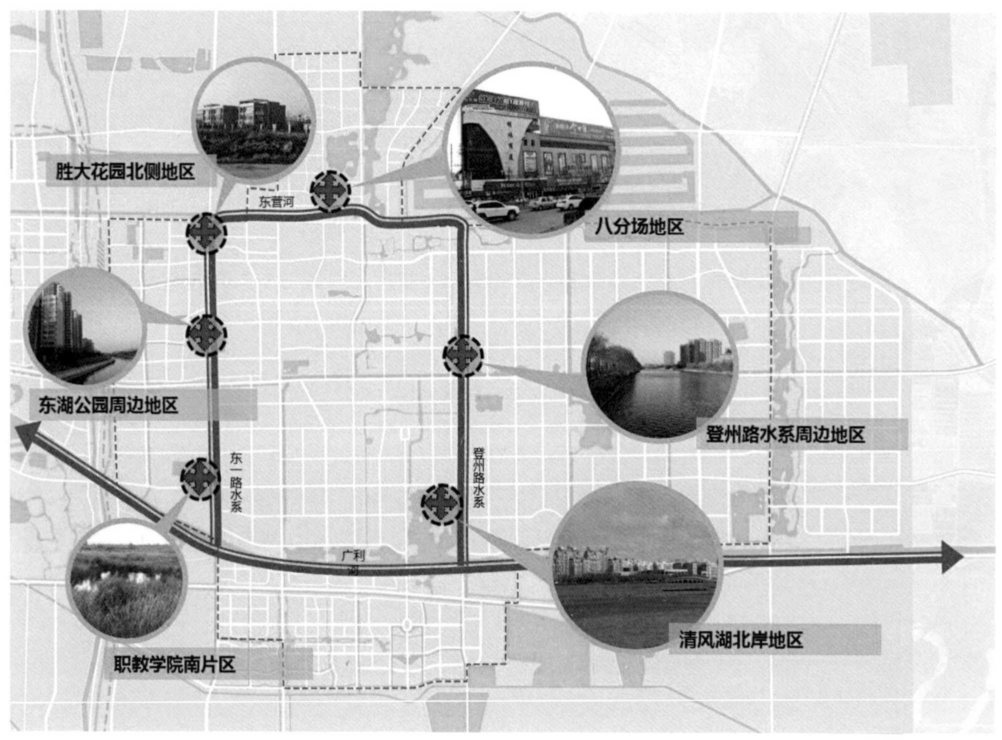

图11 东城环城水系与公共空间结构图
在梳理存量用地的基础之上，以广利河、东营河、东一路水系以及登州路水系形成的环状滨水空间作为东城特色空间系统骨架，近期重点改造六个空间节点，形成居民日常公共活动的重要场所。

在梳理存量用地的基础之上，以广利河、东营河、东一路水系以及登州路水系形成的环状滨水空间作为东城特色空间系统骨架，近期重点改造六个空间节点，形成居民日常公共活动的重要场所。同时，组织城市水上游线系统，在广利河策划赛龙舟、皮划艇等体育赛事与节庆活动。

3.3.2 连续可达的公园绿地网络

通过建设环形绿道系统将城市周边多个大型郊野公园串联起来，形成一条环绕城市的绿色项链，为居民提供慢跑、骑行以及运动健身的优质场所。在城市内部实施增绿提质策略，新建与改造多处城市级公园，逐步开放石油大院内部绿地，采取针灸式的更新方法增加居住区级公园与街头绿地数量，为居民提供多层级、多主题、多选择的休闲场所，同时进一步提升公园服务设施的水平与品质。

重点建设广利河、东营河等“三横四纵”的城市滨水公园带，对滨水环境进行美化与亮化。加强滨河绿化控制，主要水系两侧绿化带宽度不少于20m，建立滨水慢行系统。外围建设郊野绿道环线串联城市周边的郊野公园，打造马拉松或自行车骑行路线。城市内部新建与改造多处城市级公园，按2000m半径增添城市级公园。逐步开放油田大院绿地弥补西城公园绿地的不足（图12）。

3.4

增韵添趣

3.4.1 舒适、精致、多样化的街道空间

在街道空间塑造方面，针对有路无街、现状道路功能单一、人行环境不佳的状况，提出“串联城市重要形象空间、强化城市重要活力廊道、织补市民日常生活场所”的具体设计策略，按照景观大道、活力主街以及活力次街对城市街道空间进行分类指导。

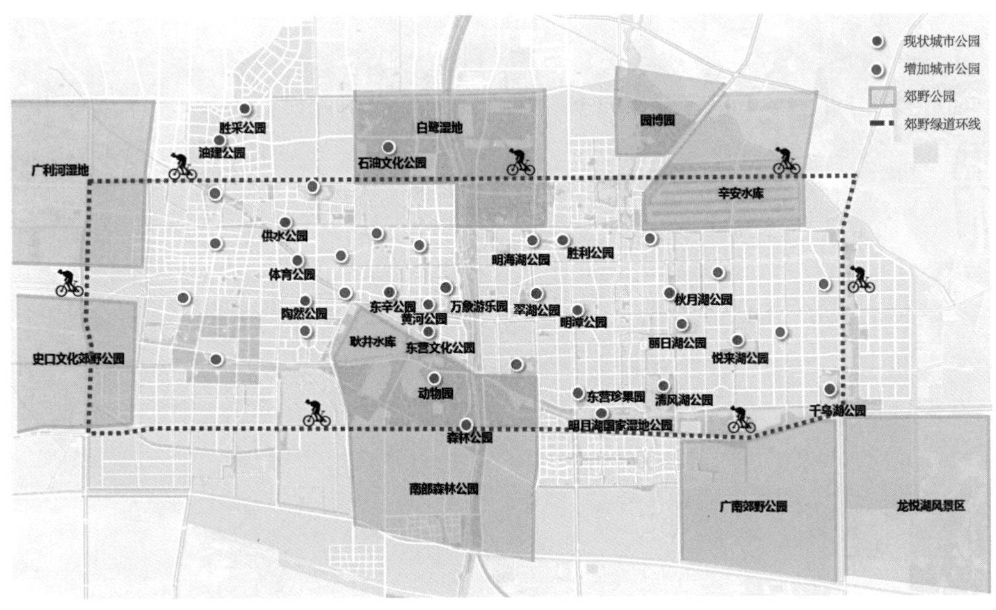

图12 环城绿道与公园体系建设指引

通过影像识别、现状调研等手段，识别东营现状绿化景观基础较好并能够串联重要公共空间的重要干道，在此基础上确定对东营风貌感知与景观展示具有重要意义的13 条景观大道，重点优化景观风貌，串联城市公园、湖面等重要城市形象空间。通过大数据和现状调研，识别东营现状商业服务设施比较集中、人流比较密集的主次干路，在此基础上确定展现东营商业活力的18条活力主街，重点关注商业活力、人行环境的营造，形成城市重要的活力廊道。针对东营支路密度偏低、缺少生活交往空间的问题，规划确定了百条活力次街来织补东营市民的日常生活场所。活力次街一般位于城市支路上；或为大型居住社区的生活服务街道，可称为生活次街，如沂州路；或为商业街区的主街，可称为商业次街，如商河路。活力次街的主要特征是步行环境友好，人气旺盛，商业氛围较为浓厚。通过现状调研和大数据分析，识别了117条现状次街，并在规划区内增设145条新建次街，来织补市民日常生活场所。并对景观大道、活力主街以及活力次街提出针对性的设计控制要素，来指导后续的街道改造，便于实施落地（表1）。

3.4.2 功能多元、充满活力的社区生活圈

传统空间组织模式将城市划分为一个个功能单一、封闭独立的小单元，单元之间缺乏互动，导致城市活力不足。针对现状问题规划提出活化社区的概念，通过建设15分钟生活圈与活力中心，推动城市社区由内向封闭向开放共享转变，提供更加多样化、功能混合的共享空间。以西城的一个生活圈单元为例，现状以大院为单位的社区散布，设施布局内向，空间形态混杂，沿街商铺过长，公共绿地不足。通过打通大院与大院之间的封闭关系，连通各个大院的开敞空间系统，共同建设活力中心，使各个单元的设施能够在整个生活圈内共享，满足多样化的居住生活需求。

推行生活圈建设是提高城市活力的重要途径，能够体现城市精细化管理水平。在出行方面，开放便捷，有利于提高出行效率。在尺度方面更加适宜，人性化的街道空间，能够丰富人们对城市的感受。在配套设施方面，创造出多样的活动机会，提升城市魅力。在邻里交往方面，有利于促进社会各阶层的交流和融合，构建和谐社会。

表1 活力次街的空间风貌控制要素

控制要素	商业次街	生活次街
停车	每百米路侧停车位（两侧合计）不少于25个	每百米路侧停车位（两侧合计）不多于15个
绿化	对行道树及街边绿化不作要求，根据周边商业地块功能自行确定	行道树覆盖率大于 90% 结合社区配置街头绿地
街廊	考虑建筑贴线率同时，可增加对开放式商业宅间路的出口	街廊尽量连续，适当减少对宅间路的出口，保证居住组团内相对的私密性
空间尺度	高宽比（D/H）: 近1：1，其中12m≤D≤18m 步行环境：若为人车分行路段，则单侧人行道不小于4m，或采用人车混行模式	

在功能布局上，进一步淡化功能分区，积极培育和引导功能多样化，鼓励人性空间设计。完善居住区中心建设，多种方式增加社区公共服务设施，主要沿街道、公园广场等开敞空间增加。

3.4.3 彰显文化、精致有趣的建筑风貌与景观环境

针对建筑风貌不统一、空间环境的文化艺术特色不足等问题，在景观环境方面凸显地方文化特色，打造有人文内涵的景观意境和精致有趣的建筑风貌。明确东营“人文化”现代主义的建筑风貌定位，简约亲切，杜绝仿古建筑。西城区以体现胜利魂风貌为主，建筑形体庄重大气，鼓励使用砖石等立面材料，细部与符号可体现石油文化印记；东城区以体现绿水心风貌为主，建筑形体丰富精致，体现年轻城市、现代城市、活力城市风采，滨河区域应采用与自然环境协调的色彩；垦利区以体现黄河脉风貌为主，建筑形体厚重沉稳，避免使用大面积对比强烈的色彩。

在流动多变的城市公共空间中构筑居民情感与城市景观之间的联结。认真了解居民的需求和生活方式，通过增加石油教育、生态科普、运动健康、时尚娱乐、家庭亲子以及历史民俗等城市多元活动，提高环境艺术品质，增加趣味空间，提供多元化、全龄化的参与体验。同时，优化完善城市地标、轴线以及节点等景观系统，对北二路、东八路等城市边界与门户节点加大环境整治与景观塑造，提升城市重点区域的夜景照明环境，提高城市家具、雕塑小品、广告标识的环境艺术品质。

┤4├

行动落实：总体设计指导下的东营新行动

4.1 建立衔接法定规划、面向实施的设计管控体系

本次总体城市设计通过对接控规管理单元，对东营中心城区21个片区从总体控制、公共空间、景观系统、建筑风貌等方面制定设计指引。2017年《东营中心城区总体城市设计》获得市政府正式批复。在其指导下东营陆续开展了中心城区片区管理单元的城市设计和控规的修编工作，将城市设计要求作为专章内容分别纳入控规总则和实施细则中，形成“用地使用图则+城市设计导则”共同构成城市建设管控通则的管理体系，实现带城市设计要求出让土地（图13）。

4.2 出台多项城市设计规范，推动多个项目陆续实施

在总体城市设计成果指导下，多个城市设计相关法规、条例与标准制定工作同步开展。其中包括《东营市城市设计指引》《东营市城市设计技术导则》《东营市城市设计管理办法》等法规与技术规定。一大批重点地段城市设计项目相继完成，东营城市规划编制与管理体系正在逐步完善。

总体城市设计按照“城市客厅”“滨水场所”“绿色网络”以及“宜居社区”制定了行动

实施计划。目前森林公园、白鹭湿地、北二路景观整治、城市绿化绿道提升工程等多项行动陆续开展，打造了利三沟水系、东青高速绿化带以及广利河三条生态绿化廊道，新建改建秋月湖公园、清风湖公园等城市公园15处，沿城市居民区周边水系建成绿道107km，城市环境得到了极大改善，居民的幸福感得到了极大提升。

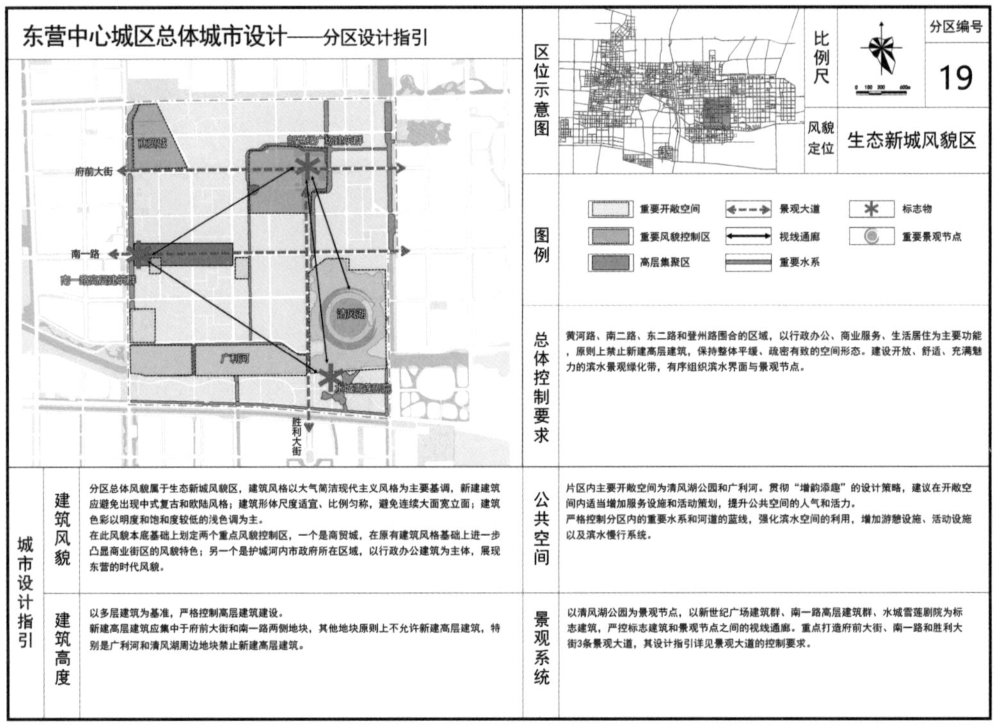

图13 东营中心城区分区设计指引图

从建筑风貌、建筑高度、公共空间、景观系统4个维度对中心城区进行分区设计指引。

┤5├

结语

本次东营中心城区总体城市设计在发挥其战略性引领作用的同时，技术路线上最大的特点就是结合城市实际发展状况，针对城市空间尺度失衡、品质不佳、活力不足等现实问题，重点探索了人本视角下的城市空间品质提升思路与方法，并在规划思路、设计策略与具体行动等方面进行了创新性的探索，以期对城市建设转型升级下的城市设计做出有意义的探索。

项目管理人：
李明

项目负责人：
刘力飞　王宏杰

项目成员：
鞠阳　何凌华　王颖楠　顾宗培　郭君君　管京
顾浩

参考文献

[1] 罗杰·特兰西克. 寻找失落空间：城市设计的理论[M]. 中国建筑工业出版社，2008.
[2] 段进，季松. 问题导向型总体城市设计研究方法[J]. 城市规划，2015，39（7）：56-62.
[3] 恽爽，张颖，徐刚. 总体城市设计的工作方法及实施策略研究[J]. 规划师，2006，22（10）：75-77.
[4] 周逸影，张毅. 平原城市总体城设计方法探讨[J]. 规划师，2018，34（1）：59-64.

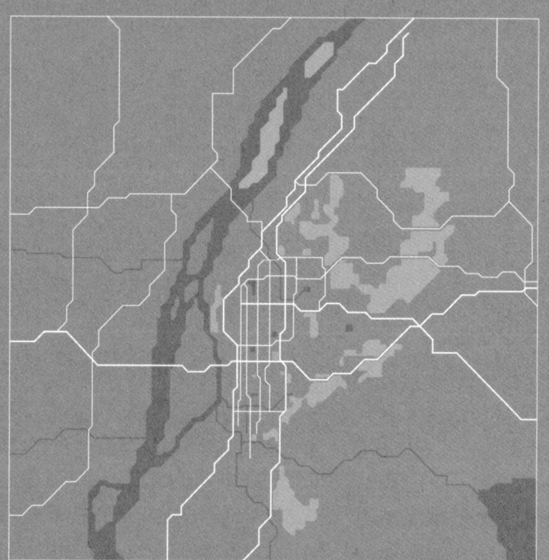

09

马鞍山

作为中小城市探索特色城市风貌塑造的典型，马鞍山总体城市设计关注如何提升存量发展中的城市品质和活力，满足人们不断提升的对生活品质的追求，从而提升城市的吸引力。通过应用新技术，构建战略性眺望系统，对城市建筑高度的精细化管控与引导提供依据，并探索和架构出提升城市公共空间活力的体系方法。

面向实施的中小城市总体城市设计实践

——马鞍山总体城市设计

王颖楠　李明

【摘要】

针对中小型城市的发展特质，马鞍山总体城市设计力求实现从“描绘蓝图画面”向“助推蓝图实现”的转变，从战略视角和实施视角对总体城市设计框架进行精炼。设计实践重点通过定势、定形、定位谋划一张全景蓝图，聚焦眺望系统、蓝绿空间、活力空间以及全域化的城乡体验体统，建构整体空间环境系统，并重点通过融入法定规划、建立实施抓手、完善管控体系的系列举措思考总体城市设计的落地举措。作为城市设计试点工作的典型实践，整体性地探索新时期面向建成地区、面向落地实施的总体城市设计的思路和方法。

【关键词】

中小型城市；战略视角；实施视角；战略性要素；实施管控

马鞍山，对很多人来说都是个很熟悉的名字，可以说是中国应用最广泛的地名之一。随手打开百度，可以轻松收获10余个省份至少24座被记录的马鞍山（图1）。这些异地同名之所，大多有着类似形态的山体，抑或与马鞍相关的历史传说。而我们今天要聊的安徽省马鞍山市，据说其得名正是因为楚汉相争之时，项羽自刎乌江，其马思主，翻滚自戕，马鞍化山得名。那么这座横跨长江，地处南京都市圈和合肥都市圈交界之处的“耳熟小城”，为什么会比肩诸多一线大城市，成为住建部确定的第一批城市设计试点城市呢？

图1 马鞍山山水意象

┤1├

工作之初：新时期的总体城市设计我们要探索什么？

1.1

探寻现代山水城市的本土内核

面对当代城市集中呈现出的千城一面的问题，如何重塑中国城市的特色，是新时期文化自觉之后，城市建设必须要面对的问题，更是城市设计试点城市探究的根本之一。纵观中国的历史，讲到营城，其根基多源自基于堪舆研究而形成的传统城市山水文化，因此想让中国城市，特别是近现代形成的新城能够找回中国气质的内核，势必要回到传统山水营城的理念中寻找属于当代的、本土的答案。马鞍山是一个具有优越山水要素，成长于中华人民共和国成立之后的生动样本。它因山水得名，更因山水而闻名。“两岸青山相对出，孤帆一片日边来”，李白这句所有人都耳熟能详的诗句，描写的正是马鞍山“翠螺出江，横江夕照”的盛景（图2）。

但是这样的山水于今天的马鞍山来说有别于那些都府之地、历史名城，少了几分独属于中国城市与山水之间的整体意象建构。这是因为马鞍山现今的城市集中建设区是因工业而兴起、逐步扩张蔓延形成的，并与历史上的城市地区（现马鞍山市当涂县）在空间上完全分离。这使得山水在马鞍山的城市空间中更多的是独立景观的存在和日常生活中的要素小品。因此为马鞍山建构山水城之间的整体空间景观意象是为以马鞍山为代表的中国现代城市探索一种基于中国文化内核组织建构城市的方式。

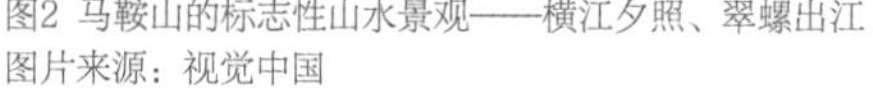

图2 马鞍山的标志性山水景观——横江夕照、翠螺出江
图片来源：视觉中国

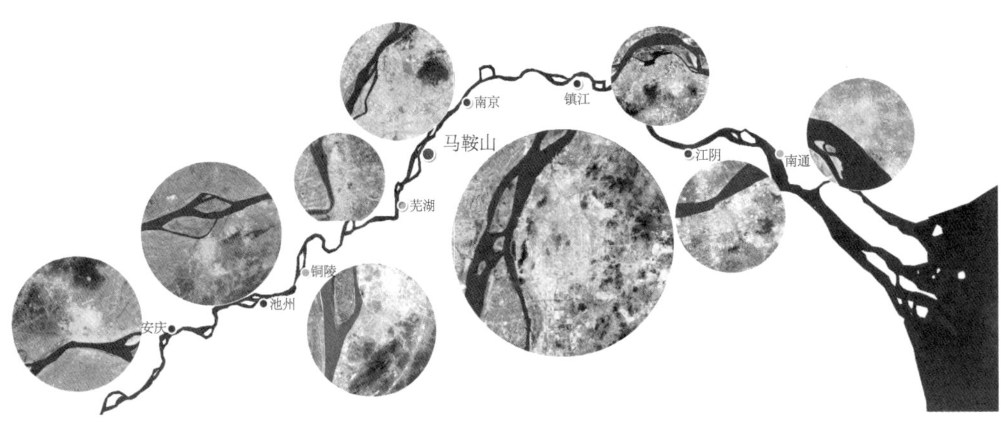

图3 长江沿线城市山与江的关系

1.2

探寻不同规模尺度城市的总体城市设计思路方法

截至2018年，马鞍山市拥有常住人口233.7万人，建成区面积不足100km^2，2018年地区生产总值1918.10亿元，全国排名133，人均GDP达到8.2万元，全国排名49名，是长江三角洲城市群[1]中副中心级特大城市都市圈的重要组成城市。粗略盘点这一类城市整体上呈现出人口规模过百万，集中建设区百余平方公里，人均GDP排名进入百名行列等特征。作为城市群建构过程中的基础中坚力量，这类“富裕小城”的崛起多与政治、经济、人口优势无关，更多的是依托特色化的地缘、资源、产业异军突起（图3）。在进入新时期中国城市化下半场的进程中，这类城市无需面对特大城市不断扩展带来的人口、交通、环境、效率等一系列问题。它们更多的是要面对相对富裕人民群众对建成环境全面现代化的要求，以及如何控制土地经济导向下不切实际的扩张需求与保障地域环境特色、活化时代遗存、探究城市发展内生动力之间的矛盾。因此，马鞍山的总体城市设计须探索与北京、南京这类特大城市不同的思路和方法。

1　长江三角洲城市群定义出自:《国务院关于长江三角洲城市群发展规划的批复》，2016-5-22;《国家发展改革委关于印发长江三角洲城市群发展规划的通知》，2016-6-1。

2

工作框架：新时期总体城市设计的目标与作用

众所周知，新时期的城市建设发展已经从“量”的高速扩张，全面向“质”的改善提升转变。这一点随着2015年的中央城市工作会议的召开，在全国范围内各界逐渐形成了广泛的共识。在这个过程中总体规划、控制性详细规划，这类注重通过宏观政策统筹引导发展，通过数字指标明确底线、保证公平的法定规划，亟需强化与总体城市设计、区段城市设计、专项城市设计这类以提升感官、改善体验、塑造特色为根本的非法定性规划工作的相互配合。因此住建部适时地推出了《城市设计管理办法》(下称《办法》)全面助推城市建设水平的提升，为切实改善空间环境品质提供有效的建设指导和管理工具。

2.1

推动总体城市设计从“描绘蓝图画面”向“助推蓝图实现”转变

总体城市设计并非新生事物，它有着较为成熟的工作框架，大致可以概括为：宏观把握目标主题，形成总体策略；中观控制系统组织，形成设计引导；微观特征要素点睛细化形成方案示意。在这个框架下，通常会先描述整体设计意向、空间结构，进而形成对城市形态、开敞空间、绿色空间、滨水空间、街道空间等十数个系统的分类分型组织描述(图4)。然而这一框架更适用于城市大面积扩张、全面新建时期的总体城市设计，其重点在于对蓝图的展望，和对各系统的逐一建构描述，更趋近于“设计城市”[1]。而新时期，在增量日益有限，大多数城市发展框架已经稳固，城市各要素在多年的规划建设过程中，已经或多或少地形成了一定组织逻辑的情况下，全系统蓝图式的总体城市设计似乎多了些冗杂，少了些直面痛点的干脆。同时，增量发展时期的总体城市设计，多按单一要素进行系统分类，明确规划、设计、管控意图。这种方式更多地强调了各系统自身的建构和完整，少了几分应对存量时期对不同系统要素整合联动的思考。这就好像是西医强调按系统分科室诊病，而少了中医全科思想中“头痛医肝胆才能痊愈”的跨系统分析组织。

1　唐燕：设计城市的核心是描绘愿景；城市设计的核心则是描绘愿景并辅以实施路径。设计城市的任务是进行空间设计；城市设计的任务则是设计空间结合实施管理。设计城市的参与主体是设计师；城市设计的参与主体则是设计师联合规划师。在“一张蓝图干到底”的背景下可以更好理解这两者的融合关系，设计城市关注的是“绘制蓝图”，但其“干到底”则需要运用城市设计的工作方法来实施。

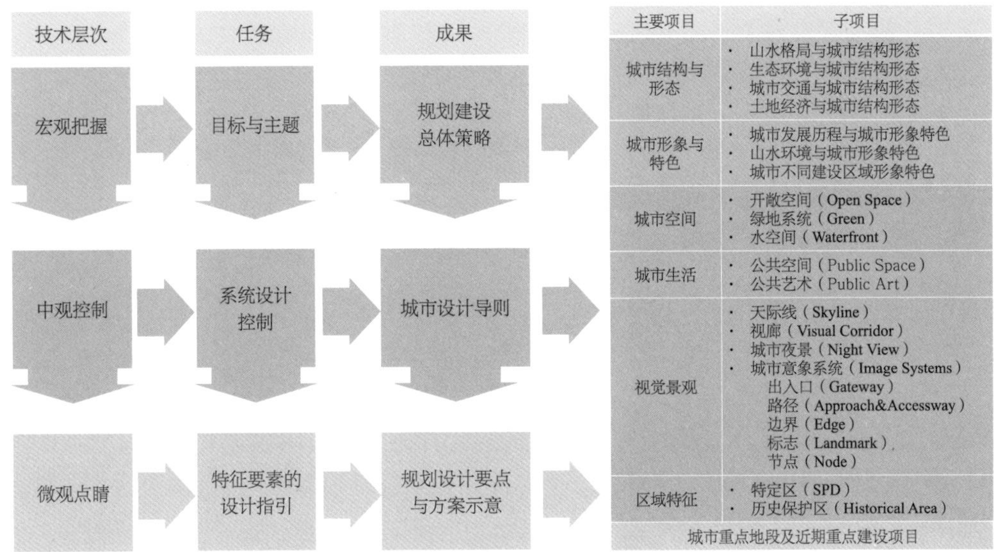

图4 增量发展时期常见的总体城市设计工作框架

因此，以14年的《北京总体城市设计战略》为开端的系列总体城市设计探索中，我们开始从目标与问题出发，针对特定要点进行纵向剖析[1]，探索适应现阶段优化提质建设发展目标的总体城市设计工作框架。在马鞍山的总体城市设计中，除了前期的基础研究外，我们将工作分为“定局营城的设计组织主体”段落和后期的“多维落实探索实施路径机制”段落（图5）。借由这两个段落的组织，推动总体城市设计进一步走出蓝图绘制者的角色，向推动蓝图逐步落地进行设计探索。正如王世富所说的“城市设计走向可操作性实际上就是城市设计成为公共政策化的专业技术过程”[2]。

1 纵向剖析在这里指破除宏观层面、中观层面、微观层面的尺度限定，针对特定问题跨尺度、跨系统进行设计组织，寻求面向可实操的解决方案。

2 王世富. 当代城市规划理论与实践丛书：面向实施的城市设计. 北京：中国建筑工业出版社，2005.

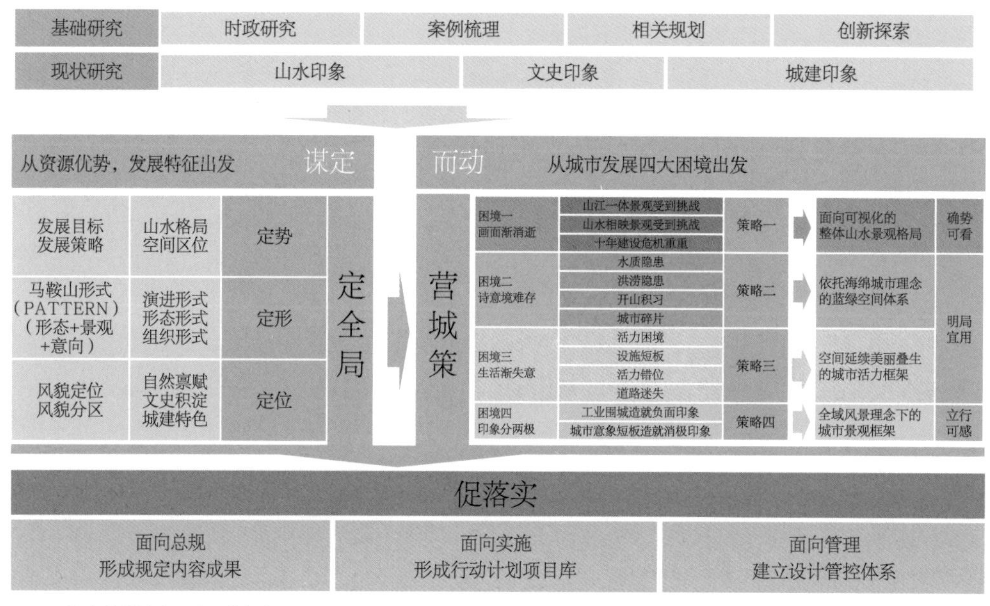

图5 马鞍山总体城市设计工作框架

2.2

推动总体城市设计框架从战略视角和实施视角进行精炼

在技术框架中，我们放弃了宏观、中观、微观的逐层递进，进一步精炼工作框架，分两步：“谋定”——从资源优势、发展特征出发，以战略性思维着眼于全局，谋划长远愿景，“而动”——从城市发展困境出发，以实施型视角着力于当下问题，提出营造策略。

马鞍山中心城区353km^{2}的规划范围内，经历了四个时期的扩张演进（图6），城市发展框架已经基本形成，城市各要素系统之间已经形成了一定的自组织逻辑。

在这个时期，总体城市设计对于马鞍山的描绘不会是崭新的画面，更多的是基于已有的各类宏观、中观规划设计和建设实施现状，通过战略性思维对其自身优势、发展特征进行发掘，从明确长远空间发展趋势、城市内生空间组织形式和外在城市风貌凝练表达三个方面，理顺关系，突出特色，完善长远空间愿景。进一步针对马鞍山现阶段“看起来”“用起来”“体验到”的三个方向，提出符合长远空间发展愿景、可持续分解操作的改善目标、管控要点或提升策略。

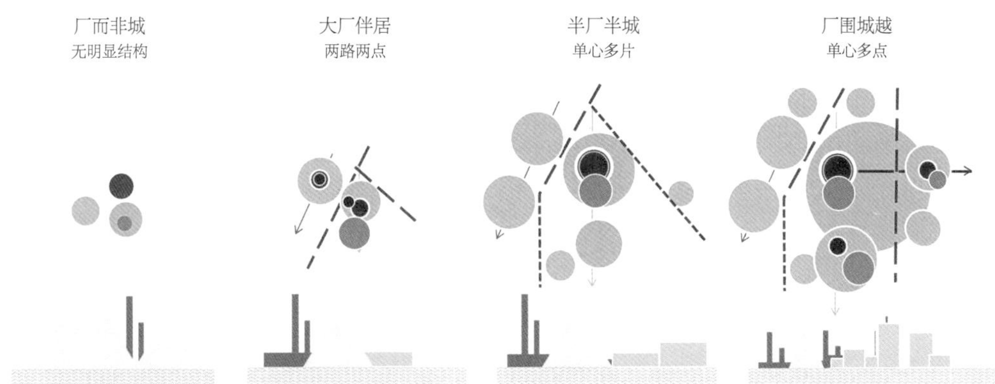

图6 马鞍山中心城区发展演变示意图

3

一张蓝图：长远谋划，全要素整体空间环境景观组织

要想“一张蓝图干到底”，首先“一张蓝图”本身要具有长远发展的可能。这种“可能”的塑造，首先要立足长远，从城市发展规律、宏观政策导向、时代前进导向等不同方面，明确城市整体空间环境发展趋势。其次要明确内在逻辑，通过对人、城市与山水林田湖草等自然资源进行全要素统筹，建构自然与城市、城市与人、人与整个环境的和谐共处组织模式。最终通过对城市风貌的归纳总结与特色提炼，建立统一的整体空间环境景观认知观念，这就好比勾勒一张山水画，要“势”“形”“意”俱全。

3.1

定势：外在导向

项目从马鞍山中心城区的山水格局、风和水环境、空间区位、政策导向四个方面进行剖析（图7），以战略性视角谋定马鞍山主城区在新时期新背景下，逐步从传统资源型工业城市向宜居型山水园林城市转型的发展之路。在角色切换与动态提升过程中，马鞍山应以“绿山绿水绿街道，宜居宜业宜生活”为整体发展愿景，实现生态、生活、生产的空间一体化、系统一体化、目标一体化，通过“对外门户升级，形象重塑”和“对内转型升级，修复织补”逐步实现整体空间发展的长远谋划。

3.2

定形：内在逻辑

马鞍山市（中心城区）这类中小型城市有别于北上广深这类特大城市，从事或与主导产业相关联的人群占比巨大，城市整体上保持较为相似的节律和性格，人们在日常的生活、工作节奏和行为习惯中具有相似度较高的特征。这种群体画像上的相对一致性，促使城市生长过程中，城市空间特征、空间自组织规律更为统一。

本次总体城市设计通过对马鞍山空间演进的发展形式，整体形态的分型形式（图8），以及商业服务、公共服务、绿色设施、交通设施等城市功能节点构成要素的自组织逻辑进行研究，探索在山水要素限定下，城市中心城区不同空间单元所共同拥有的组织建构模式。并结合马鞍山山水特色，将其概括为“江山环抱湖为心，半城湖光半城山”（图9）。这一单元组织模式将空间形态、设施配置、环境景观等不同系统整合，形成一种模式化的地方建设共识。这种效仿中国传统营城思想中“家国同构”理念，同构异质的模式化组织方式，为马鞍山凸显以山水为根基的城市特色风貌、增强城市内在系统可识别性起到持续组织引导的作用。

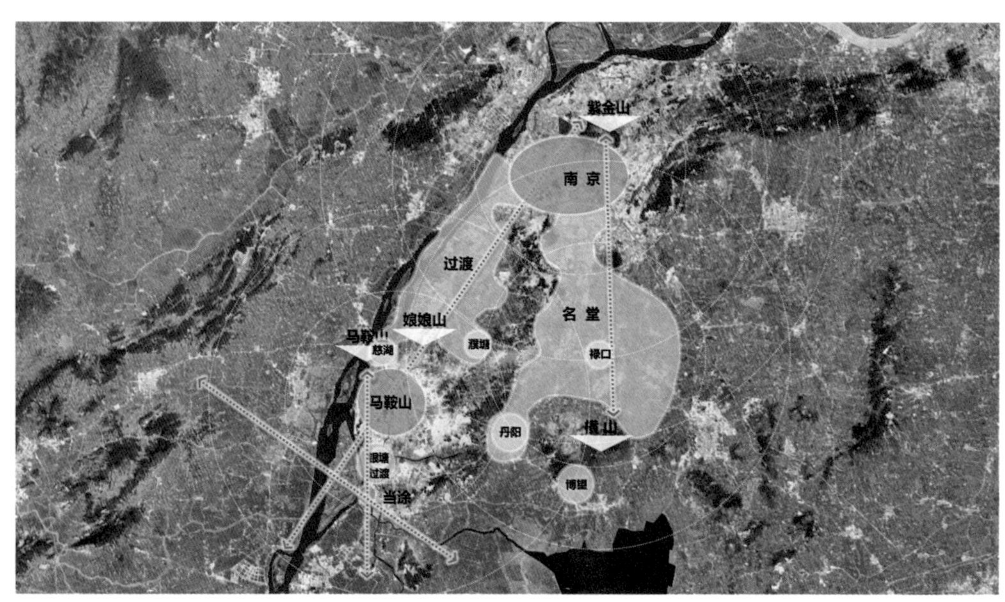

图7 马鞍山—南京—当涂三者之间的山水轴线及空间发展关系图

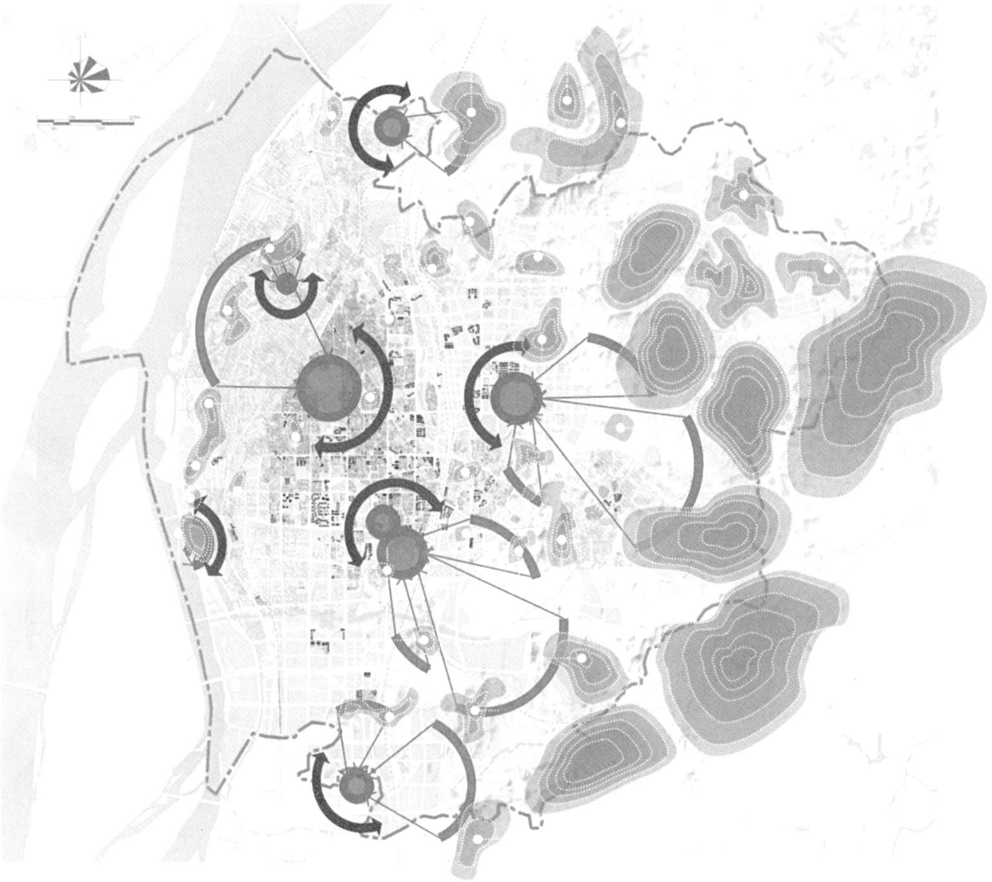

图8 马鞍山不同片区中城市高层建设地区与水面和可眺望山体的分型形式

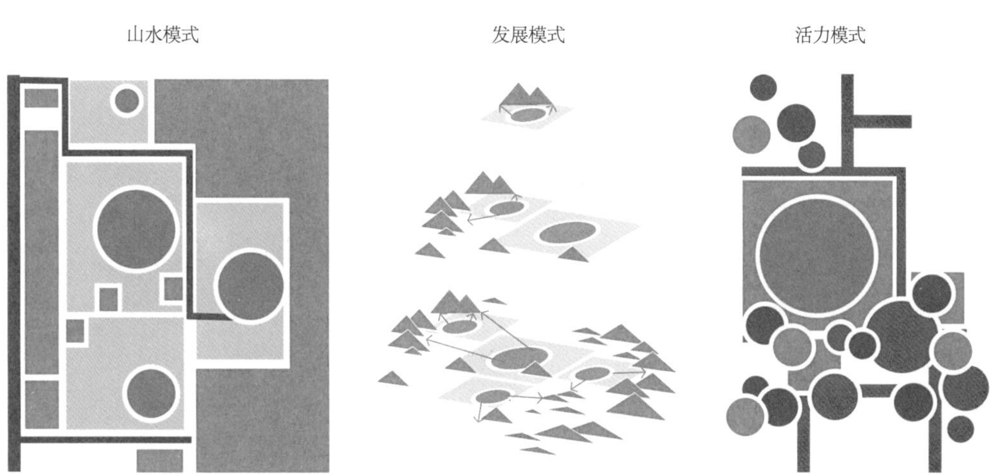

图9 马鞍山城市空间组织建构模式图

3.3

定位：提炼表达

从城市风貌形成的山水环境、历史文化、城市建设这三大城市风貌塑造源泉进行梳理，整理了马鞍山山水分布特征及利用特色、文史的发展脉络及相关特征和城市建设的基本形态风貌及建筑特色；明确城市特色风貌核心特色（要素），确定以“山水诗韵、刚柔并济、秀色宜居”为城市总体风貌定位。强调以保护城市山水格局为根本，通过整体形态、景观体系、场所营造方面展现城市山水特色，重现马鞍山主城区诗意栖居环境；强化以延续城市平面格局特征为基础，通过优化空间布局、强化地方建筑特色，展现马鞍山刚柔并济的独特气质；推动以绿色宜居为发展动力的城市转型，通过产业转移、产业升级，推广宜居绿色技术，打造宜居秀丽景致（图10）。进一步结合城市行政区划、控规单元划定、功能形态布局，划定城市风貌分区及建筑风貌特征区，形成系列建设指引，以对接下一层次的规划管理建设工作，为持续落实整体空间环境景观提供组织思路及相关要点。

图10 马鞍山城市风貌意向示意图

┤4├

系统谋划：战略性要素建构，实现整体空间环境景观蓝图

马鞍山（中心城区）和现阶段很多城市一样，城市基本骨架已经建设完成，“一张蓝图”的实现更多的是基于现有空间环境景观本底，进行优化调整以突出自身优势特色，并尽可能减少或改善与城市整体意向不符的城市建设。在这一过程中，单一要素的系统建构大多已经初具规模，更多的是优化完善不同要素之间的组织关系。本次总体城市设计以现阶段马鞍山面临的实际问题为出发点，从视觉景观、生态环境、活力延续、城乡体验四个方面组织相关要素，建立以视觉景观体验为根本的城市眺望体系，以保护生态空间、强化生态系统、兼顾海绵发展的蓝绿空间体系，以延续城市空间组织特色、强化城市活力的城市战略性公共空间体系以及明确城市景观框架、塑造特色体验为根本的城乡一体特色体验系统，形成完整的多系统设计引导和重点建设管控。

4.1

战略性眺望系统——面向可视化的整体山水景观格局塑造

打造具有中国气质的山水城市，首要保证的是要看得见山，望得到水。同时这种山水画面的建构，特别是山水与城市建设的组织关系，应以满足中国文化的审美习惯为前提条件。因此我们依托中国传统营城中对山水景观构建的习惯，以保护和展示城市山水格局为根本，从体验城市山水城全貌、展示标志性特色山水要素、延续历史地区景观特色以及结合城市动线展示城市特色节点四个方向出发，对整个城市进行看与被看的组织（图11）。选择马鞍山城市发展过程中最具有代表性的城市名片和节点景观，形成两级战略性眺望景观系统，协调城市建设与山水环境之间的“诗画”意境。利用三维模拟技术模拟眺望景观，控制马鞍山中心城区特定地区建设高度，引导整体城市建设的视觉景观效果，避免未来建设对城市特色景观破坏的潜在可能。

图11 城市眺望景观

4.2

蓝绿空间体系——依托海绵城市理念的城市生态格局建构

马鞍山作为传统的资源型工业城市，中心城区建设最初就有着开山采矿的历史，时至今日已经造成城市外围的三面群山都存在着一定程度的生态景观破坏，山脚满目疮痍。城市内部蓝绿系统分离，加之老城市政设施不完善，致使这个滨江多河湖的城市，水质问题严重，洪涝隐患频发。基于上述问题，本次城市设计以海绵城市理念为根本，以建构蓝绿体系为目标，依托现有城市建设，在满足生态安全、实现绿色空间服务均等化的条件下，实现对城市山水资源、边界空间的协调完善，统筹改善各类环境隐患，实现青山绿水永续、宜居秀色常存的城市生态格局。系统通过“蓝脉立骨架、绿边锁绿底、绿网通山水、蓝绿储滞净”四步：1）梳理、链接、复曲城市河流水网湿地，建立生态格局骨架；2）依托城市道路建设城市绿色边界，限定保护城市绿色空间基底；3）结合城市道路市政管网设计，形成联通城市山水要素的绿色网络；4）依据总体规划确定的市政管网排放节点，在相应的城市公共空间设置水体滞留净化的生态景观节点，整合内涝积水问题严重地区，确定近期提升整治行动计划。最终形成清晰的绿色基底边界，保护城市生态基底，组织完善绿色网路，打造“生态保护、防洪排涝、水质改善、景观串联”一体化的蓝绿综合框架。

4.3

战略性公共空间体系——空间延续活力叠生的城市活力框架

为了应对马鞍山在城市扩张中出现的传统中心活力聚集，但新建城市中心活力不足的问题，设计以空间肌理特色为根本，以延续马鞍山特有宜居空间组织模式为基础，依托设施、资源、人口、交通等要素的分布，结合城市中心区活力服务半径，建立“一主两副、六特两门户”[1]的城市活力中心架构（图12）。进一步通过对每个活力中心的控制引导，优化城市公共空间品质，促进各类设施布局自洽，增加城市活力要素的复合布局，促进城市活力叠生。

通过对城市活力中心研究，建立以功能为主导的城市活力路径体系，增加主要城市交通功能性道路的连续性和对外联通度，在大范围强化片区间沟通，链接外围特色中心，建构特色快速景观联络路径。针灸式小范围增加局部路网密度，舒经活络促进片区活力进一步改善升级。进而结合城市活力绿核，依托城市蓝绿基地，建构马鞍山战略性的公共空间体系，筛选最具有公共性及代表性的节点要素，形成战略性的公共空间要素，形成城市特色空间打造的核心骨架（图13）。这些战略性的公共空间要素将成为城市形象持续打造、特色景观风貌形成的核心，必须通过进一步的城市设计进行强化，优化提升。据此划定下一步开展区段城市设计的重点地区，为城市特色空间的塑造提供明确的抓手。

1 “一主两副、六特两门户”：一主：雨山湖城市中心；两副：城南副中心、秀山副中心；六特：慈湖（棕地整治生态宜居特色中心）、马钢（工业遗产文创休闲特色中心）、滨江（文化旅游生态休闲特色中心）、银塘（产业配套综合服务特色中心）、向山（矿山修复旅游宜居特色中心）、濮塘（美丽乡村生态度假特色中心）；两门户：普铁汽运门户中心、高铁轨道门户中心。

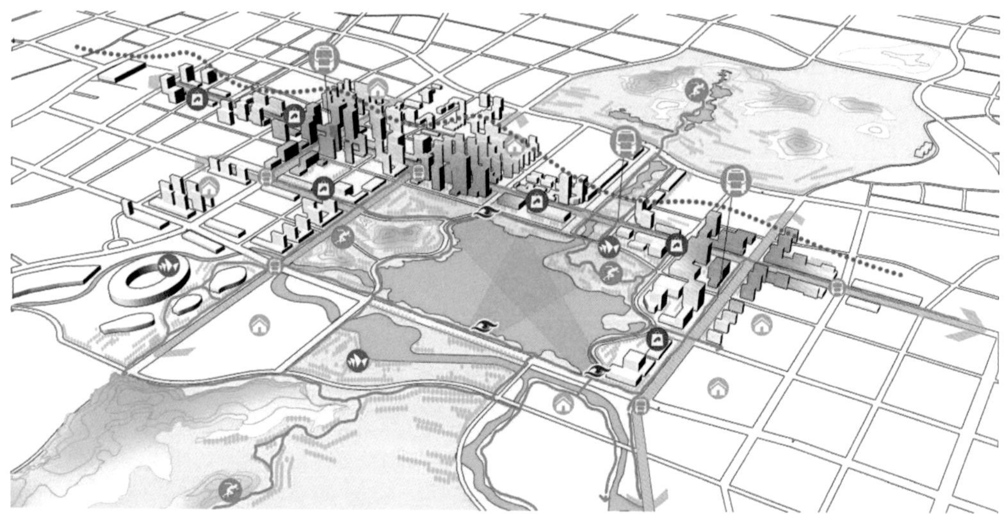

图12 马鞍山城市活力模型体系

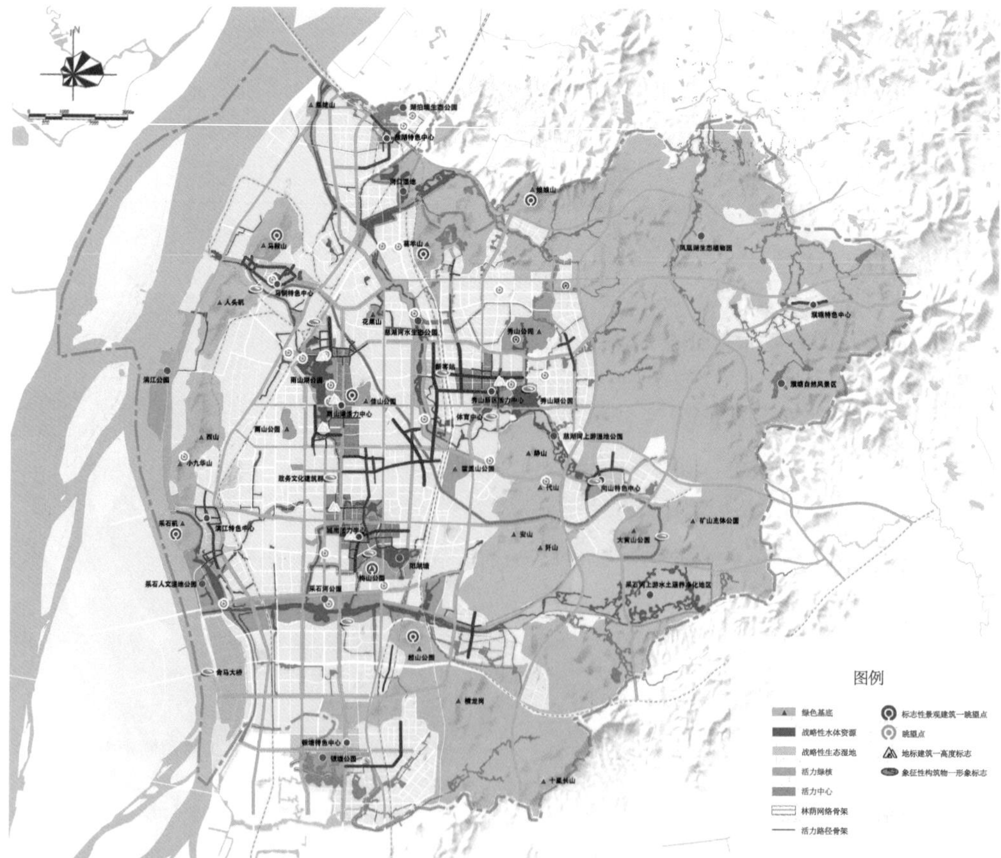

图13 马鞍山战略性公共空间体系

4.4

城乡体验系统——全域风景理念下的城市景观框架

为了改善马鞍山目前工业围城带来的环境污染和工业与山水并峙的两极化印象，从长远视角谋划，统筹城乡发展，统筹江、山、丘、水、绿、城全要素景观。抓住马鞍山行政区划调整带来的跨江发展机遇，从“破坏重塑”视角出发，逐步转移主城区外围山水资源集聚地区的重工业、污染企业，整合集聚工业产能，提升生产效率，分期分段转变城市外围“工业发展环”，降低对重工业污染城市的影响，腾退近山临水空间，重塑城市外围景观游憩环。梳理城市内部活力节点、山水节点、历史文化节点以及未来的工业遗迹节点，打造“一环四带”的城乡景观框架（图14），形成城市外围“塑景环城，城周乐游环”及四条“乐景游城，城内乐活带”，实现内外串联互动的城乡联动体验系统。结合“一环”中不同方位的核心资源特色，形成西南展现牛渚夜泊横江夕照传统人文生态景观的采石矶采石河山水文化景观游览区，东南发展最震撼马鞍山的向山工业地景生态观光区，东北展现翠色含烟、荷锄带月、隐逸栖居景观的濮塘山水林田景观游憩区，西北塑造未来最具潜力和创意的马钢老市里工业文创景观游乐区。结合城市内部人群习惯动线和特色链接要素，形成联通马鞍山过去与未来的城市活力畅游带，依托马向铁路展现工业转型发展的多元轨迹缝合带，以慈湖河为载体体验亲水乐溪的蓝色生态乐活带和通山达水展现绿色慢生活的城市悠游带。建立涵盖快速车行、城市慢行、郊野骑行、水上航行全视角的城乡体验路径，为“一环四带”的形成提供多样化的交通支撑与体验可能。

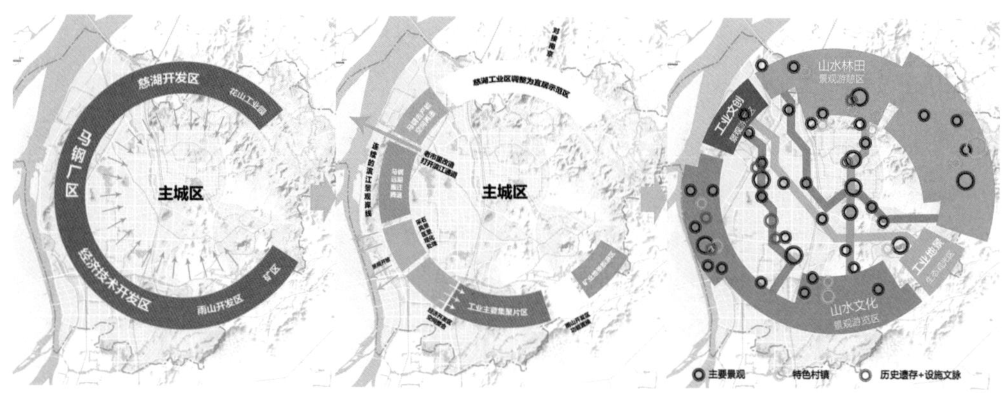

图14 马鞍山城乡一体景观框架
从工业环城到置换外迁，最后形成外围景观环。

┤5├

实施思考：通过什么手段推动总体城市设计落地?

有面向实施的设计，还要有推动设计实施的途径。大多数情况下，总体城市设计仅仅在编制过程中通过汇报宣讲、展览宣传中实现了在局部范围内统一理念、明确方向的效果，而后就沉寂于书桌案头。为了可以推动本次总体城市设计的持续落实，我们为马鞍山提供了以下三个方面的推进策略：

5.1

面向总规：抓住战略要素，融入法定规划

结合城市设计管理办法，将本次总体城市设计确定的城市总体风貌定位，城市建设形态模式，以及各系统内容融入法定规划。在宏观视角下应该仅仅抓住战略性要素（总图），融入总体规划或地方规划条例。并进一步针对战略要素形成相关规划／专项规划，形成动态管控，统筹协调。

5.2

面向实效：建立项目库，形成实施抓手

针对本次城市设计提出的问题、要点，形成涉及设计规划、双修工程的等一系列项目列表。与住建部主抓各项试点工作相对应，使各类专项城市设计、区段城市设计、地段控制性城市设计与棚户区改造、老旧小更新、道路交通设计、市政工程建设等工作相结合，从总体城市设计设计意图的贯彻和落实出发，促进景观设计、城市公共空间塑造等内容相综合、相协调，提高城市空间整体的美学价值和景观生态价值。

5.3

面向管控：完善城市设计管控体系

协助地方制定城市设计工作体系，推动城市设计与法定规划体系的全方位衔接。通过总体城市设计与总体规划，确定城市发展的长远空间形象预期；进一步通过后续专项城市设计分项落实总体城市设计对于城市中不同系统的要求；对于城市中重要的特色意图区通过专项城市设计或区段城市设计形成城市设计全覆盖；针对各风貌分区中的建筑风貌特征区，通过管控性重点地段城市设计强化设计引导，并最终将城市设计内容纳入城市建设管理审批的不同阶段予以落实。

项目管理人：

蔡震　陈振羽

项目负责人：

王颖楠　魏钢

项目成员：

王力　申晨　韩靖北　黄思瞳　徐辉　余加丽

翟健

┤6├

工作之后：两年后的反思

客观来看，马鞍山总体城市设计完成了其作为试点城市探索的诉求和初衷，形成了对工业城市转型、中国气质的山水城市塑造、中小型城市总体城市设计理念及框架的探索。特别是探索了当下面向基本建设完成地区，面向实施的总体城市设计的思路和方法，也获得了住建部、行业专家和地方政府的一致认可。

另一方面，我们也发现，对于中小城市来说，总体城市设计除了与法定规划同步开展外，更适合衔接“城市双修”工作，形成实际改善成效。而城市设计管理体系的完善，从文案到实现，更需要地方政府有内在动力的持续推动、行业专家的长久支撑推进以及全行业的广泛共识。同时，总体城市设计的实施更依赖于不同设计师在工作中，将落实总体城市设计（分区城市设计）意图放在首位，而后再谋求创新创意。一张蓝图的实现，道阻且长，行则将至。

临江望城、山湖相依

——马鞍山总体城市设计的高度控制逻辑

韩靖北

【摘要】

作为第一批城市设计试点城市，马鞍山有望成为中小城市探索特色城市风貌塑造的典型。作为一座生态本底优良的山水城市，马鞍山濒临长江、九山环湖的自然条件和深厚的文化底蕴，使其具有较大的风貌塑造空间。但随着城市发展推动建筑高度跃升，由于缺乏城市设计的考量，自然山体和文化地标的空间视廊遭到遮挡，城市天际线杂乱无序。本文主要从看全城、看山水、看节点、看历史等四个方面构建战略性眺望系统，将基于眺望系统的管控条件转译为高度控制数据，应用新技术叠加和处理数据，形成高度控制的空间模型，为城市建筑高度的精细化管控与引导提供依据。

【关键词】

总体城市设计；高度控制；山水城市

┤1├

工作背景

从一张城市天际线的照片，很多人都容易分辨出纽约、芝加哥或是悉尼。城市天际线是城市形象的高度凝练，也是提升城市识别度的重点。然而，在中国的快速城镇化进程中，很多城市忽视了对于城市特色空间和标志性空间的管控和塑造，城市空间趋于单调均值，特色空间遭到遮挡或被开发侵占，城市风貌和城市文化遭到破坏。

作为群山环绕的滨江城市，今日的马鞍山同样也受到城市发展扩张的影响。高层建筑的开发使山体视线几乎被完全遮挡，邻近长江却少有望江亲水的场所，山水空间的可感知性岌岌可危。在这种情况下，马鞍山这样一个有山水、有文化、有底蕴的小城市，应该如何彰显城市特色要素、塑造城市风貌特色，留住韵味和乡愁？项目组认为，有必要深入挖掘此类中小城市的山水自然本底和城市空间格局的特色，以城市设计方法开展城市建筑高度管控，保护城市山水资源、塑造优美的城市天际线。在这一思路的指导下，如何从战略性眺望的角度，以一套完整的分析控制的技术体系，合理对建筑高度进行管控研究并最终落实，形成具有高度识别度的城市空间，是本次马鞍山总体城市设计中的重要课题。

2

构建可视化整体山水景观格局的战略性眺望系统

对城市山水景观格局的感知，是基于可视化的空间场所。具体来说，对于山水城市主要有登高望远（提高视点的景观视廊）、凭水观山（依托开敞空间的景观视廊）、对景远望（线性要素的对景视廊）、重点眺望（重要历史建筑物等特定对象的景观视廊）等四种类型，项目组将这四种类型结合马鞍山的资源条件，分别概括为看全城、看山水、看节点和看历史。

以上四种战略眺望类型的规划管控，在西方国家已经有了较为丰富的实践探索。如德国慕尼黑的风景规划，以城市等高线和天际线分别识别地形和标志性建筑等眺望点，进而依此进行全城的景观风貌管控，是看全城的典型例子；加拿大温哥华的眺望景观控制，以保护城市自然山水空间为核心，强调山与海之间的视线廊道控制，符合看山水的特征；法国巴黎以城市经典的轴线空间为结构，开展纺锤形高度控制，以突出凯旋门等核心视觉对景，是看节点的典范；英国伦敦则以城市中心区的历史建筑为核心组织城市景观视廊，前中后景协调以突出历史建筑物的主角特征，是看历史的典型控制方式。

对于马鞍山来说，既要借鉴国外较为成熟的眺望系统构建和控制方法，同时也要结合本地特色，开展针对性的研究。

2.1

看全城

“九山环一湖”是对马鞍山城市格局特征的精炼概括，以湖面的开敞空间为中心，四周是相对高起的浅山丘陵，呈环抱绵延之势。城市就在山间湖畔逐渐生长出来。在城区中有佳山、雨山等诸多百米高度的丘陵山体，四周还有马鞍山、采石矶等可以攀登远望之山。这些或邻近城市或享有盛名的山体，成了登高眺望的天然观景点。

然而，如果现在站在市中心附近的佳山山顶四望则会发现，目前这种九山环湖的空间观感几已难寻，一些点状建筑和高层群落在视域中显得高度突兀、布局散乱，整体观城观山的视线廊道还缺乏设计考虑，采石矶等一些具有深厚文化价值的视廊也已岌岌可危（图1）。现代化的城市建设固然是城市未来发展的现实需求，但对于高层建筑的布局位置仍需要更加合理和精细化的管控引导。

看全城主要关注城市建设与山水环境的整体关系，重点塑造城市的天际轮廓线景观，形成人工山体与自然山体的交相辉映。眺望点位则按照城市山水格局中的主山、砂山格局或传统的眺望高地等公共性、标志性较强的地点进行选取。依据上述原则，选取马鞍山、葛羊山、佳山、超山和采石矶五个点位作为看全城的眺望点。

根据现状图纸资料，通过等高线建模来模拟自然地形，并依据三维地图信息识别建筑物层数，从而构建出城市建筑和自然环境结合的三维模型。根据实地调研情况和三维模型空间分析，明确各眺望点看全城的重要眺望视廊方向，并进而对各段视域中城市天际线主要问题进行分析研判。

根据现有城市建设情况和各区域规划定位，结合未来可能形成的景观类型，对眺望视野内的视域实行分段和分类控制。以佳山为例，由佳山环视全城的视域可以划分为山体景观段、城市景观段和景观协调段三类（图2）。其中，山体景观段是以形态和植被条件较佳的自然山体为主要景观，视域内的城市空间处于次要地位。城市景观段是以城市建筑和天际线为主体景观，自然山体和植被景观处于次要地位，因此建筑物高度可超出山脊线。景观协调段由山体和建筑形体共同塑造形象，城市建设需要与自然环境相协调，天际线应尽量保留山脊线的形态特征。

同时按照上述三种类型对视域内的建筑高度进行控制。对于山体景观段，要保证与主要山体间的通视廊道，在主要景观范围内需要控制建筑高度以确保至少看到山体高度的2/3，并应避免形成连续平直的天际线。对于城市景观段，建筑群应与邻近的山体错峰发展、成簇建设，避免零散布局；非地标类建筑高度原则上不应超过山脊线，局部的地标建筑可突破山脊线高度的1/3～1/4，同样应避免连续平直天际线的产生。对于景观协调段，天际线尽量以山脊线为主，远景山体应保证山脊线的1/4～1/3高度可视；近景山体周边的新建建筑，应尽可能错峰发展，建筑高度原则上不超过山脊线。

图1 由佳山眺望马鞍山城市风貌
马鞍山的山水、城市、景观组合形成了小城独有的氛围，但少数新近开发的点状高层建筑却对此产生了破坏。

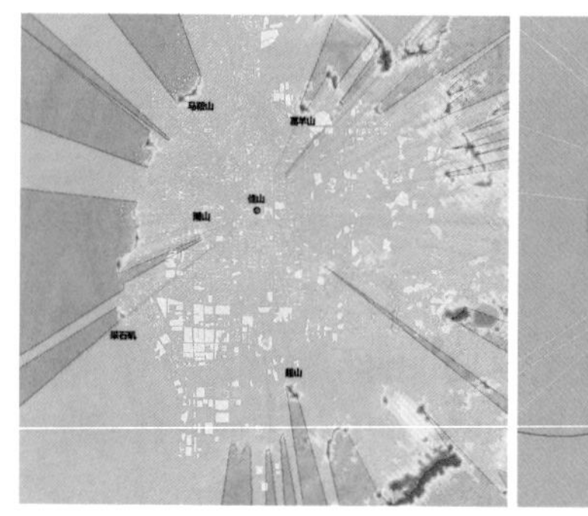

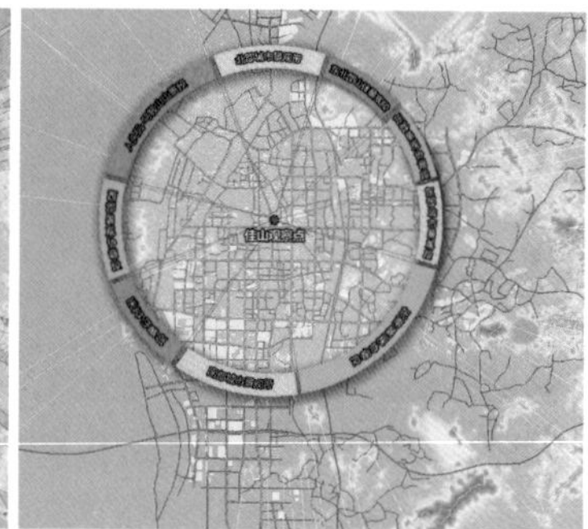

图2 佳山眺望视域范围及其分段类型
根据眺望的主要景观划分类型，是细化设计管控的重要思路。

2.2

看山水

马鞍山是滨江城市，除城内多湖之外，长江也是重要的水体开敞空间。因此，看山水主要包括滨江地区的沿江望山和城区湖畔的凭水观山两种类型。沿江望山侧重于保护马鞍山的山江一体的标志性景观体系，以沿江航线为空间路径，自北向南依次形成对人头矶、西山、九华山和采石矶的眺望视廊。凭水观山着重强化保护城市山水名片，彰显马鞍山九山环湖、山水相依的空间特色。以城市环绕的雨山湖和秀山湖为重点，形成对马鞍山—人头矶、雨山—佳山、代山—向山—大黄山等山体的眺望。同时基于山水格局，增加若干小型水面的眺望视廊，包括慈湖河望葛羊山、超山和霍里山，采石河望超山、梅山、采石矶，金字塘望马鞍山，湖泊塘望慈姥山等方向的视廊，丰富城市眺望体系（图3）。

沿江望山以山江一体的自然景观特色为核心来确定具体控制原则。滨江区域的各类建设开发（包括桥梁等交通设施和各类市政设施等）都应以保护山江一体的景观连续性为前提。重点对滨江区域的两条绿线进行管控，即山体轮廓绿线和沿江绿色植被岸线，防止两条绿线的生态景观破坏和前景物体遮挡。

凭水观山的管控原则主要包括山体通视原则和周边呼应原则。在观山视线方向及其两侧5°的视廊区间控制建筑开发，保证观山视廊的通视。同时周边建筑注重形体呼应，观山视线两侧5°～15°范围内的建筑形态应与山形产生形体呼应关系以凸显山景。在高度管控方面，根据现状天际线的组成划分出山体景观区和城市景观区。按照通视原则，在山体景观区内严格控制建筑高度，原则上眺望视野内不应有建筑物。依据形态呼应原则，可考虑从在局部山顶增加景观性建筑（高度不超过山体的1/4），以突出山体形态、增加天际线整体的均衡度。鼓励采取树木植被修整、树种搭配与景观设计，搬迁山顶现状建筑物、构筑物，复原山顶历史遗迹等方式，提升山体的可观赏性和开放性。在城市景观区内，注重控制建筑物的高度与体量，新建高层建筑体量不宜超过现有建筑，并应避免面宽超过60m的高层建筑建设，尽量保持富于韵律的天际线形态。

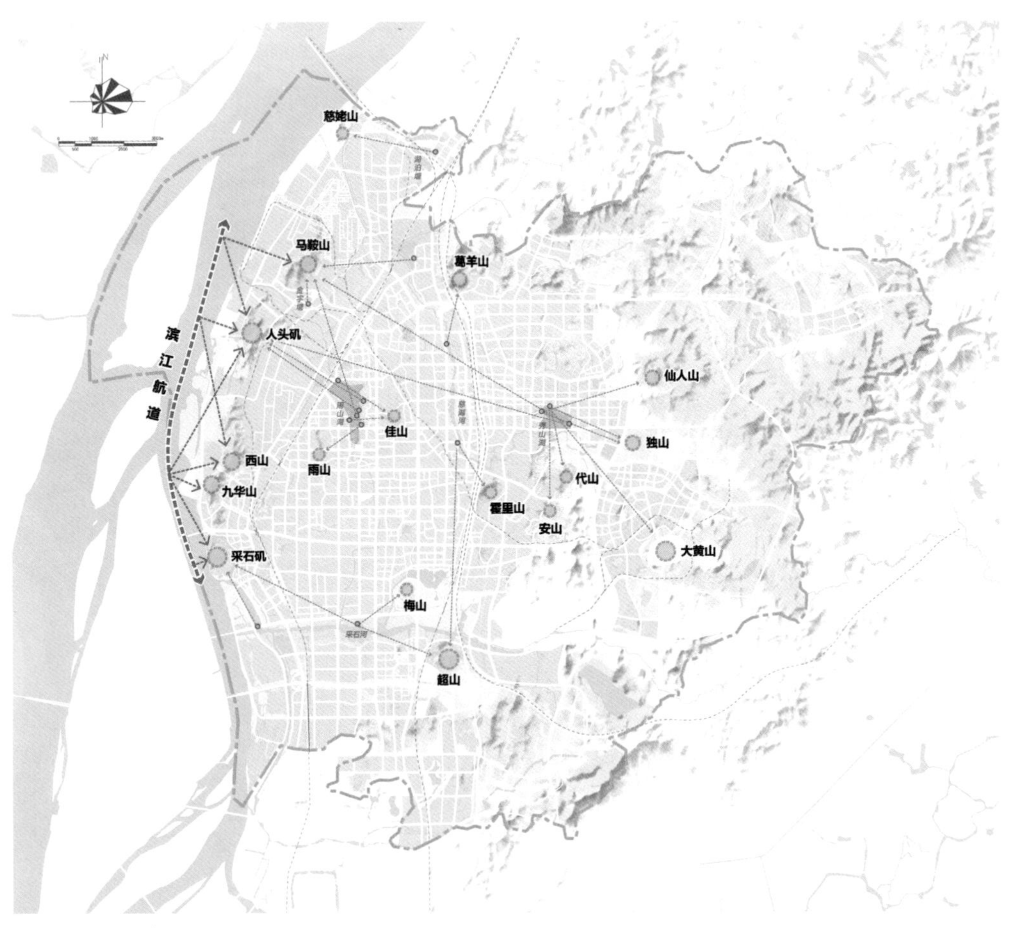

图3 看山水眺望体系
看山水的眺望体系形成了山、水、城市之间的有机观照的景观整体。

2.3

看节点

看全城和看山水主要关注若干能够体现马鞍山城市特色的标志性景观区域，侧重少而精。而看节点的类型和分布则更为广泛，也更容易在日常的城市生活中得到感知体验。这些节点也可分为两种类型，一种是城市对外交通联系的主要门户节点，一种是道路和开敞空间的对景节点。前者主要分布于主城区周边的高速公路、桥梁和区域性道路的入城区域，是外来访客对马鞍山这座城市的第一印象。后者则主要分布于城市内部的主要交通路径或大尺度开敞空间的尽端，是道路通行或开敞空间游赏时自然的视觉焦点。下面以宁芜高速与葛羊山对景、巢马高速跨江南侧门户为例，对看节点的高度管控和设计指引进行分析。

宁芜高速是马鞍山向北与南京连接的重要通道和必经之地，高速周边地区也是马鞍山面向南京的城市门户地带，是展示城市形象和面貌的代表性地区。沿宁芜高速自北向南进入马鞍山境内，左侧的葛羊山山体将成为直接的视觉对景，形成林木为前景、自然山景为中景、城市轮廓为远景的空间形象，因而葛羊山的山体景观重要性不言而喻。对于该节点来说，应注重保护现有山体景观，合理搭配树种高度和色彩，塑造三季有花、四季有景的景观形象。结合山体轮廓形态，在适当位置建设景观塔亭等观景设施，强化山体挺拔秀美的形象特征。严格控制山前地区的城市建设，并通过景观建设将既有建筑消隐于景观植被之中。

巢马高速是马鞍山与合肥、巢湖方向连接的重要通道，也是马鞍山与江北联系的跨江南门户地区。由巢马高速向东，穿越马鞍山的城市南部区域，超山和横龙山等自然山体韵律起伏成为城市的背景，具有良好的潜在景观价值。但目前该区域的现状功能以工业区为主，建筑质量较差、风貌不佳，不利于展示城市形象，同时缺乏门户性和标志性的对景建筑作为视觉焦点。因此该节点区域需强调注重保护现有山体景观，并结合山势布局建筑，人工山体与自然山体相呼应。突出塑造具有入口门户特色的建筑群簇，适当在局部的建筑高度和建筑形态方面进行城市设计研究，合理确定空间特征。

2.4

看历史

马鞍山的城市文脉厚重，项羽、李白等历史名人都在这里留下故事，现代作家严歌苓对马鞍山的描写更是充满诗意。因此，对于历史空间和历史节点的眺望，是延续马鞍山城市文脉、打造文化品牌的重要举措。

看历史以重要历史节点的空间关系作为研究对象，主要选取名山、寺庙、塔亭等作为眺望点，包括马鞍山历史上较为著名的娘娘庙和小九华等历史文化资源。娘娘庙位于马鞍山市区北界附近，坐落于浅山之中，登山凭寺远眺可见整个城区的面貌，形成历史与现代的文化交汇碰撞。娘娘庙的寺庙建筑及道路布局主要对向南部的佳山及霍里山方向，目前有较多的现状前景建筑。小九华也是马鞍山的名山，是寺庙和山体结合的典型范例。寺庙建筑规制严整，轴线气势恢宏，遥对东南方向的超山和千里山。由山前眺望，其前景的现状建筑较少，有较大塑造空间。

看历史的眺望视廊控制采取以视角分区渐变管控的方式。在以主要对景为中心的5° 区域为景观视廊区，建筑高度控制最为严格，不应超过对景山脊线高度的2/3，以突出山体形象。在上述区域两侧再划定5° 的景观控制区，建筑高度管控不应超过山脊线高度的3/4。在景观控制区外两侧的5° 区域则为景观协调区，控制建筑高度不超过山体的最大高度。这样就形成了以看历史的视线为中心的25° 的整体视域控制范围。

3

战略眺望点的高度管控转译

在对于上述四种眺望类型及其相应的管控要求进行明确之后（图4），需将其转译为具体的高度管控指标，以分解落实到地块层面，形成具体管控标准和操作依据。正如城市设计管理办法中提及的，将系统性内容整合为战略性管控要素，融入法定规划中的高度限定的技术思路。

管控转译类型包括全域型、廊道型、节点型等三类。全域型管控主要基于看全城的整体高度要求，依据山体高度及相应景观分区的高度控制比例要求来确定建筑物高度，构成高度管控的基准值（图5）。廊道型管控主要基于看山水、看历史等具体的视线廊道管控，形成特定廊道区域的管控要求，可在基准高度之上进一步进行局部的叠加分析（图6）。节点型管控则按照各节点具体的建筑高度控制要求，在地块级别进行调整和落实。

在具体控制指标上，将眺望系统中具有战略性地位的全局型眺望点和山水型眺望点，结合自然地形中的山体高度、各区域的景观需求进行计算模拟，形成高度控制的初步指标。

模拟操作的主要技术逻辑，是通过Rhino平台的Grasshopper编辑方法，实现特定视点下的视野范围边界的划定与可视化，对于山体来说多为其山脊线，对于建筑物来说则为

图4 马鞍山主要眺望视廊
通过眺望视廊，构建马鞍山可感知的城市景观空间体系。

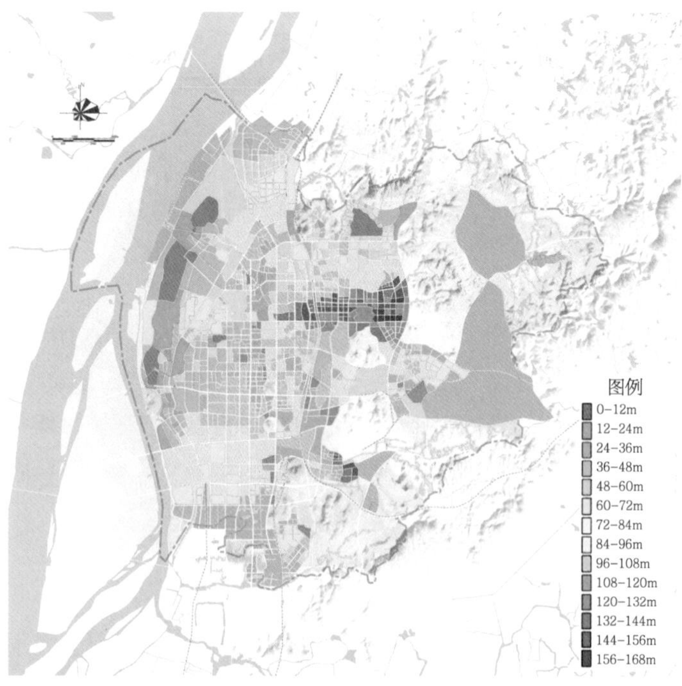

图5 全域型管控
全域型管控勾勒出城市形态的“基本面”。

天际线。将视点与视野范围边界线相连，可形成一个复杂的的面域，即为自然视线的高度面。对于上述视点来说，高度面即为天际线的三维空间体现，高度面以上的视域在视野中即为天空。根据景观段的分区划分，可将上述面域进一步切分为若干扇形区域，分别表征山体景观段、城市景观段和景观协调段等视域控制段落。按照相应的管控标准（如2/3或3/4高度）等对于各个视域面进行高度运算，即可形成基于该视点的高度控制面（图7）。

上述控制面变化复杂且局部可能不连续，需将其落实在各地块上以便于后续的指标细化落实。这里仍然在Rhino平台上完成这一操作，以Rhino识别各地块二维界线的几何中心点，将其作为各地块的基准运算点，向上述高度控制面进行投影，基准点与投影点之间的连线即为上述高度控制逻辑下的基准高度值，进而可将地块位置或编号与基准高度运算值构成矩阵进行储存或导出。

对于多个全域型管控或廊道型管控，均可采用这一方式，从而产生多个矩阵。由于同一地块可能产生若干个控制值，因此对于上述多个矩阵取值采取运算以取最小值，即可形成叠加控制结果矩阵。将上述运算结果中的高度数值的大小与色彩进行匹配，可实现平面上的地块色彩渲染，即可实现基准高度控制运算结果的图示化。

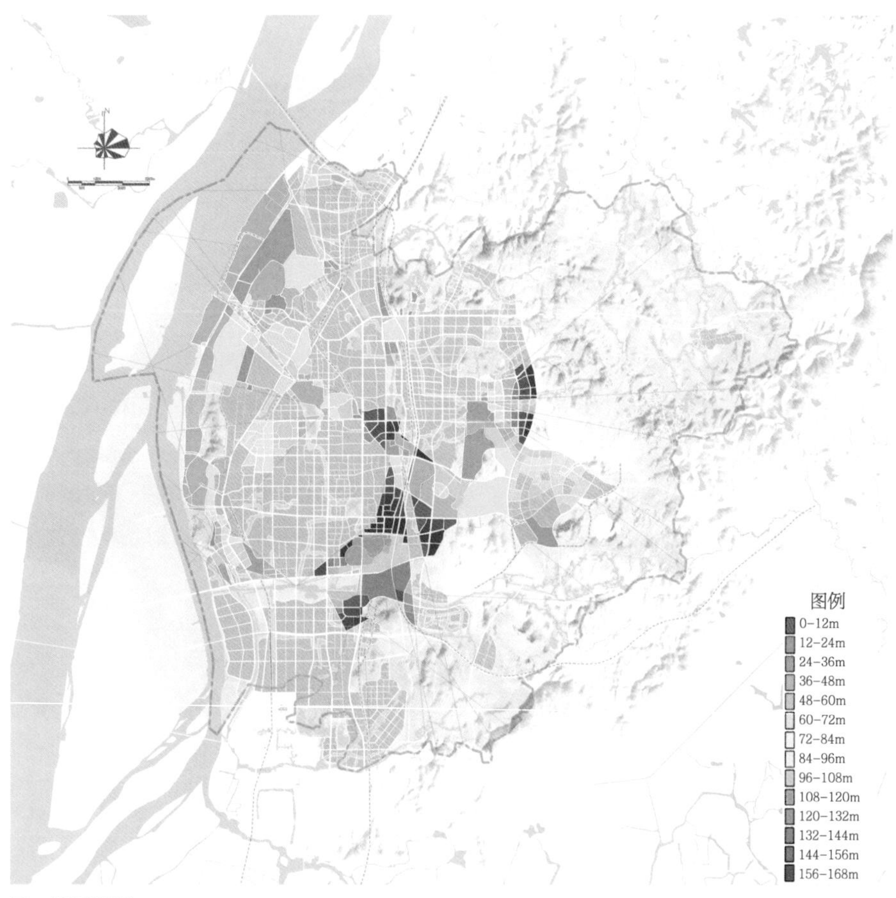

图6 廊道型管控
廊道型管控形成对特定重点区域的空间细化要求。

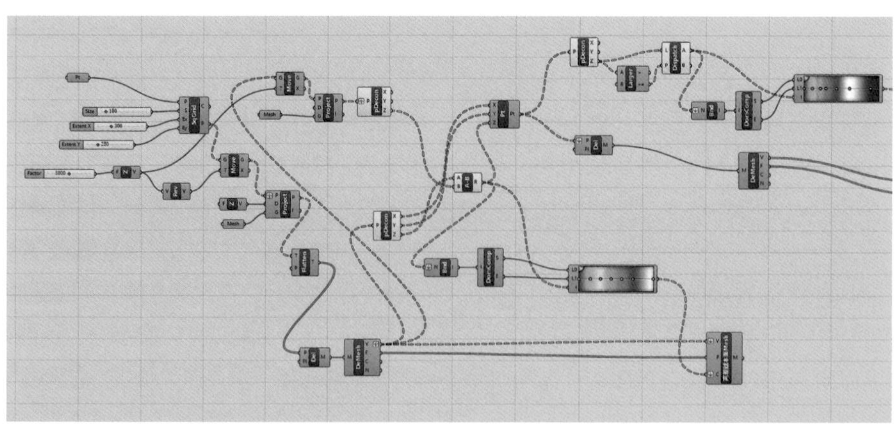

图7 通过Grasshopper编程进行叠加投影和取值运算（局部）
将新技术应用于实体空间的设计求解是提升城市设计管控水平的重要趋势。

4

管控叠加与高度控制方案

上述形成的基准高度控制，主要是基于战略性眺望系统的视线控制思路形成的。在实际规划管理中，还应与承载力与适宜性评价、密度分区、详细规划的规划指标等多种要素结合，进行进一步校核比对，以便于衔接法定化规划成果，并在后续的规划建设管理中得到实施。

基于现状山水自然本底，将城市生态环境保护、地质灾害评估等相关要求反映在高度控制方案中，对于生态敏感地区，以控制开发边界、降低建筑高度等方式体现对自然资源的保护。通过GIS、CIM等信息模型，将各类评价要求和规划管控要求，统一落实在空间模型中，与基准高度控制方案进行管控叠加，以取下限值的方式明确高度管控取值。

对于具体地块来说，还需要结合密度、交通、功能等规划条件和区段、地块层级的城市设计，进一步细化以形成最终的城市高度控制方案，可将其称为景观视廊高度天花板（图8）。

高度天花板是城市建筑物高度控制的一项举措，在地块层面对于建筑高度采用天花板方式进行控制，按每12m为一个区间来明确地块控制高度，从而形成基于景观视线要求的城市高度控制标准。高度天花板既保证了总体高度的刚性管控，又可以实现局部的灵活变化，有利于城市景观的总体管控和精细化塑造，体现了总体城市设计对于规划建设管理的重要价值。

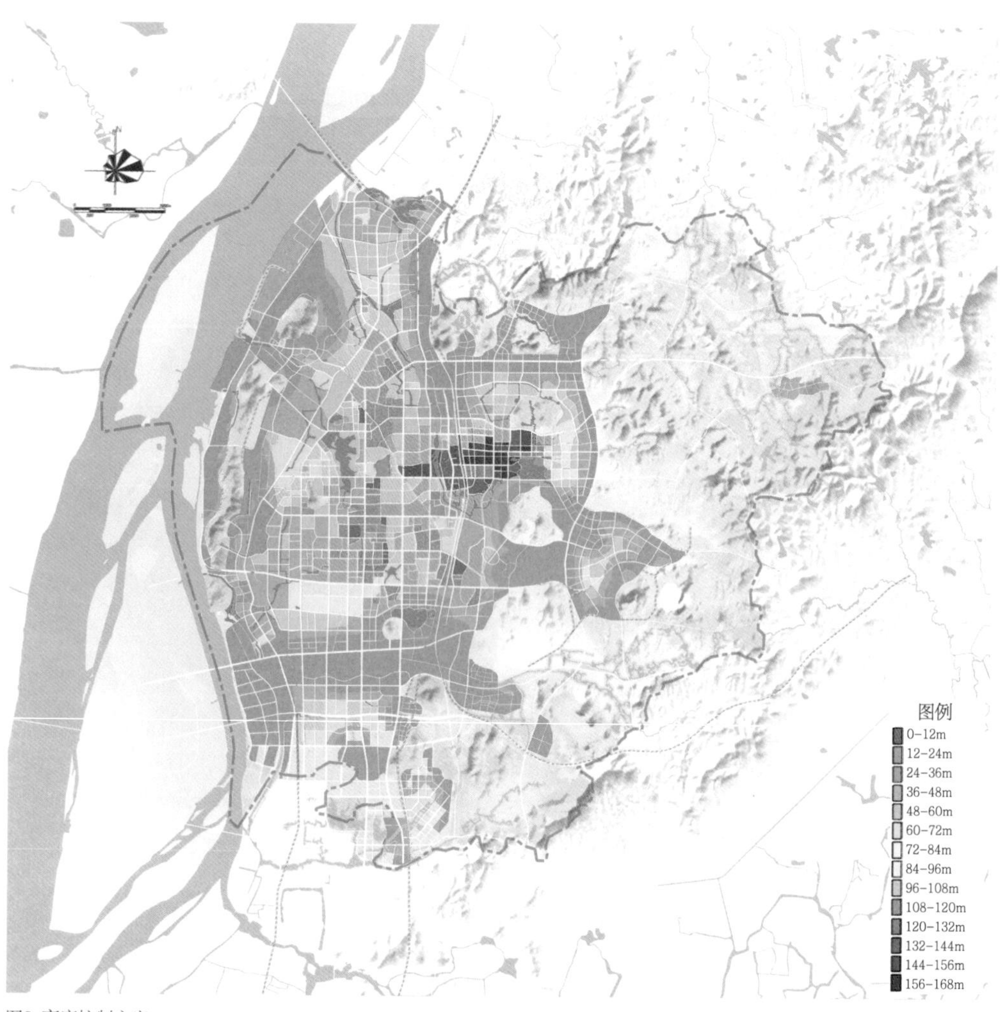

图8 高度控制方案
通过叠加计算确定最终的城市建设的高度"天花板"。

5

结语

以眺望系统和山水景观为依据开展建筑高度管控、塑造城市天际线，是总体城市设计作为宏观尺度设计控制的重要思路。本文将眺望系统按照不同的影响区域、控制类型和管控标准进行分类，有助于理清管控方向和同类的归并叠加，形成可直接应用于规划管理的空间方案。在这一过程中，着重利用信息技术平台进行视线、视域和山脊线等方面的数据分析，以增强高度管控数据的科学合理性，同时以新技术手段整合传统规划管控要求和高度控制基准模型，以景观高度天花板的管控方式，将各类管控要求整合起来。同时要明确宏观管控和中微观管控的逻辑关系，在不突破整体高度控制天花板的基础上，在中微观尺度结合具体地段条件和节点控制要求进行细化设计，保持城市设计和规划管控的适当弹性，更有利于塑造富有变化的背景区域和具有代表性的标志性区域。

全局谋划、协调共赢

——马鞍山公共空间活力提升的探索

王力

【摘要】

马鞍山一直给人以工业城市的印象，当前正面临着大量人口外流和城市空间衰落的问题。随着我国整体城市发展从增量转向存量更新，如何提升城市品质和活力，满足人们不断提升的对生活品质的追求，从而提升城市的吸引力，成为马鞍山城市设计需要重点解决的一个问题。针对于此，本文通过对空间活力的深入研究，试图解构和发现影响公共空间活力形成的因素，并结合新技术应用来探索和架构出提升城市公共空间活力的体系方法，为解决当前存量发展中的城市活力困境提供一个较为可行的思路。

【关键词】

城市设计；空间活力；新技术

┤1├
研究背景

作为长江中部一座典型的工业老城，马鞍山有着雄厚的产业基础和城市发展历史，但是伴随着城市发展遇到瓶颈，空间活力的矛盾日益显现。其中引起我们关注的一点是，马鞍山老城活力虽然旺盛，但正面临减弱；而在新城建设过程中，伴随着人口转移，虽然新区活力逐渐增长，但却大大削弱了老城活力，两者之间俨然形成了此消彼长的竞争态势。值得注意的是，这种城市现象并非马鞍山独有。

如何更加平衡地建构城市空间活力，实现新老地区的活力共赢，是我们本次研究实践的关键点。在开展马鞍山总体城市设计工作后，我们全面深入地研究马鞍山的空间活力特征，希望研究和形成更具普适价值的空间活力提升的系统性方法和框架。

┤2├

马鞍山活力现状

马鞍山的快速发展源于马鞍山钢铁厂的建设，滨江地区主要以工业发展为主，在多年的发展中逐渐形成了半城半厂的空间格局。马鞍山整体呈现出单中心结构，城市的公共职能和商业设施主要围绕在雨山湖周边，导致周边人口集聚程度高，人均公共空间较少，品质提升困难。2000年左右，随着新楼盘开发、城市扩张以及人口疏解的需要，政府大力推进秀山湖地区周边的开发，以及向南建设城南组团，以吸引人口向东、向南转移。但是就现状发展来看，一个重要的现象是新区转移的人口也更倾向于到市中心地区活动，新区公共空间人气凋零，城市单中心集聚的现象并未改观。其中缘由，笔者认为可以从三方面理解。

2.1

设施集聚，分心乏力

公共服务设施对于空间活力具有很大程度的空间自组织特性，是城市运行特征的外在表现。商业活力与道路活力的高匹配性充分证明了这一点。高度集聚的商业发展区域，在一定程度上也证明了马鞍山实际的城市主要活动范围，马鞍山目前的分心发展势头不足。

将商业设施、文体设施、绿色设施进行叠合（图1），可以发现以下问题：

- 除雨山湖中心外，仅有万达东湖地区形成小范围紧凑的设施集聚。
- 秀山新区是各类商业、设施以及公园布局的绝对低地。
- 向山、老市里及滨江新区的商业设施短板明显，其他设施水平参差。
- 绿色活力在城市外围地区明显不足，除采石矶外，没有形成高质量集聚的代表区域。郊野性质的休闲娱乐场所明显匮乏。

对马鞍山现状商业、公共服务、公园等设施空间的分布和服务范围进行叠加分析，初步判断城市公共空间分布特征。

公共服务设施配套不足是马鞍山城市与空间活力困境的一大问题。问卷调查显示（图2），26%的受访者认为马鞍山市的公共服务设施配套不足，普遍认为缺乏的是娱乐设施、文化设施和体育场馆。

通过对网络大数据的研究可以看到，马鞍山市的商业设施中以餐饮设施为主，其次为零售类。商业设施没能补充城市公共设施的不足，进一步导致整体设施比例不均衡。这种整体的设施不均衡是造成受访者意见的主要原因。

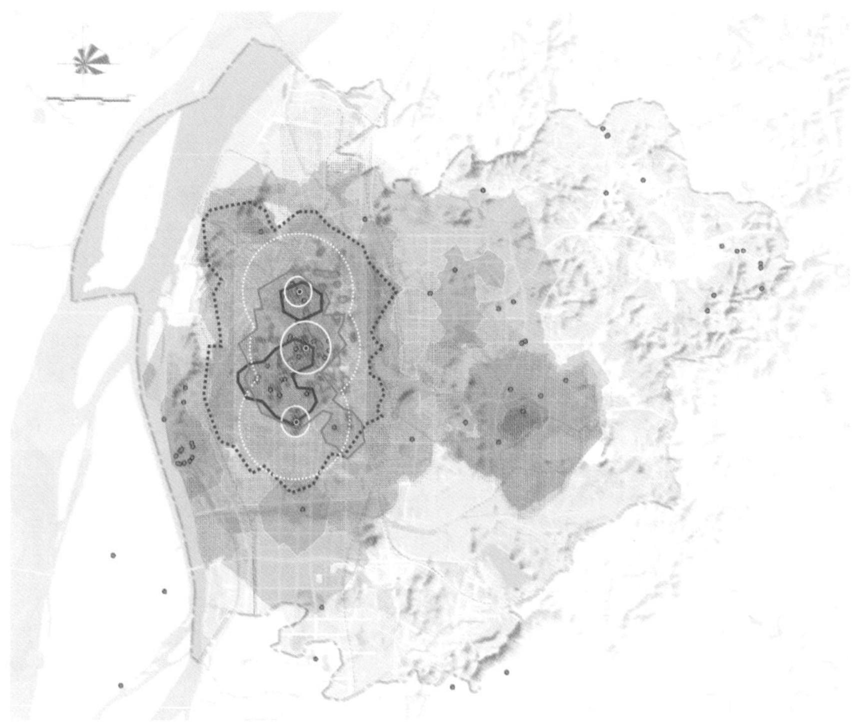

图1 现状设施叠加分析图

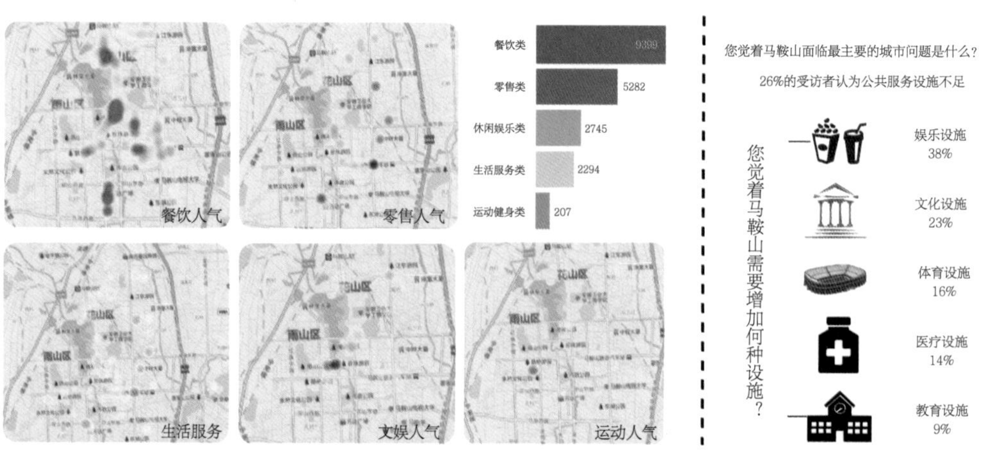

图2 马鞍山公共服务和商业服务设施现状调查

左图为马鞍山商业设施类型分布和比例的分析，右图为针对城市公共服务设施满意度的调查问卷汇总。

2.2

路网活力与中心布局错位

通过对马鞍山现状道路热力分析可知（图3），以雨山湖和佳山为中心，由湖南路＋湖西路＋江东大道形成“双十字形”的一级热力骨架；由雨山东路、九华西路及红旗中路、湖东路、慈湖河路、霍里山大道行程的“两横四纵”的二级热力骨架雨山湖以南至九华路以北的区域可达性较为均衡。城市的主要活力路径框定的范围，与两大城市主要活力中心范围相符。

“慢行交通”是相对于快速和高速交通而言的，有时亦可称为非机动化交通（non-motorized transportation），一般情况下，慢行交通是出行速度不大于15km/h的交通方式。

以慢行交通为基础的城市热力道路图中（图4），解放路、湖北路、花园路一改在不限制交通方式的热力地图中的较低热力度，成为城市中主要的热力集中区域。由此可见，城市活力中心的集聚范围与城市道路空间的热力存在较强的相关性。

结合2015版总体规划进行研究可知（图5），在这一版规划的路网下，秀山新区和滨江新区的路网热度很难提升，这两个新区未来热力堪忧。而选择太白路、秀山路作为未来的轴线，其商业发展热力堪忧。

2.3

步行失落　特色难存

街道的迷失不单纯是简单的道路尺度的问题，这实际上是一种城市历史记忆、生活方式的消逝。

马鞍山市有众多的优秀文化遗存和街道特色，然而现有的优秀街道景观空间及其特征，没能在城市其他街道空间设计中发挥作用。这些文化瑰宝没有在新区建设的城市空间中发挥重要的标志和景观作用，没有能够提振新区人气，这是重大的损失。

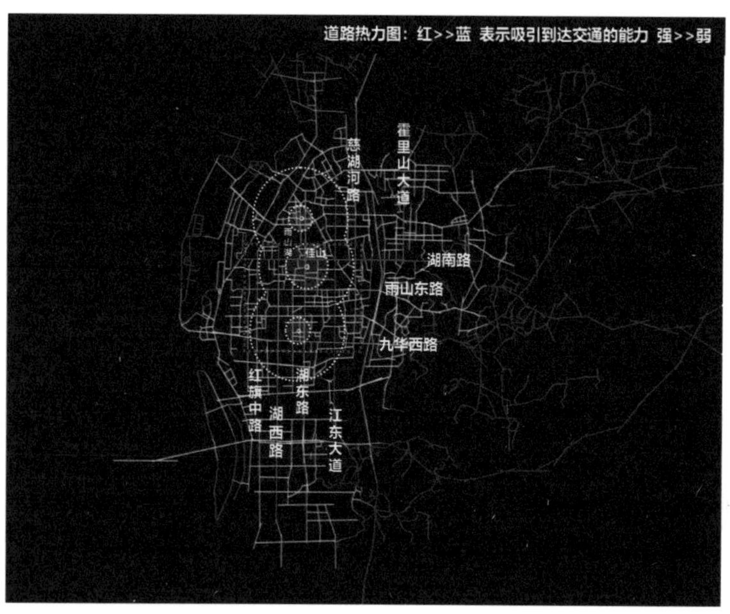

图3 空间句法——整合度 Integration分析
不同地区的可达性交通潜力分析，整合度值高的地区，可达性强，空间热力和活力潜力也越高。

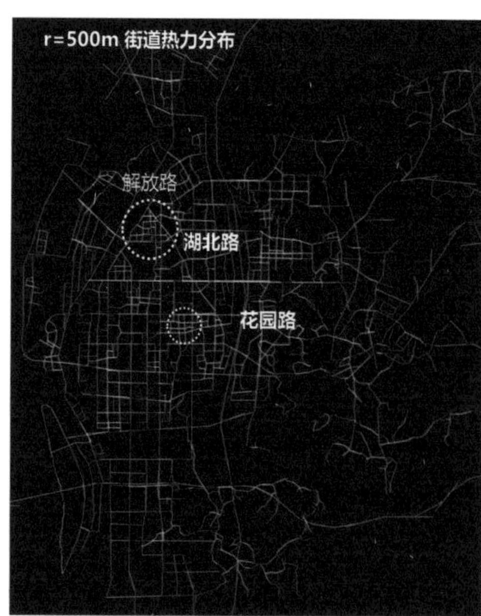

图4 空间句法——慢速交通为基础的热力
对城市街道500m范围的慢行联系性分析，热力越高的地方，街道密度也越高，慢行的可选择性越强。

图5 对2015版总规路网和空间节点匹配度进行热力分析
将总规中规划的城市功能节点和总规路网热力分析进行叠合比较，发现除了中心地区外，外围节点的路网契合程度不高。

┤3├

活力塑造的组织研究

活力的塑造绝不仅是对于特定节点的环境提升，更是从更大空间尺度上的整体谋划和格局思考。

在对《美国大城市的死与生》《建筑环境共鸣设计》等著作以及童明教授等国内外相关学者著作进行研究，结合对其他城市进行的实践分析，笔者初步对活力的内涵有了比较深刻的理解。归纳来看，城市空间活力具有三方面重要属性：交往交流、密度频度、环境特质。想要对空间活力开展重塑研究，就需要以活力的三方面属性为靶向来展开。

- “交往交流”是空间活力形成的本质。活力建立在一定规模人群的聚集及其交流活动基础上。
- “密度频度”代表了空间活力的可量化特征，人群的密度和交流的频度直接反映了空间活力的高低。
- “环境特质”则意味着空间活力形成是受到外在作用力和催化剂影响的。人群的集聚和人们交流的欲望会受到场所的商业、文化、景观等特质的差异性影响而变化。

对于马鞍山这样的三线城市来说，从城市的有限资源，以及规划和实际工作角度出发，空间活力的塑造不能面面俱到，否则将会失去工作重心，沦为一纸空谈。那么如何充分利用有限的城市发展资源，实现城市品质的最大化改善，营造一个充满活力的城市环境，这是其未来发展的重要命题。我们认为，空间活力的塑造，应当是“重点突破式”的，是以重要节点活力带动片区活力的方式，推动整体活力提升。这也将是我们后面研究工作的一个重要出发点。

基于此，笔者借鉴了Cozen的城市分形学方法，尝试通过解构空间活力与城市各层面规划设计要素的关联性，来逆向推导并建立城市公共空间活力体系的塑造方法。通过分析，我们认为完整的公共空间活力体系的设计应该塑造四个方面的内容。

- 活力解构与认知：立足现状，了解地区现状空间活力的结构分布，寻找未来发展契机和方向。
- 格局重构与混合：面向发展，规划合理的空间活力结构与体系，分析空间差异性，奠定空间活力发展底盘。
- 路径连通与完善：优化基础，梳理现状路网，支撑活力中心的发展建设，提升地区可达性。
- 形态塑造与引导：提升氛围，在功能方向明确的基础上，优化设施、景观等方面的协同布局和设计，营造吸引人的空间环境。

3.1

活力解构与认知

首先需要立足现状，把握城市的基本脉络，通过对城市典型地区的空间活力特征、功能构成等方面的定性研究，获得潜在的影响活力形成的功能组织类型；然后在此功能库的基础上，通过数字化模拟，量化分析城市空间的活力特征及其权重构成，并在后续研究中进一步延伸到规划新建地区，从而重构城市或地区的空间活力格局。

- 马鞍山实践

在马鞍山项目的开展中，笔者首先对马鞍山现状活力比较好的地区展开分析探究，对各类空间中影响活力的功能组织进行了分类。通过对不同类型公共空间主导功能类型的差异性分析，我们提取出一些主要的功能因子，并且对这些因子在城市活力中所产生的不同作用有了初步的理解和认知。通过结合马鞍山的产业结构和空间特征，我们将马鞍山现状影响空间活力的功能因素归纳为四个主要类型：商业功能、文化功能、自然功能和交通功能（图6）。

在定性分析的基础上，我们进一步对其进行量化研究，解构和分析功能因子对城市地区

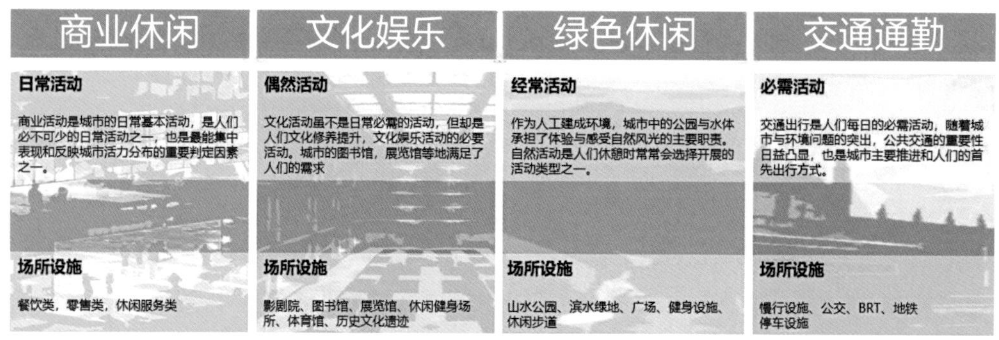

图6 影响马鞍山空间活力的四类功能因素
结合马鞍山的城市特征将活力因子归为四类，便于后续开展分项和叠加研究。

的影响，从而更深刻地理解这些功能在城市中与空间活力存在怎样的关联性。

1）对于商业功能的探究

商业活力的研究主要是人群购物消费，但这部分数据很难直接获取。在有限的资料下，我们认为，人群购买力旺盛的地方，商家也更愿意集中布局，也就是说，店铺的分布密度其实也可以间接反映地区的商业活力程度。通过对网络公共数据的挖取（图7），收集了19927条经过处理的有效商铺的信息数据，大致可以分为三大类：餐饮类、零售类和服务类，其中服务类又可以细分为休闲娱乐、运动健康和生活服务。

通过对这几类商业店铺信息的收集汇总，及对参与点评人数的分析研究可以了解城市的商业功能热力分布的现状特征。根据商业圈活力的粘连程度，可以将马鞍山现有商圈划分为三个主要的商业活力聚集区，主要聚集在雨山湖公园周边。结合现状来看，其分布基本符合威廉·雷利的“商业吸引力法则”，拓扑半径基本在500～800m的10min步行和800～1500m的10min自行车出行范围之内，呈高度聚集分布状态。

2）对于文化功能的探究

在当地调研过程中，一些大型文化场馆是民众周末常去的地方，也是周边民众的活动场地，空间活力相对较高，但是最直观的场馆访问量同样也是一个较难获取的数据。因此我们提出两个假设：场馆类型多样且分布密集的地区，人们会更愿意前往；以及距离场馆可达性较好的地区，人们去的意愿会更高，公共交流也就会更多。基于这两点认识，在规划中，我们通过对不同类型场馆的服务半径的分析，通过叠加算法分析地区的密集程度和可达性，来间接推算地区的活力状态。

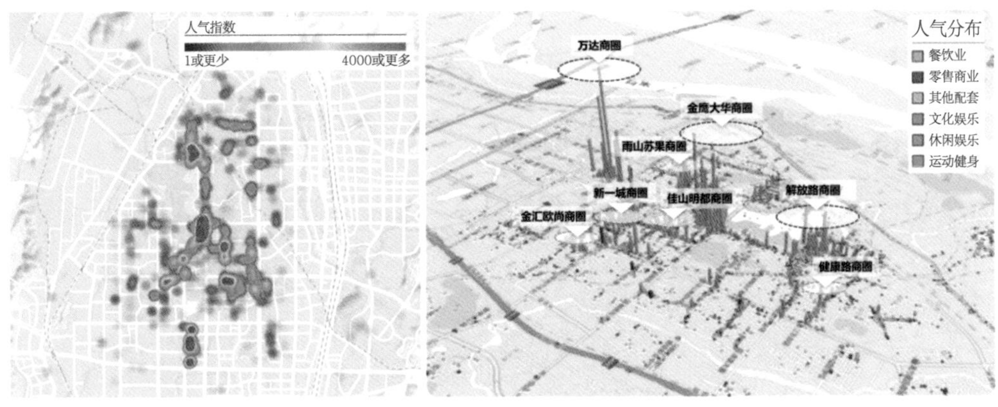

图7 商业功能热力影响分析
对商业设施密度、好评度等因素进行分析，研究城市商业活力分布特征。

在马鞍山，具有文化功能的空间主要是一些公共建筑与场馆[1]。我们对城市场馆进行归类，主要归为三类：体育场馆、展览展示馆和图书文化馆。通过找到文化功能各个节点的分布，分别研究其10min步行和10min骑行区域，通过叠加其服务覆盖范围，可以从居民的便捷性角度，分析出马鞍山的文化功能的直接影响区域，也可以称为间接活力旺盛地区。

通过分析可以看到（图8），马鞍山的体育设施服务覆盖最为全面，展览设施、图书设施覆盖的区域主要集中在雨山湖至采石河以北的地区，秀山新区虽有大型文体设施，但慢行服务的空间均好性不足。而综合三类设施慢行活力覆盖范围叠合分析，覆盖集中程度最高的区域在湖北路—解放路一带以及金鹰—雨山—佳山的三角区域。

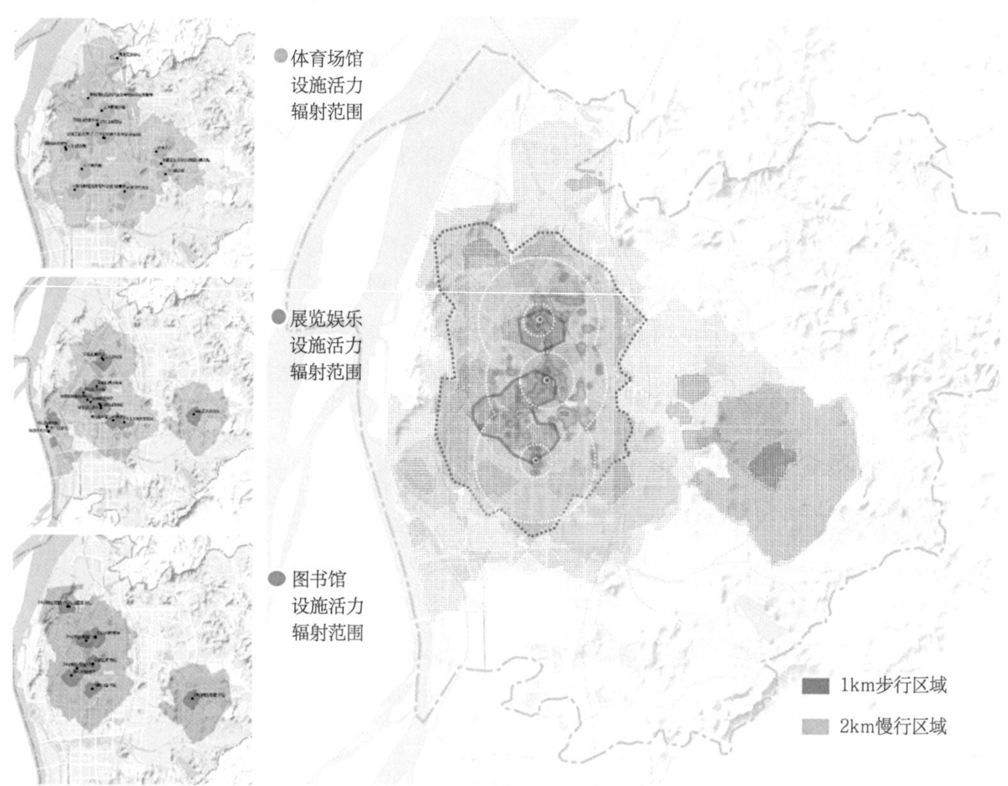

图8 马鞍山文化功能影响范围分析
对体育场馆、娱乐展览、图书馆等设施进行1km和2km服务范围分析，间接反映城市文化活力分布特征。

1 一些文化活动在公园广场等地展开，由于这类场地的第一属性首先是自然类的，因而不作为文化功能的场地展开研究。

3）对于自然功能的探究

城市中具有自然属性的公共活动空间主要是公园[1]。我们拾取城市中不同规模的公园绿地空间，同样通过对其10min步行和骑行的可达性的分析，来间接得到自然公共空间在居民日常活动中的活力影响范围（图9）。

马鞍山的自然本底较好，得益于此，城市的公园覆盖率整体较高，除北部工业区、滨江产业地区外，城市建成区范围基本达到慢行全覆盖。此外，绿色设施的活力核心覆盖范围仍然在雨山湖—印山西路的主城区域。

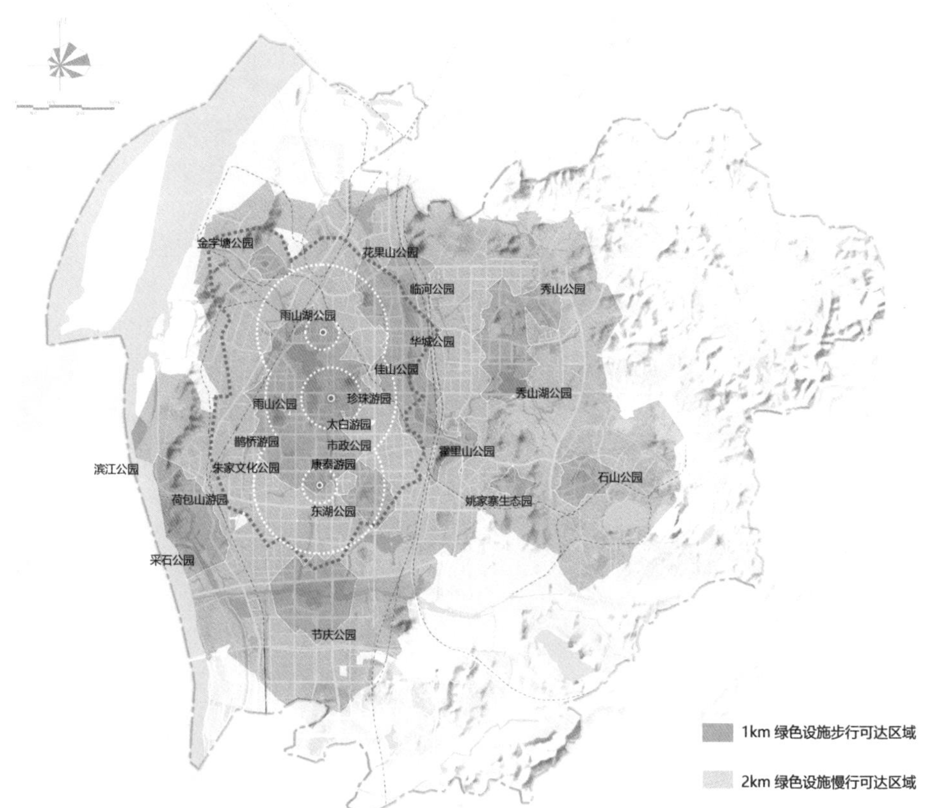

图9 马鞍山自然功能服务范围分析
对城市公园以及重要的山体绿地进行1km和2km服务范围分析，间接反映自然活力的分布特征。

1 有些山体或者河流景观由于不具有公共性而不能与民众的活动发生关联，不能作为自然功能空间。

4）对于交通功能的探究

城市公共交通的布局对空间活力会产生比较大的影响，往往公交线越发达、站点越密集的地方，其空间活力也越高。我们在地图网站上对马鞍山市的所有公交线路和站点进行了提取，并将这些信息在空间落位。通过对所有线路的所有公交站点500m服务半径的分析叠加（图10），可以看到颜色越深，代表着公交站点分布越密集，这些地区相应的活力也应当更具潜力。

分析可知，马鞍山老城地区的公共交通建设已经非常完善，线路重合度、站点覆盖率都非常高，但是秀山湖等外围地区的公交服务还基本处于较低甚至真空状态，对于吸引人气非常不利。

在对功能因子进行分项研究后，我们对上述研究结果进一步进行叠加分析，将活力值较为旺盛的一些点位标注出来。通过观察，初步有几点认知：

第一，城市现状空间活力整体呈单中心分布状态，老城中心地区活力旺盛；

第二，金鹰天地广场与大华国际广场周边是城市人群的主要聚集场所，是城市的主要中心点，万达广场周边、新天地广场周边也具有较强的人气指数，而佳山路两侧也具有较强的公共活力。

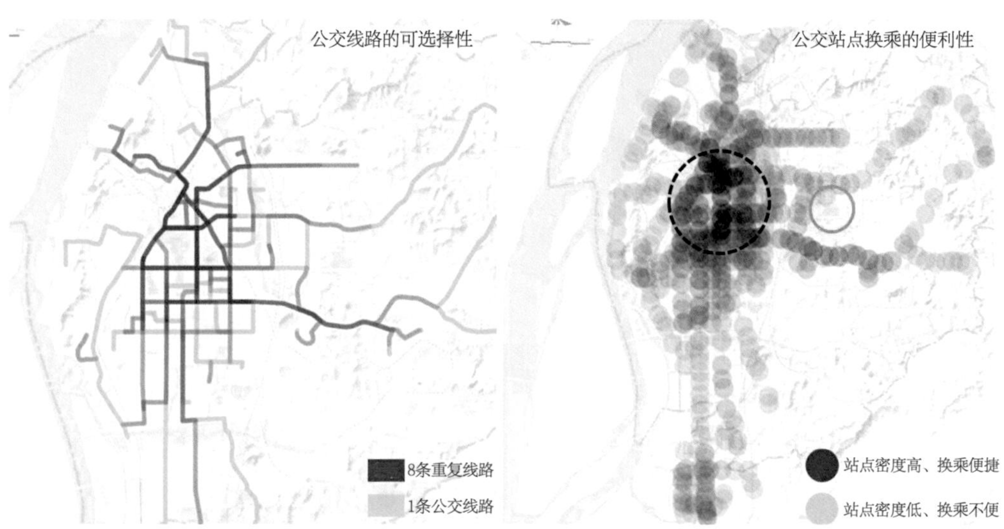

图10 马鞍山公共交通功能便捷性分析
从网上摘取城市公交线路和站点的空间数据，对服务范围和线路重合度进行分析，研究不同地区的出行便捷性特征。

第三，秀山湖周边活力形成的条件尚不完全，包括交通、商业等功能还不完备，应当在将来引起注意。

第四，城市的基础框架较好，存在多个潜在的活力触发区域，应当在城市未来的规划和建设中引起注意。

分析结果比较直观地反映了当前马鞍山的空间活力分布特征，且在未来的城市发展中，有三个活力最旺盛的点位应予以重点关注：其中两个位于雨山湖公园的南北两侧，共同形成了城市的主要中心点；另一个位于南侧万达地区，该地区由于万达广场以及东湖公园的存在，其商业活力和自然活力非常旺盛，有条件进一步拓展交通优势，扩大地区活力。

3.2

格局重构与混合

功能差异化塑造的一个重要原则是功能架构与人群特征的匹配。功能类型的组合要有目标性，需要针对不同地区不同人群的特征和需求来组织相应功能构成。正如《美国大城市的死与生》中提到的例子："纽约大都会歌剧院的新家与一个低收入公共住宅区在同一条街的两边，但是这样的结合是毫无意义的……因为这里的人群不会使用同样的设施……这种经济上的'分音符'在城市里并不是自然形成的，多数情况下是因为规划而造成的。"

在初步解构和认知的基础上，应当进一步结合现状人群分布及其他规划等内容，进一步分析完善各节点空间的功能组织模式，从而指导活力节点的功能塑造，形成功能丰富、针对性强、可落实的空间活力体系。

- 马鞍山实践

通过整合现有的分析结果，并结合其他相关政策内容，我们提出了"一主两副六特两门户"的活力体系初步判断（图11），建立起打造城市活力的框架基础。其中，"一主"是指雨山湖城市中心，"两副"是指万达城市副中心和秀山湖城市副中心，"六特"则是在前期研究的基础上综合筛选出的六个具有活力基础的外围空间节点。

通过对9个节点空间的现状功能组织进行进一步的解构，马鞍山空间节点的功能复合度高的地区主要在城市中心地区，外围功能相对单一，一般只有一到两种功能构成，这也是这些节点的人群吸引力较差的原因。进一步结合地区现状比较可以发现，在这四类空间活力的功能因子中，商业功能对于空间活力的刺激具有显著作用。

结合各节点的建设条件，经过研究与对比，我们认为有两种主要的功能组织模式适合于马鞍山的特点[1]：

1　此处去除了所有功能都混合的方式，因为这种方式往往集中于城市中心区，其构建成本也相对较高，不适用于外围节点的打造。

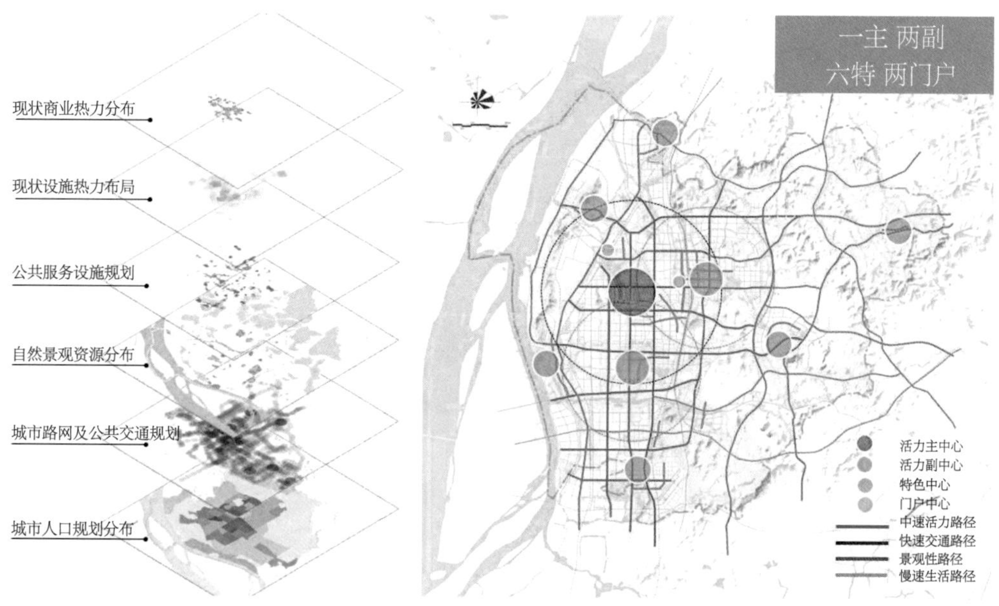

图11 马鞍山活力体系初步判断
将四个功能因子的分析和上位规划中的人口分布、空间结构、交通规划等内容叠合分析，研究和判断最优的城市活力结构。

一种是商业、设施、交通多方面结合的活力组织模式。一般以商业空间为主导，通过商业广场等空间将其他设施与交通节点线性连接在一起，形成复合的具有小街区特色的商业空间，一般多见于商业中心地区。

另一种是商业结合自然的模式。这种模式一般多应用于城市公园或者外围地区，具有良好的自然景观条件，通过与商业的结合，可整体提升空间活力。

基于此，我们对各节点的功能组织模式开展了细化研究，在现状建设条件的基础上，完善和丰富各节点的功能组织类型（图12），形成马鞍山的空间活力结构体系。

3.3

路径连通与完善

前面两个策略中提到交通功能因子，主要是从公共交通角度进行了功能影响分析，本条目提到的路径，是对城市或地区内道路网的完善。

城市道路影响着人们出行的方方面面，其结构的合理性对于城市地区的便捷性和吸引力有着重要的影响，是空间活力塑造的重要支撑。所谓路径的连通与完善，是指通过对城市或地区现有城市路网的研究分析，从而甄别出尚存在缺失的地区，提出可以增强活力

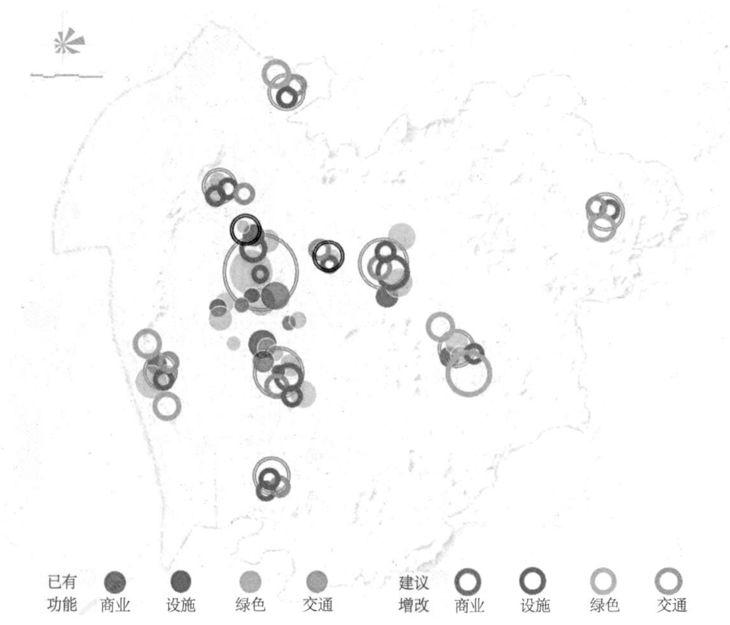

图12 对马鞍山活力节点的功能完善
结合四个功能因子，对不同节点地区的现状功能特征进行分解，并结合设计意图，完善节点的功能构成。

节点之间的空间联系性的道路网完善方案。这么做的目的是整体提升现有城市片区间的连通性，以增强道路网结构与空间活力结构体系的契合程度，从而提升各活力节点的交通支撑。

- 马鞍山实践

首先是对整体道路网的研究。基于现状道路和规划道路进行空间句法分析，研究城市道路的连通性，从整体上提升城市的道路网络结构（图13）。其中，重点关注上述9个空间节点之间及其与周边地区的道路连通性，通过梳理或调整路网结构，保证道路网结构的合理性，增强各节点间的通达性。

然后是对节点路网的优化与加密。在对城市的道路线密度以及对其路网的联系性进行分析时可看到，马鞍山节点地区的路网密度是一个主要问题，在同样的500m可达性范围内，只有少数的几个现状活力良好的节点地区的路网可达性较高，而其他地区的可达性都相对较弱。因此我们结合现状建设条件，对节点区域的路网进行针对性调整，并适当增补路网。通过一点点的尝试对比、再尝试再对比，我们逐步在设计中找到了比较完善的路网格局状态，在有限的改动下，改善各节点地区的内部路网结构和密度，从而提升节点的可达性和步行适宜度，为提升地区活力奠定了交通基础（图14）。

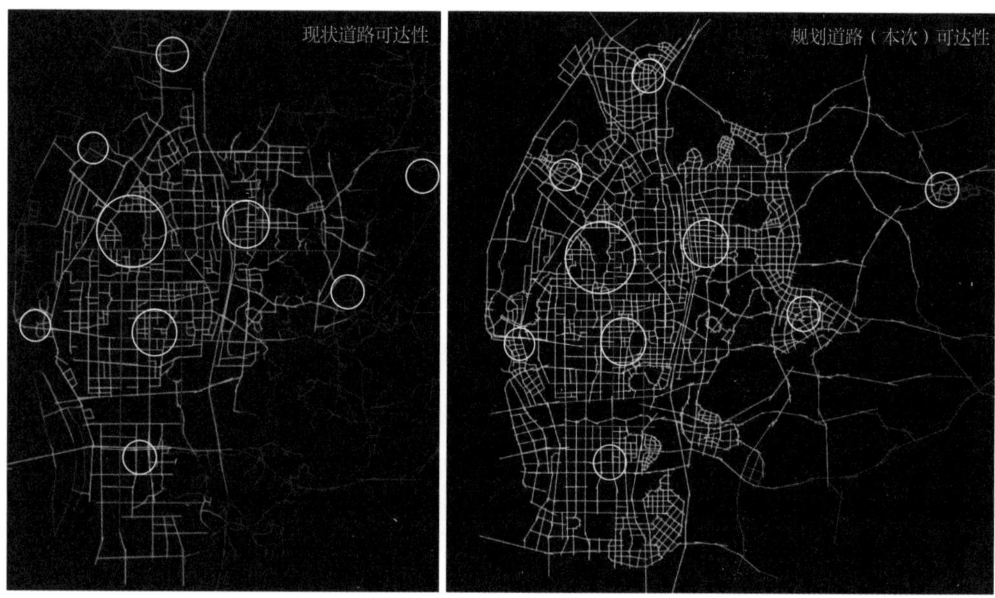

图13 马鞍山道路网的整体完善
结合活力体系结构，不断将调整的主要干道与现状路网、规划结构进行热力分析比较和再完善，完善主要路网结构，形成最佳的整体规划路网。

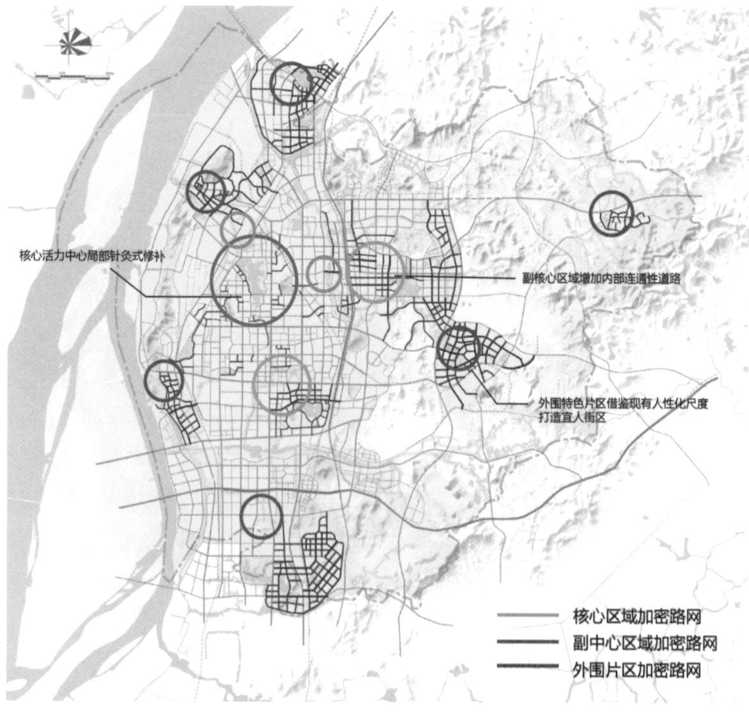

图14 对现状路网的甄别与调整优化
结合活力体系分布和节点现状建设条件，进一步完善节点路网密度，优化步行环境。

3.4

形态塑造与引导

节点空间塑造更多的是从中微观层面开展的，是对人们日常使用城市空间时切实可以感受到的环境氛围的设计与塑造。在前面空间活力体系的功能指导下，城市各节点的塑造能够更有的放矢，避免节点之间的同质化竞争，有助于整体塑造城市的特色和活力。

• 马鞍山实践

从分形学的视角来看，马鞍山的活力体系是由一个个节点构成的，而每个节点本身与整体在功能、形态等方面会存在较高的相似度，但同时也会有其自身特征。而且空间形态设计本身也具有极强的综合性。因此在开展节点塑造和设计时，我们尽量将前面的功能组织与空间形态相匹配，同时考虑到节点间功能的差异性，以及人群特征的不同、地理位置的差异等方面因素，在空间设计和引导中尽量打造地方特质，形成差异化的空间吸引力。

比如在雨山湖城市中心节点的塑造中，我们首先明确了其定位是城市的主要活力中心，是地区内最重要的活力极核；此外该地区是城市的传统商业中心，具有较长的发展历史，周边居民类型相对综合；同时也具有雨山湖等自然景观特色。对于这一地区来讲，其功能综合性已经很强了，而其重新焕发活力的重点应该是“提质”，应当是对路径联系、空间特色等的塑造（图15）。因此在设计引导中，我们认为该地区在路径的联通上有必要加密以增强与周边地区及外围节点的联系，同时增强雨山湖南北两侧活力地区的联系，同时提升街道景观品质，建设具有代表性的特色风貌街道。此外，应当重点挖掘和提升地区的景观特色，塑造佳山和雨山之间的景观通廊[1]，以及两座山眺望湖面的景观通廊，打造标志性的地区风光。同时还应在地区内构建慢性活动路径，将商业、树林、水面联系在一起，建设舒适的步行环境，提升空间吸引力和商业环境特色。最后还可以通过增加建设交通节点进一步增强地区的活力吸引力。

1　构建景观通廊的意义在于，提示城市周边地区开发时，应当考虑两座山之间的相互眺望以及建筑形态与山体的关系，为开发的审批决策指明方向。

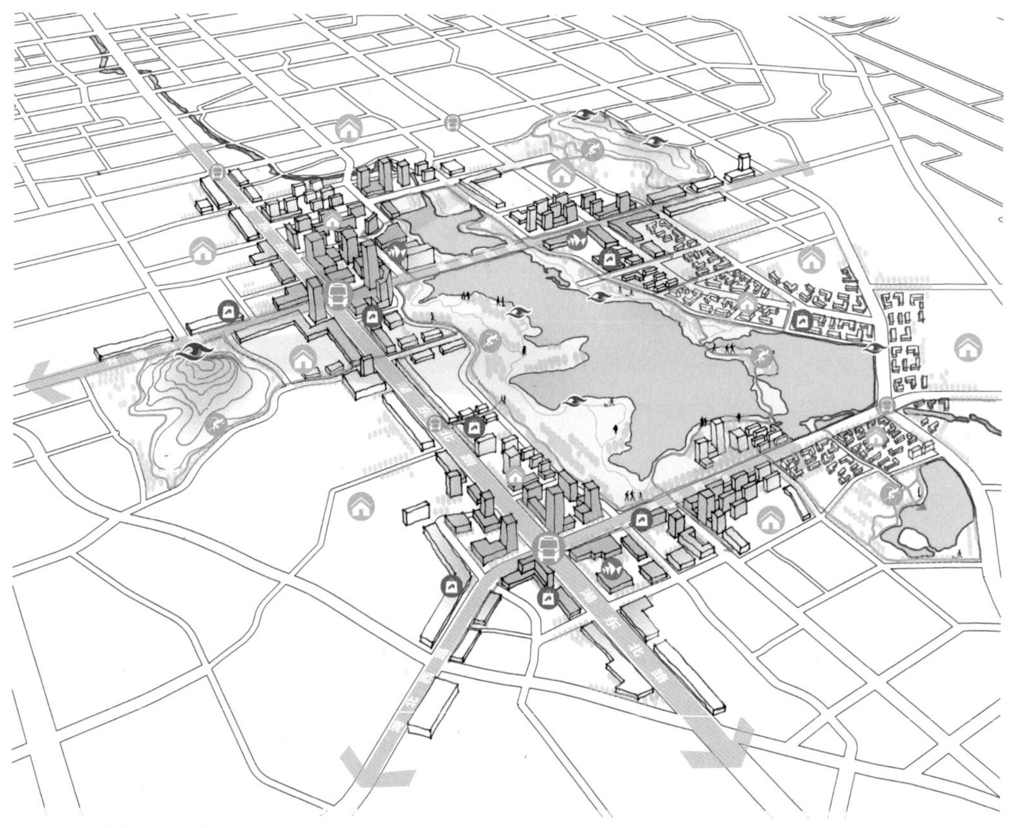

图15 雨山湖城市中心空间设计引导
从三维空间直观地明确和指引节点地区的更新和建设要点。

4

活力营造的再思考

当前我国的城镇化建设正在进入下半场，增量发展逐步转变为存量发展，我们城市的管理和经营方式也面临着新的调整。面对城市空间活力的此消彼长，我们一直希望能深入探讨研究其成因和对策。

此次马鞍山空间活力的研究，对于我们也是一次深入的研究和探索机会。我们从多方入手，综合运用城市形态学、分形学、地理学等相关学科的方法，从宏观与微观层面多个视角对城市空间活力进行了解构和分析，希望能够一步步从虚到实，逐渐细化完善，清晰地提炼出城市空间活力的良性发展架构，探索出一些有效避免城市内部节点的同质化资源的恶性竞争、引导公共节点相互促进的城市活力营造方式。

以上是我们在马鞍山总体城市设计中的初步探索，希望本文提出的研究方法能够对未来城市工作的展开提供帮助，笔者也将在今后的项目和实践中进一步完善和修正这一方法体系。

参考文献

[1] 简・雅各布斯. 美国大城市的死与生[M]. 南京：译林出版社，2006.

[2] 柯林・罗，弗瑞德・科特著. 拼贴城市[M]. 童明译. 北京：中国建筑工业出版社，2003.

[3] 童明. 城市肌理如何激发城市活力[J]. 城市规划学刊，2014.

[4] 崔岚. 复兴城市活力的景观学策略初探[J]. 建筑与文化，2012.

[5] 蒋涤非，李璟兮. 当代城市活力营造的若干思考[J]. 新建筑，2016.

[6] 段进. 城市形态研究与空间战略规划[J]. 城市规划，2003.

[7] 谷凯. 城市形态的理论与方法：探索全面与理性的研究框架[J]. 城市规划，2001.

[8] 王伟强. 城市的年轮[J]. 城市建筑，2011.

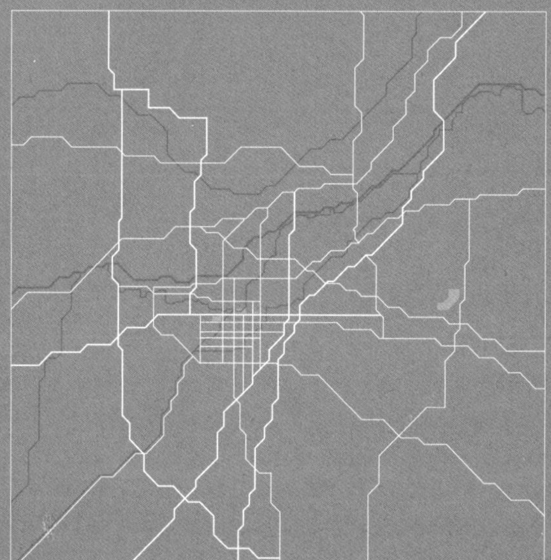

10

新乡

随着城市发展，新乡已处于在提质升级发展的关键时期。本次总体城市设计通过挖掘新乡历史文化、展现山水特色、梳理城市形态，找准新乡的风貌定位和发展策略，从整体到局部进行全方位的提升打造，并以导则分类控制实现设计目标的落实，全面挖掘了新乡的城市特色，为新乡的城市风貌塑造提供了有力支撑。

牧野涤尘，卫水沥金

——新乡市总体城市设计

王宏杰　纪叶

【摘要】

随着中原经济群、郑洛新国家自主创新示范区的获批，城市发展的外部条件不断优化，发展理念不断更新，新乡处在了提质升级发展的关键时期。本次总体城市设计通过挖掘新乡历史文化、展现山水特色、梳理城市形态，找准新乡的风貌定位和发展策略，从整体到局部进行全方位的提升打造。重点提出拭尘龟背、焕活北关、再现牧野、串珠卫河等策略，展现新乡历史文化，塑造城市名片；管控山前地区和滨水界面的建设高度，展现山水特色；强化十字双轴、构建两站一心，梳理并塑造城市形态；最后形成城市设计导则，通过导则分类控制实现设计目标的落实。

【关键词】

总体城市设计；城市特色；导则管控

┤1├

新乡总体城市设计的工作背景

1.1

总体城市设计的意义

2017年住房和城乡建设部发布了《城市设计管理办法》，为全面梳理城市的自然文化资源，深入挖掘城市特色，用城市设计手段来保护、展示城市的独特魅力提供了顶层依据，可减少千城一面的问题。《城市设计管理办法》颁布之前，我国诸多发展较快的大城市，已通过各类型城市规划工作充分挖掘了城市特色，从内容上已经完成了总体城市设计的相关要求，但对我国大部分人口刚过百万的大城市以及中小城市而言，总体城市设计仍然是一项具有意义的工作。这些城市由于缺少整体层面风貌研究工作，对自身历史文化和自然生态资源认识不足，从而被贴上缺少特色、没有亮点的标签。如果城市规划工作粗放，没有深挖城市特色，那么很多具有历史底蕴的城市特色不但无法得到展示，反而可能彻底消失。因此，对于这类城市，开展总体城市设计无疑是一次及时的城市特色抢救工作。

地处河南省北部，与郑州隔黄河相望的新乡就是这样一个有特色但缺少挖掘的城市。作为豫北地区重要的中心城市，新乡市区建成区面积为110km^2，现状人口为106万。但由于缺少众所熟知的城市名片，新乡并不能给大家留下印象深刻的画面。本次总体城市设计主要目标就是帮助新乡挖掘城市特色，提升城市魅力，展现城市画卷。

1.2

新乡概况

1.2.1 禀赋特征

新乡山水特征突出，历史文化悠久。新乡北依太行山，南临黄河，中心城区由卫河穿城而过。太行山成了新乡市西北侧的自然屏障与重要开敞空间，其中余脉凤凰山紧邻中心城区北部，是中心城区内唯一的山峰，亦是城市中轴的北端。新乡南部的黄河自然保护区，是城市的自然屏障与生态开敞空间，多条西南-东北走势的水系穿城而过，联通黄河。其中最重要的一条河是卫河，她是古永济渠（隋唐大运河的一部分）的一部分。新乡历史悠久，至今已有2000多年的历史。新乡古城名曰“新乐古城”，依卫河而生，沿卫河而建，因此卫河是新乡的孕育之河，新乡古城拥有水运时期卫河上的重要码头和驿站。新乡在卫河畔的古城基础上，向四周拓展，不断壮大，最终形成现在的城市格局。中华人民共和国成立后曾为平原省省会，现为豫北区域的中心。

1.2.2 核心问题

随着城市的发展，新乡的城市问题也逐渐凸显。首先，新乡的历史文化资源没有得到良好的保护和挖掘。卫河河畔的历史资源尚存，但关系孤立、缺少对话，没有体现出该地区历史上的城水关系。文保单位保护不善，很多文保单位被掩盖于居住建筑之中，历史地段缺乏维护，部分改造过的建筑立面十分粗放。历史文保单位周边建筑缺乏管控，建造了部分高层住宅，影响了文保单位的视线廊道和整体风貌景观，不利于城市历史记忆的保留和城市特色的凸显，也为文保单位周边特色空间的营造带来了较大困难。其次，新乡的山水景观资源没有得到充分的提升和展示。新乡水系较多，但河道较窄，水系两侧缺乏建筑高度和风貌的建设管控，临近滨水空间建设了很多高层住宅，对滨水景观形象造成了影响。同时，滨水空间与城市开敞空间缺少串联，沿岸绿地设计手法也较为单调。最后，新乡的城市结构有待梳理，城市的中心和片区需要提升特色。

1.2.3 设计共识

通过调研分析，我们认为新乡市城市建设问题相对较为明晰和普遍。这类城市不需要高超的设计手法和高端的定位愿景，只需要围绕总体城市设计的四个方面，即：确定城市风貌特色、保护自然山水格局、优化城市形态和明确公共空间体系，就能在一定程度上为新乡拭去蒙尘，展现特色。本次城市设计从挖掘历史文化、展现山水风貌和梳理城市脉络等方面入手，从局部到整体来探讨如何借助总体城市设计以凸显城市特色。

┤2├

新乡总体城市设计的框架构建

通过研究新乡的特色资源和城市问题，本次总体城市设计找准新乡的风貌定位和发展策略，从整体到局部进行全方位的提升打造。在城市风貌上，恢复古城轮廓，打造卫河串珠空间，为城市增加多处活力地区，承载城市记忆的同时展现新的城市画卷。在山水格局上，充分利用“乡”型水系的良好本底，提出“微笑曲线”建筑高度管控要求，打造尺度适宜的城市滨水空间。在空间结构上，塑造中心城区结构，明确十字双轴的城市骨架，顺应大山水格局；在此基础上，强化城市核心职能，梳理轴线体系，优化整体形态。最后，本次规划还制定了城市设计导则，对重点地段进行片区划分、制定图则，进行城市设计要素和建筑设计要素的管控，形成项目清单，以便于规划管理人员操作。

2.1

把控风貌定位，升级城市形象

新乡是名字里唯一带有“乡”的地级市，“乡”和“飨”为同字，“飨”也同“享”。因此，本次总体城市设计凸显“享”在新乡城市文化中的意义，提出新乡新“享”的设计理念，以新时代共享精神塑造新乡的城市精神，以“享”为文化符号突出新乡的城市内涵，享历史文化、享水岸生活、享水韵风情。依托新乡丰厚的历史文化，独特的山水资源，多元的发展活力，以及愈发走向共享与交融的城市生活，充分发挥新乡的南太行、新乐古城、大运河（卫河）等历史文化与山水资源，以创新和共享为发展目标，形成新乡的整体风貌定位：“南太行下的创新文城，大运河畔的共享水城”，将总体城市设计的工作重点聚焦在对山水空间、历史文脉的彰显和对滨水空间的价值提升上。

2.2

挖掘历史文化，展示城市名片

2.2.1 拭尘龟背、焕活北关

在新乡市内，除了几处文保建筑之外，基本都是中华人民共和国成立以后的现代建筑或者城中村，难以找出一片保存较好的历史街区，也很难找到城市起源发展的痕迹。通过查阅历史资料，发现清代《新乡县志》对新乐古城的描述为："城，内土外砖，周五里二百四十二步，为堞九百八十有奇。高二丈八尺，东西南北四门，东曰迎恩，西曰来宾，南曰朝阳，北曰拱辰。城内为街巷五，东曰崇化街，西曰弦歌街，南曰归德街，北曰安仁街，西北曰临川街，内外衙舍毗连。"县志内清晰地记载了古城的位置，新乐古城因形似龟背又被称为龟背城，特色鲜明。（图1）

根据调研，结合现状支路和建筑间隙辨别出古城墙遗迹空间。在方案中，采用局部恢复古城墙印记的方式，打造古城步道，依据古城门名字设置"迎恩广场""拱辰广场"等节点来承载历史记忆（图2）。同时在古城范围内，用慢行步道串联历史遗迹，将城里十字街、城墙遗址、文庙、关帝庙等承载新乡厚重历史文化的遗产串联整合，重塑古城印象。

通过规划景观水系的方式还原新乐古城的龟背城轮廓。在有条件的区域设置景观水系，通过新乐古城墙及环城水系还原古城轮廓的历史记忆。沿水系通过慢行空间串联百年药店、古城墙遗址、城隍庙、文庙、李家大院等多组历史建筑，并围绕水系布置文化创意设施，新老结合，充分展现新乐古城的崭新活力。连接人民公园与西北侧的古城墙遗址，将人民公园与新乐古城的历史文脉相融合，形成历史城墙遗址展示片区。重点保护存留的城墙遗址，并按原位置恢复部分城墙，设置城墙遗迹步道，进一步展示古城的历史记忆（图3）。

紧邻古城北侧的北关街片区仍保留着传统的城市肌理，通过打造步行商业街的方式，还原北关街的商业功能，将北关街作为串联四大王庙、百年药店以及卫河古桥墩的骨架，并且打通其与卫河水系在开敞空间上的联系，实现北关街的展颜（图4）。

古城片区和北关街片区被划为重点片区，通过导则重点管控建筑风貌、建筑色彩、建筑高度等要素，重塑新乡历史风貌特色，让古城新生，人文延续。局部恢复历史印记，留下新乡历史节点，留住城市的根。

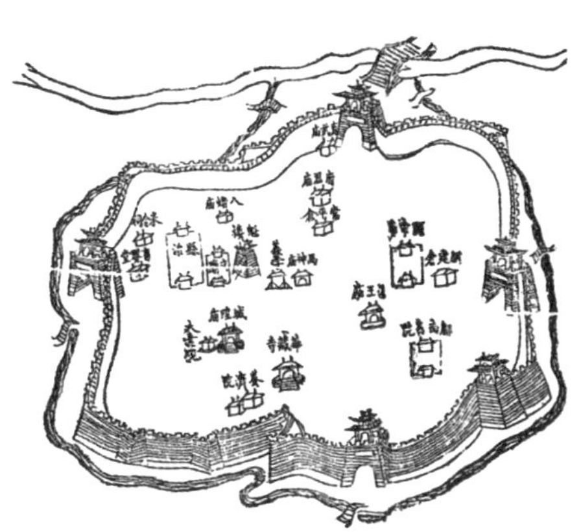

图1 龟背城墙范围
资料来源：《河南省新乡市志》

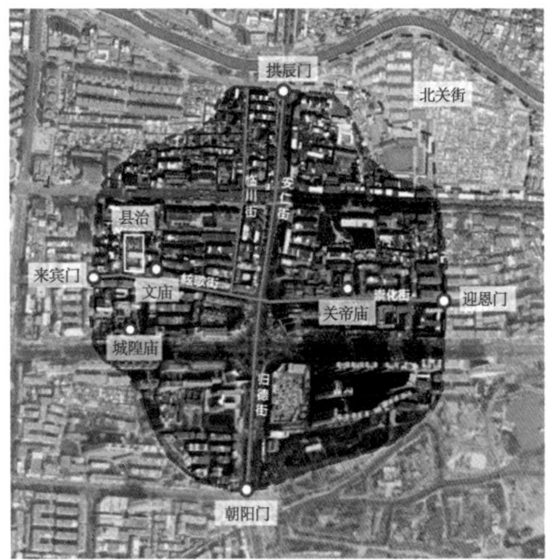

图2 龟背城范围复原图

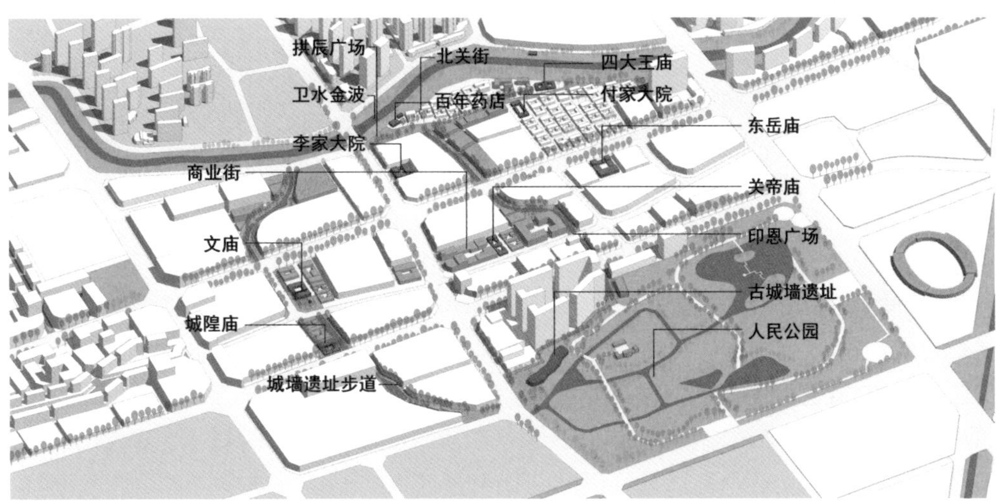

图3 新乐古城片区设计效果示意图

图4 北关街片区设计效果示意图

2.2.2 再现牧野、串珠卫河

新乡另一个具有突出特点的文化代表就是卫河。卫河是新乡唯一一处保留完整的历史遗迹，也是中心城区最大的开敞空间。卫河两侧的景观设计和规划建设都是各界关注的焦点。

• 再现牧野见鹰扬

卫河沿岸多为现状建筑，唯一一处待开发区是在卫河转弯处的印染厂地块和东牧村、西牧村（村名源自牧野大战）。此片区在总规中被规划为居住用地，没有形成滨河的文化景观绿带和较好的公共开敞空间（图5）。本次总体城市设计在全面梳理城市特色资源的基础上，从整体角度重新定义东、西牧村片区的城市价值，希望为卫河留住最后一片历史人文空间，同时也为市级重大公共设施预留用地。相较于城市总体规划方案，本次城市设计做了多轮方案（图6），理想方案为方案三。方案三把印染厂用地和东、西牧野村用地全部规划设计为新牧野湖公园，尽可能解决滨河空间不足和城市特色缺失的问题。由于片区位于城市核心区域，设计考虑了土地成本和空间形象等多方面因素，最终选择方案一，即置换部分居住用地为公共服务设施用地和城市公园用地，消减建筑高度和强度。

新牧野湖公园成为卫河上最大的开敞空间，周边布局城市中重要的文化类公共建筑，形

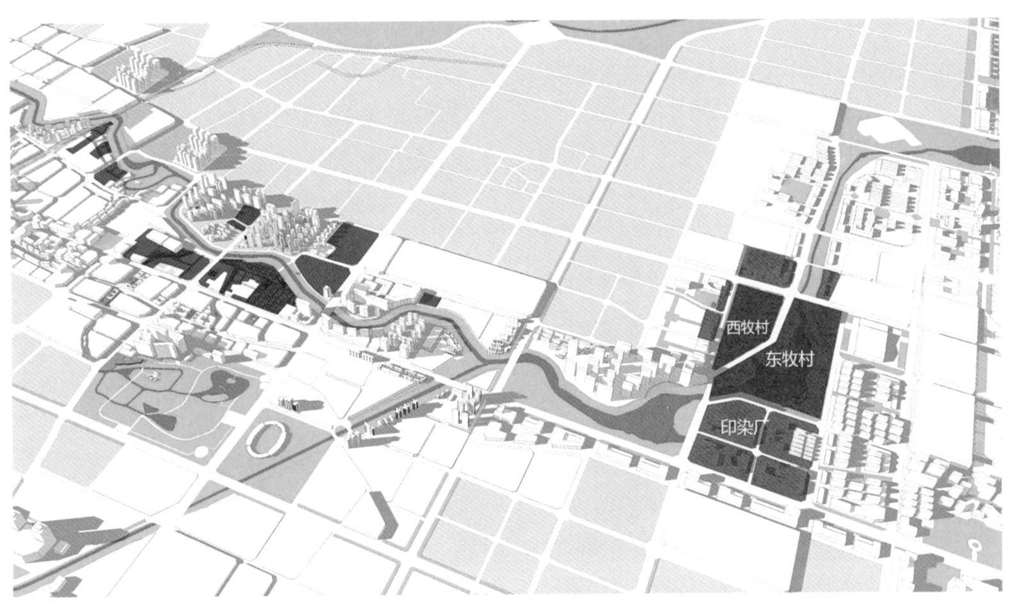

图5 卫河沿岸现状用地情况

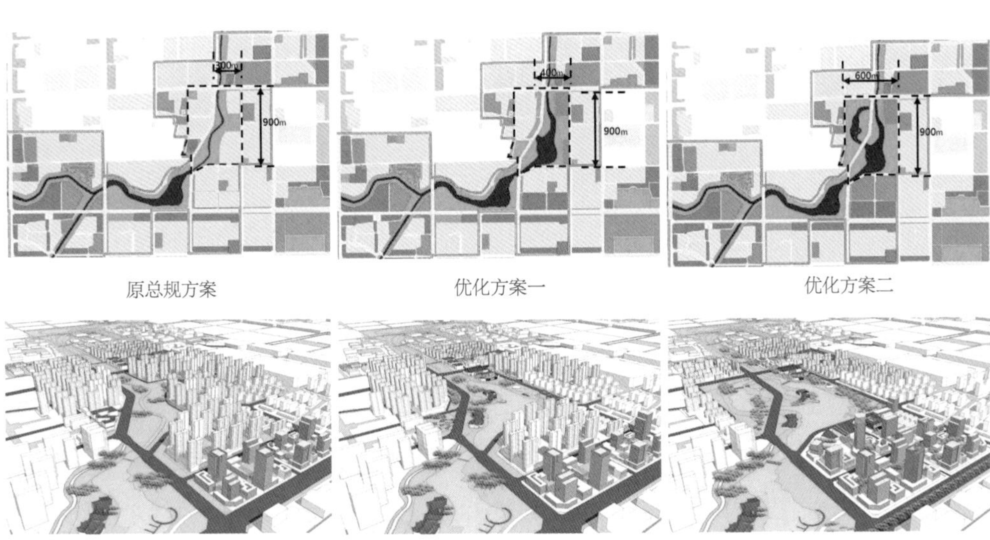

图6 新牧野湖公园三方案比选

成城市新的综合性休闲游憩核心。在展现时代建设风采的同时，新牧野湖公园还是新乡历史文化展示的重要载体，是新乡的城市名片。公园结合尚氏宗祠、张氏宗祠以及东西牧野村等历史遗迹，形成以历史文化为主要特征的牧野公园。针对新乡缺少城市地标的问题，在公园最佳视线焦点处设计河南特色砖塔形标志建筑“鹰扬塔”（塔名出自《诗经·大雅》），希望再现“牧野洋洋、时维鹰扬”的牧野风采。此外还提议恢复“新乡八景”之一的“牧野春耕”，通过在公园的稻田种植景观设计，对话历史场景，形成新乡城市新地标、新人文景观。

• 串珠卫河展画卷

卫河有两个空间特点：一是横穿新乡中心城区，沿河有多处历史节点；二是河道蜿蜒曲折，对景丰富。因此在空间设计上注重以下三个方面：

首先，项目沿卫河设计连续的慢行步道，串联龟背城、河朔图书馆等历史要素以及新牧野湖公园、大学城等城市活力地区，串珠卫河，展现卫河新画卷（图7）。

其次，控制提升卫河两侧空间及现有文保单位周边区域的整体风貌，保证区域内的建筑高度、色彩、风格与滨水风貌及历史要素有机结合，保证卫河沿岸风貌统一。

最后，对河道视线对景深入推敲。卫河在中心城区内有十九道弯，沿河漫步恰如移步换景。通过三维模型对转弯对景处的建筑形态体量进行人视点的推敲，形成良好的对景序列，展现移步换景的空间效果，打造动态画卷。例如视点A-D沿线（图8），通过三维模型推敲，确定最高建筑的高度和沿河群房建筑高度，形成低中高层次丰富的天际线，凸显空间的层次感和韵律感。

图7 卫河串珠示意图

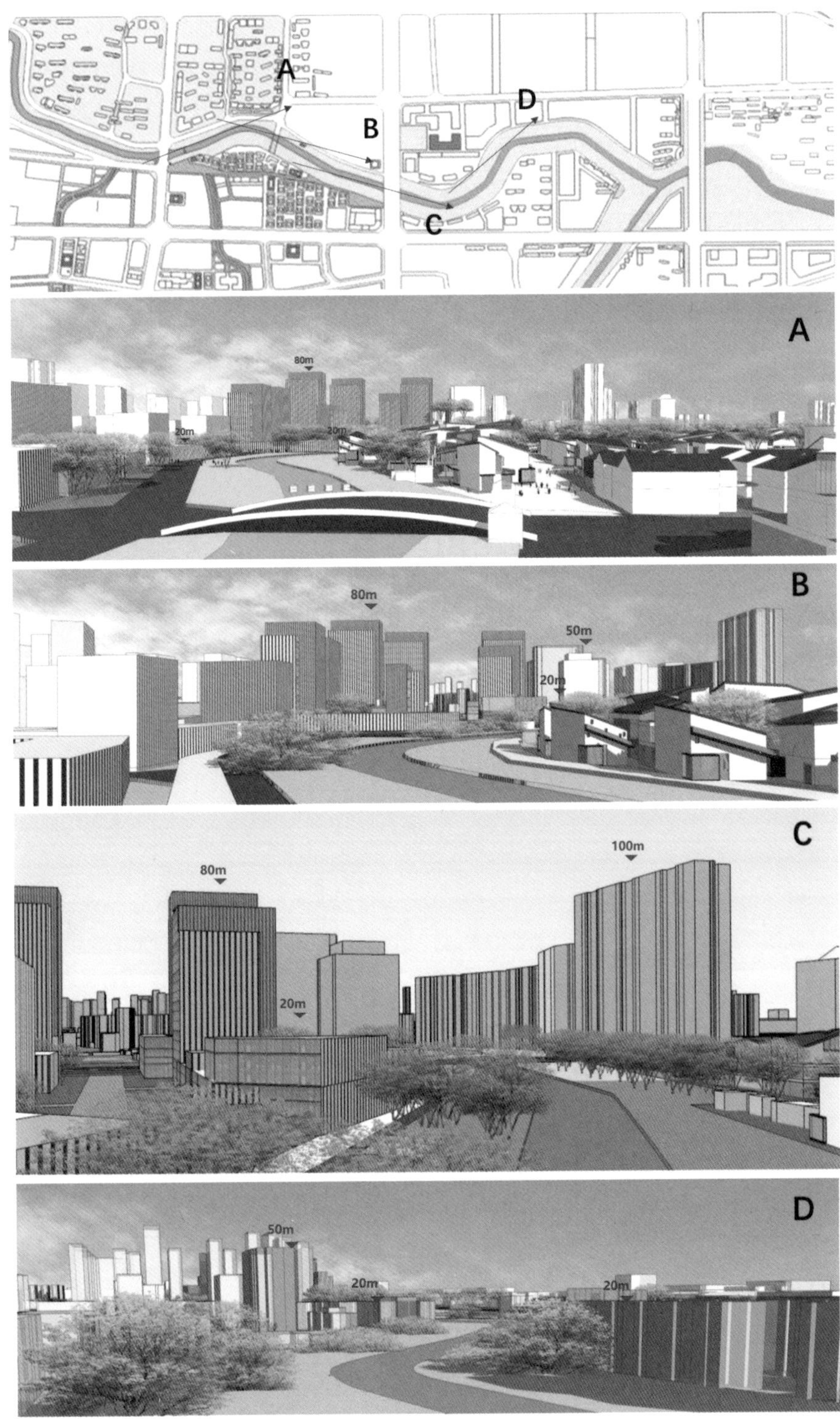

图8 通过视线对景分析建筑高度

2.3

管控建设高度，展现山水特色

在宏观尺度上，新乡市拥有“南邻黄河、北依太行、头枕凤凰、卫河穿城”的大山水格局（图9）。中心城区内，具有山低水细的特点。对山而言，城市北部的凤凰山是市区内唯一的山峰，也是新乡市中心城区中轴的北端，如果不对山前片区的建设高度加以控制，“头枕凤凰”的景观将无法显现。对水而言，新乡的水系大多是20世纪50年代开挖的黄河引水渠，宽度在20～50m之间，尺度宜人，但也脆弱，因此需要严格控制滨水建筑高度，留住在城市中感知水系绕城的景观体验。

2.3.1 头枕望凤凰：阶梯控高望山景

本次总体城市设计采用梯度管控法控制山前片区的建筑高度，制定了4个高度控制点，分别控制建筑高度为25m、35m、50m、60m，保证在重要景观点上至少能看到30%的山体，实现城市北望凤凰山的景观构想（图10）。

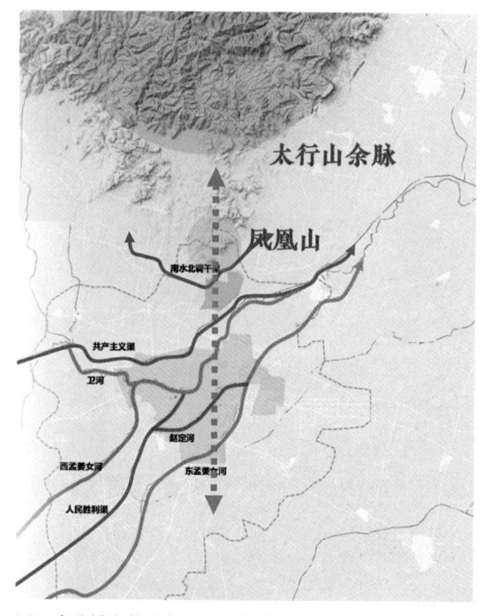

图9 南北城市轴线与凤凰山的关系

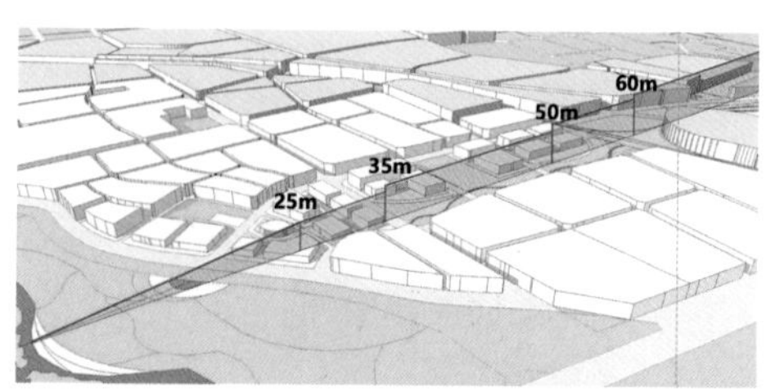

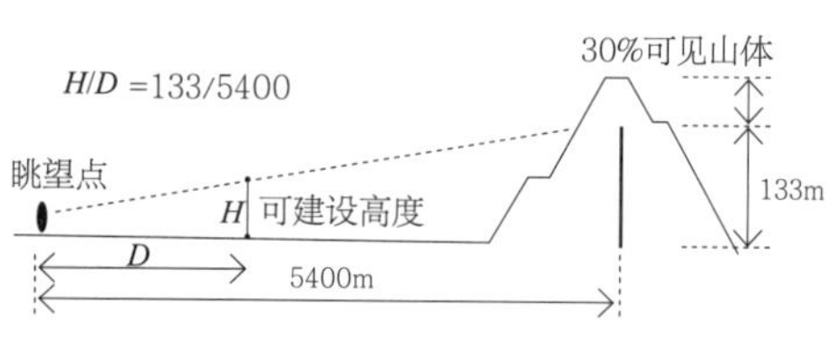

图10 梯度管控山前建筑高度

2.3.2 移步见水乡：微笑曲线控滨水画面

新乡水系众多，中心城区内有六条河流的景观界面需要管控，其中主要是卫河、人民胜利渠和赵定河两侧的景观界面。这几条水系宽度较窄，滨水景观界面管控较为严格，特别是卫河，作为新乡的母亲河，两侧界面更是景观管控的重点。外围三条河流的部分河段在城市内部，也需要相应的管控。结合滨水景观设计，对滨水界面进行“长宽高”的管控。在水系两侧留出20～50m的绿带，控制滨水地块长度不能大于150m。目前，这些滨水“长宽高”管控要求已经纳入新乡市技术管理规定之中。

对于卫河、人民胜利渠和赵定河等有历史文化特色，并且位于中心城区内部河道，对其两侧未建地块的滨水界面严格控制建筑高度。提出三层高度控制要求，按照近（距绿线20m距离，建筑高度控制在20m以下）、中（距绿线50m距离，建筑高度控制在50m以下）、远（距绿线150m距离，建筑高度控制在100m以下）三个层次进行整体控制，为此区段亲水、开敞的沿河开放空间勾勒出微笑曲线形态的滨水天际线。

对于东西孟姜女河等位于中心城区边缘，对景观要求较低的河道，两侧滨水界面提出两层高度控制要求，按照近（距绿线20m距离，建筑高度控制在50m以下）、远（距绿线100m距离，建筑高度控制在100m以下）两个层次进行控制。严格禁止百米高层建筑临水建设。

2.4

串联山水格局，梳理城市形态

本次总体城市设计抓住新乡的山水格局和特色，通过强调打造城市的南北轴线和重要城市节点来提升城市的整体格局。

2.4.1 强化十字双轴

新乡在自身发展中已经初步形成了较为清晰的两条轴线：东西轴线是在近百年的城市发展建设中以平原路为依托而形成的轴线，从西向东串联了老火车站、市级商业中心、行政中心和高铁站等多个城市功能区；南北轴线是新片区规划建设中以市政府为中心，北达凤凰山、南至博物馆的局部轴线，这是新乡城市结构上的一大特点，应该在城市格局中延续。因此，通过城市整体格局的空间分析，提出构建十字双轴、两站一心的空间结构，凸显城市骨架，延续城市特色。

首先，构建南北山水轴线，串联凤凰山、凤泉湖、行政中心、科创中心等重要山水和城市节点，形成轴线的承启空间，在功能方面承载行政办公、文化博览、商业商务等城市核心职能，在文化方面体现集合自然山水、合形辅势的传统营城理念，在形象方面展现中华城市收放自如、富于变化的空间序列和特色风貌。南北山水轴打造“三心四节点”；“三心”是凤凰山森林公园、凤泉湖绿心、城市综合中心，这三个中心是轴线上的重要标志性节点，需要着力设计和打造；“四节点”是凤泉组团中心、卫风园绿地节点、鄘风园绿地节点和科教智创中心，构成南北山水轴的完整序列。南北山水轴在行政中心的南侧待开发区域重点控制现有建筑高度，增加绿地开敞空间，活化城市生命力。

其次，依托平原路形成东西共享轴，串联火车站、老城商业中心、牧野湖公园、行政中心与高铁站等城市重要的功能片区，是城市东西发展的轴带，随着城市继续向东发展，这条轴线会串联更多的城市职能。

通过优化东西轴线、强化南北轴线，在功能方面集中承载行政中心、文化博览、交通枢纽、休闲游憩等城市核心职能，在形象方面集中展现城市收放自如、富于变化的空间序列和特色风貌（图11）。

2.4.2 构建两站一心核心空间

十字双轴上串联的两个火车站片区和行政中心片区是新乡城市结构中重要的节点空间。针对这些空间的现状情况和设计定位分别提出三种构建策略。

中优行政心，疏密以通气。由于缺少宏观层面城市设计指导，行政中心北侧高密度开发建设遮挡了南北轴线的贯通，因此本次城市设计提出对轴线空间的管控，对轴线两侧建筑宽度、高度提出要求，确保轴线延续，轴线空间两侧建筑风貌疏朗大气。在细部上，打通从行政中心广场北侧至和谐公园再到开元名都酒店入口的步行空间，优化行政办公

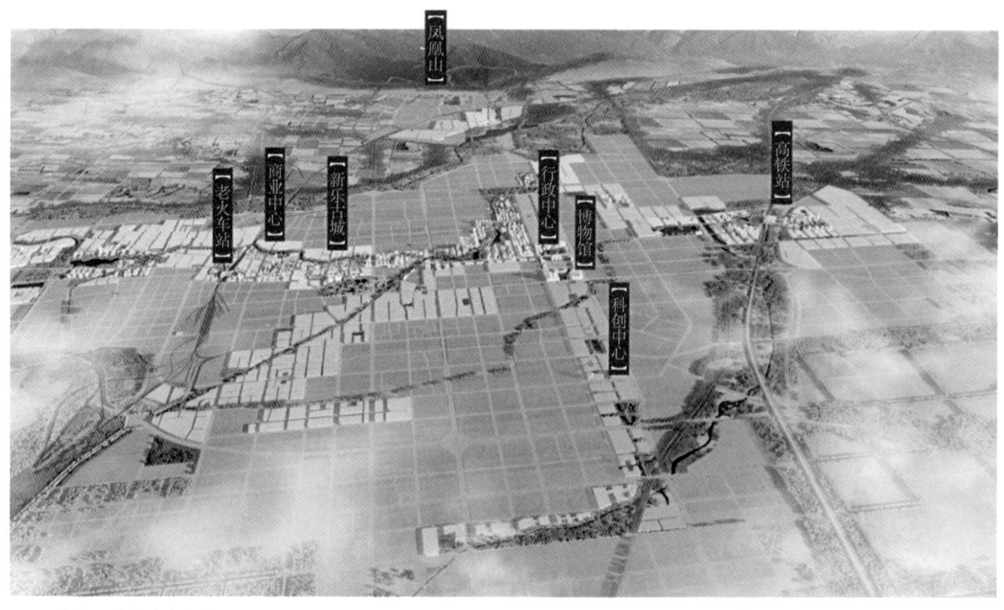

图11 十字双轴整体意象效果图

和商务出行路径，增加小尺度人性化空间，体现行政中心片区的空间舒适性。

西筑卫河情，留脉以更新。城市西部是新乡老城片区，需要整体上进行城市更新。本次城市设计建议以老火车站、卫河和平原路等地标空间为抓手，整体上重塑空间结构，挖掘历史特色，展示老城风貌。打通火车站东西分隔，联通车站广场至卫河滨水公园，串联老车站和铁路桥等历史要素，形成环状复合活力开敞空间，提升西部城区环境品质和历史文脉。对于平原路传统商业街道，本次总体城市设计提出需要对界面进行环境整治，以提升城市风貌品质，重点围绕商业立面、人行空间以及广告牌匾、路灯绿化等街道设施进行提升改造。

东塑高铁门，强心以汇聚。新乡已跨入高铁时代，本次总体城市设计提出结合高铁站建设城市东部片区，使其成为新乡发展的重要方向。围绕高铁站，打造新乡重要的商务办公金融综合示范区，形成城市对外展示的魅力窗口。

2.5

管控与落实：逐级逐层、多方共行

基于总体城市设计方案划定重点地区和一般地区，对其进行分级管控，制定城市设计导则。

首先，一般地区采用形态通则的方式进行管控。按照不同类型的用地功能提出控制通则，从形态控制出发，提出地块控制、建筑形态、建筑布局、建筑退线、地块边界线形式、建筑底层空间形式、建筑风格、建筑材料与色彩等方面的控制与引导要求。图12左侧表格对各类用地功能提出了指标控制区间及建议布局形式，并通过附表进一步明确各类用地的建筑布局、建筑形态、私有临街界面及建筑底层空间的形态控制原则。右侧图示对建筑形态、建筑退线和允许停车区域进行图示说明，并通过示意图片的形式，举例阐释各类用地功能所对应的一般建筑风格与色彩、材质基调。

其次，重点地区制定片区单元导则。重点地区主要为滨水地区、高铁站东侧地区和南北山水轴南部端点地区等重要地区。将重点地区划分为19个片区单元，每个片区单元由2～5个控规单元组成，面积在2～4km^{2}之间。在中观层面对每个单元进行景观中心、景观节点、景观轴线、标志物、商业引导界面、景观视廊、公共步行路径、步行出入口、特殊控制区和地下空间集中区等城市设计要素的控制。由于片区单元边界与控规单元一致，片区单元导则不仅可对下一阶段的控规进行指导，也可作为街区单元层面的设计导则（图13）。最后对19个重点地区中04、05、07单元（老火车站、龟背古城、新牧野湖公园三个片区）作为重点片区制定重点片区单元导则。导则在微观层面上，从建筑位置、界面、功能、体量、色彩、风貌、高度、开发强度等方面提出管控要求，并给出形态组合的模型示意，以供下一层级的规划师和建筑师参考。重点片区单元导则从建筑尺度层面管控，目的是在规划实施及相应法定规划中将本次城市设计挖掘出来的新乡城市特色保留、保护、彰显下去。

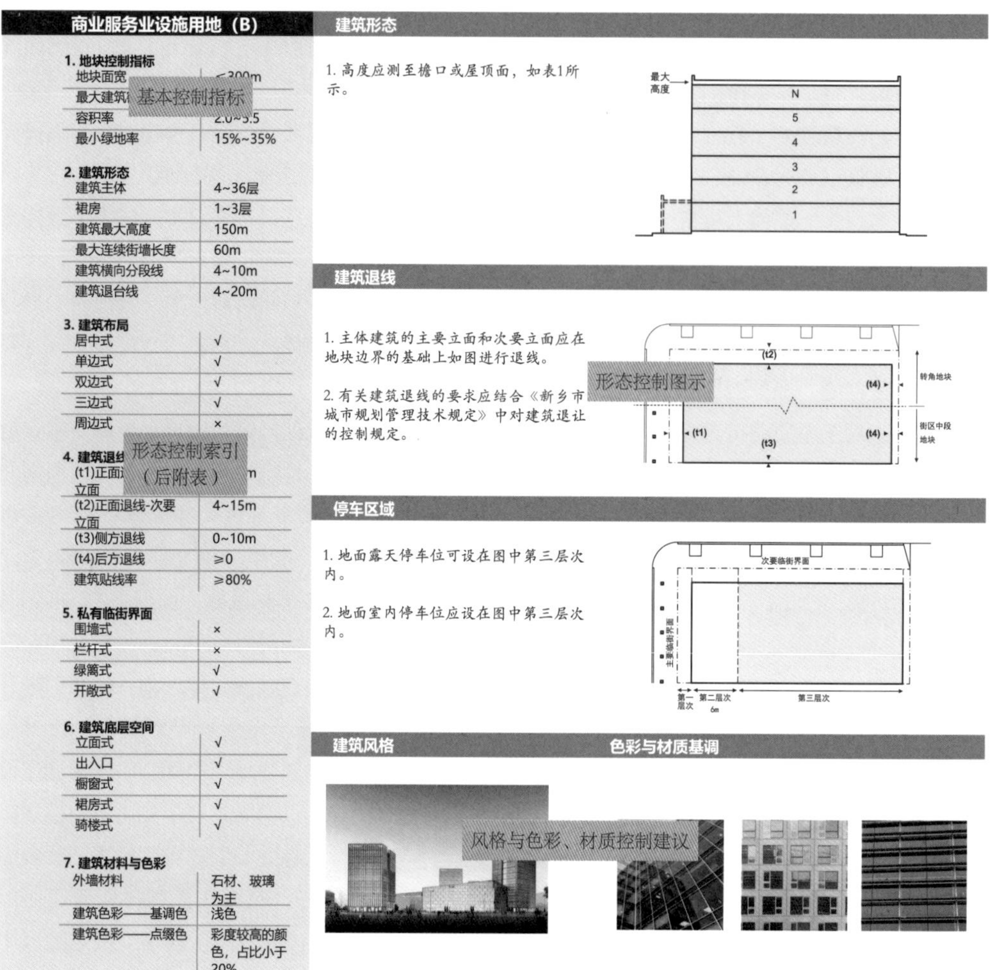

图12 用地形态控制通则示意图

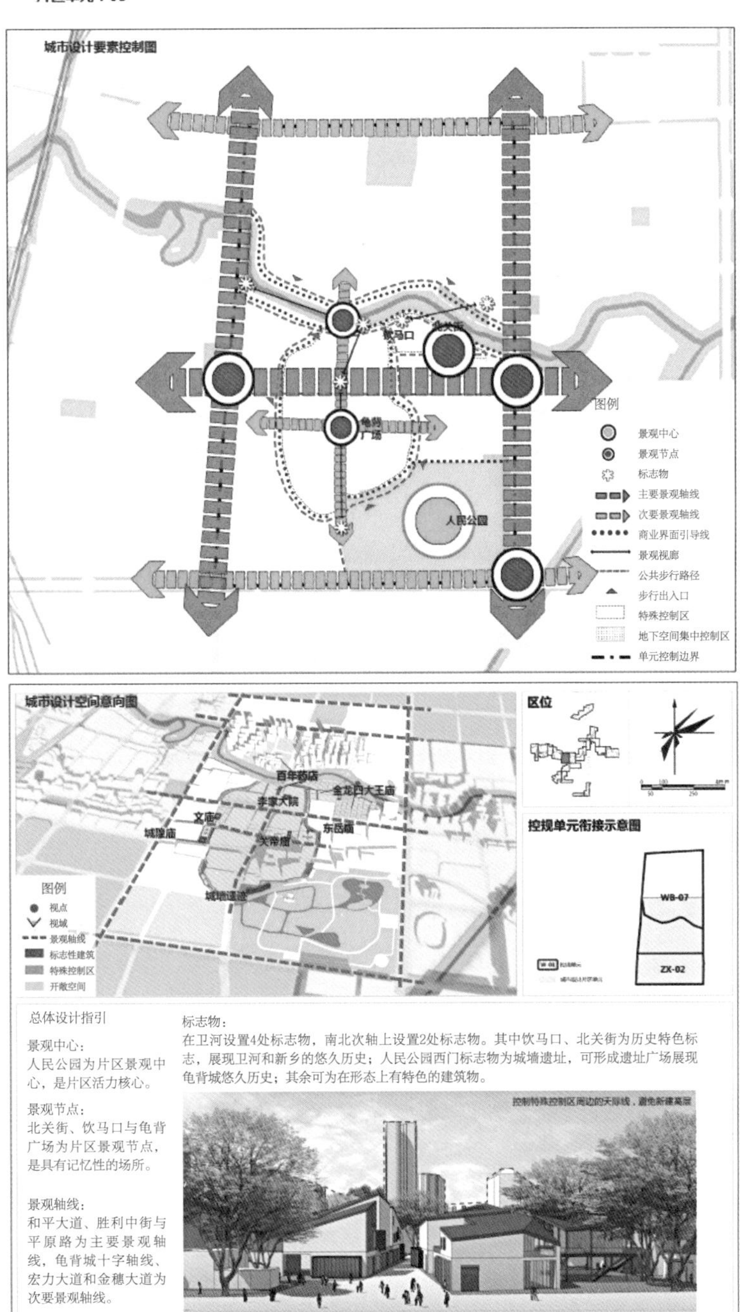

图13 重点片区单元导则示意图

重点片区单元：05-2

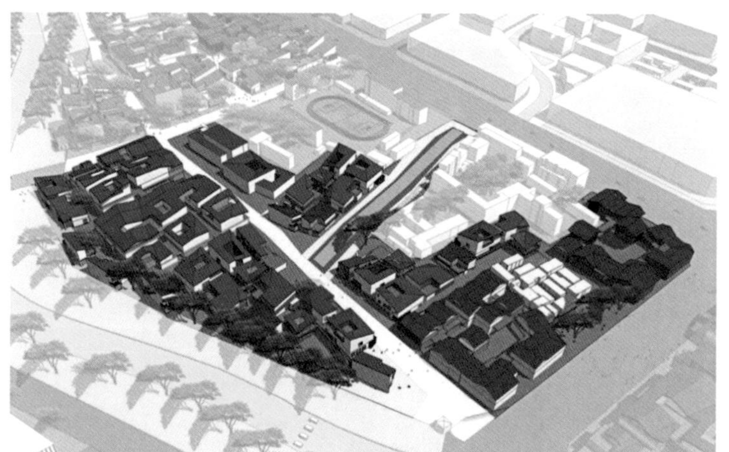

鸟瞰图　　采用分散与围合式相结合的布局，完善老城肌理，增加对历史风貌的展示和再现。

模型示意一　　注意宜人的建筑尺度与空间比例关系，保证街道界面的统一完整，并突出主要景观节点。

模型示意二　　注意塑造城市重要公共空间与记忆空间，保留适宜的标志性遗迹建筑，打造城市传统名片。

图13 重点片区单元导则示意图（续）

┤3├

结语

希望通过新乡中心城区总体城市设计工作，在不久的将来，新乡能拥有一些美好的城市画面：市民可以沿着石榴红艳的卫河移步赏景，也可以漫步在弯弯曲曲的龟背步道上，还可以带着外地的亲朋好友到新牧野湖公园、卫水河畔讲述新乡历史，在鹰扬塔前拍一张全家福，周末围着胜利渠跑个半马，去鄘风园眺望凤凰山。这些带有新乡历史文化特色的城市记忆，这些能被居民感知到的城市片段，就是新乡的特色和名片，就是城市最美丽的风景。有所记得、有所展现、有所宜居、有所游憩的普通城市也能是魅力不凡的城市。

很多和新乡类似的城市可能都有被尘封的城市特色，而总体城市设计就是最有力的全面挖掘城市特色的工具。希望能在更多类型的规划工作中借助总体城市设计工具，抢救这类城市的城市特色。

项目管理人：
李明

项目负责人：
王宏杰　纪叶　黄思曈

项目成员：
高文龙　顾浩　王瑛　王学庆　孙天星　唐莹霞
杜燕羽

窥未来：后记

规划体制变革下的城市设计制度建设展望

陈振羽　韩靖北

┤1├

国家治理现代化背景下的规划建设制度改革

随着中国特色社会主义进入新时代，国家制度建设的重要性与日俱增。2019年10月召开的党的十九届四中全会明确提出，要坚持和完善中国特色社会主义制度、推进国家治理体系和治理能力现代化。在当今世界正经历百年未有之大变局、我国正处于实现中华民族伟大复兴关键时期的背景下，必须适应国家现代化总进程，实现党、国家、社会各项事务治理制度化、规范化、程序化，不断把我国制度优势转化为国家治理效能，为实现“两个一百年”奋斗目标、实现中华民族伟大复兴的中国梦提供有力保证。

在这一背景下，规划建设领域也进行了深刻的体系改革与制度重构。

2015年12月，时隔37年后中央城市工作会议再次召开。会议提出了要完善城市治理体系，提高城市治理能力，着力解决城市病等突出问题，提出了贯彻生态文明思想、坚持以人民为中心、注重城市空间品质等发展要求。城市工作会议为新时代的城市规划设计和建设管理工作指明了方向，成为规划和建设领域深化改革、完善制度建设的重要依据。

在规划领域，国家通过机构改革对规划职能进行整合，建立了新的规划体系。2019年5月发布的《中共中央 国务院关于建立国土空间规划体系并监督实施的若干意见》指出，新的规划体系，是“保障国家战略有效实施、促进国家治理体系和治理能力现代化、实现‘两个一百年’奋斗目标和中华民族伟大复兴中国梦的必然要求”。这是自中央城市工作会议以来，规划领域继续深化改革的必然选

海口人民公园鸟瞰

图片来源：中国城市规划学会，中国建筑学会，中国风景园林学会. 城市奇迹：新中国城市规划建设60年. 北京：中国建筑工业出版社，2009：152-153.

岳麓山风景

图片来源：中国城市规划学会，中国建筑学会，中国风景园林学会. 城市奇迹：新中国城市规划建设60年. 北京：中国建筑工业出版社，2009：128.

择，标志着新的规划体系正式成为国家治理的制度抓手之一。

《中共中央 国务院关于建立国土空间规划体系并监督实施的若干意见》着重对规划编制和实施监管提出了诸如坚持山水林田湖草生命共同体理念、划定三条控制线、健全用途管制制度等具体要求。根据相关研究，其核心要义可以总结为“一优三高”，即生态文明建设优先，全面实现高水平治理、引领推动高质量发展和共同缔造高品质生活。为了实现“一优三高”的目标，规划体系需要更加关注环境空间的品质和人民群众的需求，这也意味着需要引入科学有效的方法和工具，进一步完善规划编制制度和规划管理制度。

在建设领域，住房和城乡建设部着重围绕城乡建设空间品质开展工作。一方面，贯彻生态文明思想和新发展理念，在城乡建设中实施城市更新行动，加强历史文化保护和传承，开展生态修复和城市修补、城乡风貌与环境整治等工作，推动“致力于绿色发展的城乡建设”；一方面按照以人民为中心的发展思想，开展“美好环境与幸福生活共同缔造活动”、老旧小区改造和“完整社区”营造等工作，着重开展社区治理等精细化管理和社会治理工作。

习近平总书记曾指出，城市管理应该像绣花一样精细，要持续用力、不断深化，提升社会治理能力，增强社会发展活力。因此随着机构职能的调整，建设领域的工作重点需要转向微观化、精细化和实施化，在深入开展工作的同时，需要有能够有效进行沟通交流、进而实现建设落地的方法和工具。建设领域同样面临着工作多元化、碎片化、工程化等问题，需要探索建立自身的工作平台和制度体系。

总体来说，目前无论是规划领域还是建设领域，都处在制度建设和完善的关键阶段，并且都有较为明确的制度补位需求。在这样的趋势和形势下，城市设计需要及时适应形势、明确方向，在国家治理现代化进程中发挥更大作用。

┤2├

以制度建设发挥城市设计在规划建设领域的重要作用

城镇化上半场以二维空间规划管控三维空间建设的传统模式，引发的城市建设粗放、景观风貌破坏等城市问题已经引起了国家层面的关注。中央城市工作会议就明确提出：“要加强对城市的空间立体性、平面协调性、风貌整体性、文脉延续性等方面的规划和管控，留住城市特有的地域环境、文化特色、建筑风格等‘基因’。”

事实上，规划建设管理体系仅从二维提升至三维仍然是不够的。一方面，从以人民为中心的治理角度来看，人的主体维度和持续治理的时间维度同样需要纳入治理体系中，因此需要从三维继续上升至为五维（杨保军等，2019）；另一方面，无论是从生态文明思想还是从城市环境品质的角度来看，三维空间要更加重视品质的提升，方能实现高质量发展和高品质生活。而无论是从三维空间、以人为本的升维角度还是从风貌特色、设计品质的提质角度来看，规划建设领域都需要通过城市设计来实现升维提质的目标。

城市设计要发挥其在上述“升维提质”中的技术价值，就必须紧密地依托城市规划建设管理的整个体系的制度建设。城市设计的自身特性，决定了它是一个可以在多个维度和领域发挥作用的技术工具，因此对于城市设计制度支撑的研究不能局限于单一事权。

特别是在当前机构改革的制度框架下，需要在规划体系和城乡建设两个领域找到城市设计的制度位置。2017年住建部发布的《城市设计管理办法》事实上已经形成了基本的城市设计制度基础，同时也已经对城市设计与规划的依存关系提出了比较明确的判断。那么在新的二元制度框架之下，需要基于上述制度基础，进一步结合规划建设领域深化改革的需要，明确城市设计的制度定位。

在制度定位的基础上，才能进一步探索和完善城市设计相应的制度落地方式。当前很多城市已经开展了城市设计的实践，但在制度方向和具体落地方式上存在着诸多局限和模糊。明确城市设计制度定位的顶层设计，才能更广泛和有效地指导城市设计实践的开展和落地。在明确制度定位和制度支撑的基础上，才能更进一步地探索城市设计工作自身的技术制度，从根本上解决缺乏标准规范体系和技术管理体系等问题。

┤3├

国外城市设计制度建设的实践辨析

他山之石，可以攻玉。在研究我国的城市设计制度建设之前，有必要参考借鉴国外较为成熟的城市设计制度。本文重点考察了美国、英国、法国等欧美发达国家以及与我国国情更接近的新加坡、日本、韩国等亚洲国家的城市设计制度，主要从制度定位、制度类型和制度内容等方面进行分析对照。

美国的城市设计定位为法定规划的技术支撑，其主要制度内容是关联行政许可、技术导则和设计审查。城市设计不仅以管控条件的形式纳入区划法规，通过直接关联用地出让的行政许可实现制度化，还可以通过城市设计导则的技术制度，形成对区划法规的补充。此外美国还实行以城市设计导则为基础的设计审查制度。（黄雯，2005；王嘉琪等，2018）

英国的城市设计定位为补充性规划，是法定规划的辅助手段，其核心制度内容是设立城市设计自由裁量的法定行政程序（唐燕等，2018）。此外英国还在社区建设和管理中探索了城市设计准则制度（陈楠等，2019）。

法国的城市设计定位为法定规划的编制方法。在中微观尺度的协议开发区规划（ZAC）中，城市设计处于规划编制的核心地位，既能实现对上位规划的修改，又可以纳入用地出让的行政许可中（顾宗培等，2018）。此外建筑法中规定的协调建筑师制度，是城市设计参与的审查行政程序（陈一新，2003）。

新加坡的城市设计定位为法定的技术手段。详细城市设计方案可以直接转化为控制条款和图则，成为法定规划的一部分，进而纳入用地出让的行政许可。对于重要地块还有城市设计的审查行政程序（陈晓东，2010；陈可石、傅一程，2013）。

日本的城市设计没有实现法定化，也没有明确的制度定位，主要通过小规模的历史保护、景观设计、街区营造等细分领域形成社会治理制度，并有整合到建筑设计技术制度体系的趋势（傅舒兰，2018；吴卉、金海燕，2019）。

韩国的城市设计定位为扩大化的建筑设计，完全纳入建筑设计的法定技术制度体系中。城市设计在规划与建筑之间，主要发挥弹性引导作用（韩佑燮，2002；唐燕等，2020）。

制度化的维度与类型

在对上述国家的城市设计制度分析中，是否实现制度的法定化是值得关注的重要维度。这里对法定化和制度化二者的概念作简要辨析。法定化（legalization），指制定法律或地方性法规，是其合法性的客观基础被质疑的时候达成关于合法性的某种共识的努力。法定化强调其效力由法律文件确认。制度化（institutionalization），是指群体和组织的社会生活从特殊的、不固定的方式向被普遍认可的固定化模式的转化过程。制度化是群体与组织发展和成熟的过程，也是整个社会生活规范化、有序化的变迁过程。由两者的概念可见，制度化的内涵要比法定化更广泛，法定化是制度化建设的重要维度，对于制度化的形成具有显著的推动作用，但制度化建设并非必须要通过法定化实现，还存在着非法定化的制度化维度。

此外，上述国家的城市设计制度类型可以大致分为行政制度、技术制度和社会治理制度等三类。行政制度主要包括行政许可（如用地许可等）和行政程序（如设计审查等）等以政府部门为主体实行的制度。技术制度主要是指专业技术领域形成的特定制度。社会治理制度主要指在社区等社会微观单元的治理制度和自下而上的参与反馈制度等。从是否法定化的维度来看，行政制度作为政府部门行使公权力的基本依托，一般是完全法定化的；技术制度以专业技术为基础，多数是非法定化的，少数是法定化的。社会治理制度侧重面向基层民众的治理，具有非强制性，一般是非法定化的。

制度建设经验的总结与借鉴

根据法定化的维度和制度化的类型，上述国家的城市设计制度可总结为表1：

国外城市设计制度建设经验，可以总结为如下三种路径：第一种以美国、英国为代表，是以法定化的行政制度作为核心，其他制度通过关联行政制度形成制度体系；第二种以法国、新加坡为代表，是以城市设计的技术制度为核心，通过技术制度来推动行政制度形成制度体系；第三种以韩国、日本为代表，借助建筑设计的技术制度体系，重视城市设计在小尺度的作用。

从制度内容上看，主要可以分为规划完善型、建设管控型、社会治理型等三种。规划完善型主要是发挥城市设计作为多维技术工具属性，深入参与规划编制或作为规划内容的重要补充，其在欧美国家已经比较普遍地融入了规划制度体系。建设管控型主要体现为将城市设计导则等各类管控成果作为直接管控开发建设行为的政策手段，用以规定和审查具体的建设项目，在各个国家都是规划建设落地所必不可少的制度内容。社会治理型体现为在城市化的较高阶段将城市设计作为沟通协调的工作平台，在城市更新和社区治理等小规模建设中发挥作用，以英国、日本等城市更新较为先进的国家为典型。

从制度类型上看，城市设计纳入用地开发许可（行政许可）和城市设计审查（行政程序）是最为常用的行政制度，城市设计编制法定规划和城市设计导则制度是最为常用的技术制度，社会治理制度则一般依托城市设计平台，根据国情采取因地制宜的方式。

表1 国外城市设计制度概况

Table 1 Overview of Urban Design System Abroad

国家	城市设计制度	制度类型	制度内容	是否法定
美国	管控条件纳入区划法	行政许可制度	规划完善型	是
	城市设计导则	技术制度	建设管控型	否
	城市设计审查	行政程序制度	建设管控型	是
英国	自由裁量制度	行政程序制度	建设管控型	是
	城市设计准则	社会治理制度	社会治理型	否
法国	编制详细规划	技术制度	规划完善型	否
	修改上位规划	行政程序制度	规划完善型	是
	管控条件纳入开发许可	行政许可制度	建设管控型	是
	协调建筑师制度	行政程序制度	建设管控型	是
新加坡	编制详细规划	技术制度	规划完善型	是
	直接作为法定规划成果	技术制度	规划完善型	是
	管控条件纳入开发许可	行政许可制度	建设管控型	是
	重点地段城市设计审查	行政程序制度	建设管控型	是
日本	小规模营造	社会治理制度	社会治理型	否
	整合为建筑设计制度	技术制度	建设管控型	否
韩国	整合为建筑设计制度	技术制度	建设管控型	是

4

我国城市设计制度建设探索

对于我国来说，继2015年12月的中央城市工作会议强调城市设计的重要作用之后，2016年1月发布的《中共中央 国务院关于进一步加强城市规划建设管理工作的若干意见》中提出“鼓励开展城市设计工作”，明确要“抓紧制定城市设计管理法规，完善相关技术导则”，并从工作重点、管控要求、管理法规、技术导则、专业教育、队伍建设等方面提出制度建设的要求。这标志着城市设计的制度建设在国家层面得到了关注。

2017年3月住房和城乡建设部发布的《城市设计管理办法》成为我国进行城市设计制度化建设的重要标志，随后浙江、湖北、山东等地也相继出台了地方性的城市设计管理文件，城市设计的制度建设方兴未艾。2017

年3月和7月，住建部分两批在57个城市开展了城市设计试点工作，经过两年多的试点工作，57个城市共开展各类城市设计1500余项，出台、制定地方法规规章和规范标准200余项、城市设计导则或标准100余项，从城市设计实践和法规制度、技术制度等多个方面为城市设计的制度建设奠定了坚实基础，可谓是硕果累累。

各地开展的城市设计工作和以城市设计为主要方法的城市双修、责任规划师等工作，以实践经验证实了提升城市设计制度化水平，可以有效地完善规划—建设—管理体系，实现人居环境品质的提升。城市设计试点还为城市设计制度建设提供了宝贵经验，从工作组织、编制策略、制度保障、审批体系、成果落实等多个方面进行了有益探索。但是同时也暴露出与规划体系融合方式不明确、城市设计上下衔接脱节、难以融入规划实施程序、缺乏社区层面的关注等一些问题，这些问题也将是城市设计制度建设的重点关注所在。

纵观世界主要发达国家的城市设计制度，主要形成了以法定化行政制度为核心、以城市设计技术制度为核心、借助建筑设计技术制度体系等三条制度建设路径，从完善规划、管控建设和社会治理三个方面发挥作用。而我国经过近年来的城市设计制度建设，已经基本形成了以城市设计技术为核心的制度框架，更适合以城市设计的技术制度为核心的制度建设路径。

┤5├

城市设计制度建设的方向与建议

结合我国近年来的规划建设发展趋势，相应地从完善规划、服务建设和提升治理等三方面开展制度建设探索。

1）完善规划：明确城市设计作为各层次规划的重要专项内容

《关于建立国土空间规划体系并监督实施的意见》中明确提出，要“运用城市设计、乡村营造、大数据等手段，改进规划方法，提高规划编制水平”，因此城市设计势必纳入编制内容以完善规划编制体系。事实上，由于城市设计的多维特性，在各层次规划中，城市设计都适宜作为重要的专项内容。城市设计作为专项内容，既可以最大程度发挥城市设计自身的技术优势，又有助于理顺城市设计与各级规划之间的关系，对于规划的实施传导具有重要意义。

在宏观尺度，应用总体城市设计确定宏观空间格局。在大尺度规划编制中，可以应用总体城市设计方法，将城镇村等建设地区与山水林田湖草生命共同体进行协调统筹布局，合理确定城市形态格局，并作为划定管控边界的依据。

在微观尺度，通过地块城市设计确定规划管控指标。《意见》指出：“详细规划是对具体地块用途和开发建设强度等作出的实施性安排”，强调了面向实施和面向管控的核心目标。应用城市设计方法在地块尺度进行的空间形态研究，可以作为制定用途和建设强度等管控要素的科学依据，为详细规划编制提供有力支撑。这种通过城市设计的方法来编制微观尺度规划的方式，也是法国、新加坡等国家可供借鉴的成熟经验。

在规划管控方面，通过城市设计管控完善许可内容。应用城市设计导则等管控方法，将城市设计成果纳入规划许可，作为土地出让的前置条件，从而建立城市设计联动开发许可的制度路径，实现规划—建设—管理的全过程有效传导。

2）服务建设：建立服务于城市建设管理等方面的专项规划制度

在2019年12月召开的城市规划学会城市设计学委会北京年会上，中国科学院院士段进教授在题为《新时期城市设计发展趋势的几点思考》的主旨报告中提出，城市设计应该作为一个专项规划，贯穿“规—建—管”全过程。《关于建立国土空间规划体系并监督实施的意见》中指出：“相关专项规划是指在特定区域（流域）、特定领域，为体现特定功能，对空间开发保护利用作出的专门安排，是涉及空间利用的专项规划。”城市设计作为对特定领域（空间形态）、特定功能（形态管控）的专门安排，符合专项规划的标准，具有列为专项规划的可能性。

事实上，在城市建设管理方面，同样需要有效的工程建设统筹协调制度。当前各类建设工程不仅门类复杂，还具有空间分散、各自为战、重工程实施而轻环境品质的特征。缺乏统一高效的实施管理的制度体系，是城市治理水平和空间品质的瓶颈所在。

依托城市设计专项规划，充分发挥城市设计在空间统筹、品质管控和工作协调等方面作用，成为整合工程建设的实施管理工作平台。城市设计专项规划不仅可以进一步完善从规划到建设管理承上启下的制度衔接，还可以发挥城市设计对于城市风貌管控、塑造高品质城市空间的技术优势，实现城市规划建设管理的“升维提质”。

依据城市设计专项规划，还可以进一步完善相关行政程序，推广城市设计委员会制度和城市体检制度。以目前的建设管理审查和规划督察等行政程序为基础，结合城市规划委员会制度和近期开展的城市体检试点工作，进一步发挥城市设计专项规划作用，推广城市设计委员会制度和城市体检制度，从建设之前的方案审查和建设之后的建成督察两方面完善建设管理行政程序，为规划实施和建设品质提供保障。

3）提升治理：用城市设计思维方法提供综合性城市更新解决方案

随着我国城镇化进程进入下半场，城市更新的重要性日益突显，并且成为重要的社会治理抓手。当前住建部组织开展的共同缔造、完整社区等工作，使社区营造和街道更新等城市更新工作带有更强的社会治理属性，城市建设也逐步呈现出自下而上的趋势。在这一背景下引入城市设计的相关制度，有助于提升城市更新的治理水平。应用城市设计的思维方法不仅可以找到城市更新的问题，还能提出具有针对性的综合性解决方案。如国务院参事、住建部原副部长仇保兴就指出，在香港地区和国外，通常由城市设计团队来衔接各方、统筹利益、提出市场化解决方案，成为推动城市更新和社会治理的重要力量。北京等城市也探索实行了责任规划师制度，广泛运用城市设计方法，取得较好效果。

因此，需要应用城市设计的方法和平台，推进责任规划师和社区营造制度，实现城市的精细化、制度化管理。通过构建城市设计平台，解决建设实施中的专业衔接统筹问题。结合智慧城市、大数据等先进技术手段，用城市设计的内容来实现对于城市更新工作的精细化和制度化管理，如明确指标管控、纳入相应的许可监督验收环节等。在城市设计技术制度的基础上，完善社区治理等社会制度，形成自上而下与自下而上的合力，实现从规划到建设的更高水平的公众参与。

6 结语

在国家制度和治理体系建设的背景下，当前正是规划和建设领域的制度建设和完善的关键时期，也是提升城市设计制度化水平的良好契机。本文通过对国外城市设计制度框架的分析研究，将城市设计制度建设路径归纳为三类，并结合国内已有的城市设计制度基础，认为我国的城市设计制度建设适宜以技术制度体系为核心的制度路径。在制度建设内容方面，参考国外经验，从完善规划、服务建设和提升治理三个方面，提出了城市设计制度建设的建议和思考。在完善规划方面，明确城市设计应作为各层级规划的专项内容，在规划编制和规划管控方面发挥作用；在服务建设方面，应探索建立城市设计专项规划制度，更好地统筹建设管控、完善建设管理程序；在提升治理方面，应用城市设计方法，在城市更新等工作中起到统筹协调和精细化管理的作用。

城市设计应当把握历史性的发展机遇，理顺与规划和建设领域的制度关系，进一步提升制度化水平，以充分发挥城市设计的价值与作用，提升城乡人居环境发展水平和国家治理水平，为提升中华民族的文化自信和实现中国梦贡献力量。

参考文献

[1] 习近平. 习近平谈治国理政[M]. 北京：外文出版社，2014.

[2] 杨保军，陈鹏，董珂，孙娟. 生态文明背景下的国土空间规划体系构建[J]. 城市规划学刊，2019（4）:16-23.

[3] 黄雯. 美国的城市设计控制政策：以波特兰、西雅图、旧金山为例[J]. 规划师，2005（8）：91-94.

[4] 王嘉琪，吴越. 美国现代城市设计的起源、建立与发展介述[J].建筑师，2018（1）：67-73.

[5] 唐燕，祝贺. 英国城市设计程序管控及其启示[J]. 规划师，2018（7）：26-32.

[6] 陈楠，陈可石，姜雨奇. 英国城市设计准则解读及借鉴[J]. 规划师，2013，29（8）：16-20.

[7] 顾宗培，王宏杰，贾刘强. 法国城市设计法定管控路径及其借鉴[J]. 规划师，2018（7）：33-40.

[8] 陈一新. 深圳市中心区规划实施中的建筑设计控制：读“法国城市规划中的设计控制”有感[J]. 城市规划，2003（12）：71-73.

[9] 陈晓东. 城市设计与规划体系的整合运作：新加坡实践与借鉴[J]. 规划师，2010（2）：16-21.

[10] 陈可石，傅一程. 新加坡城市设计导则对我国设计控制的启示[J]. 现代城市研究，2013（12）：42-48.

[11] 傅舒兰. 城市设计在日本的接受与发展[J]. 建筑师，2018（1）：42-46.

[12] 吴卉，金海燕. 以城市设计发展途径窥视相关设计导则的途径与形式：以美日为例[J]. 城市发展研究，2019（4）：22-25.

[13] 韩佑爕. 韩国城市设计发展过程的研究[J].城市规划，2002（3）：93-95.

[14] 唐燕，[韩]金世镛，魏寒宾. 城市规划设计在韩国[M]. 北京：清华大学出版社，2020.

附录：项目相关信息

<table>
<tr><th>城市</th><th>项目名称</th><th>委托单位</th><th>合作单位</th><th>获奖情况</th></tr>
<tr><td rowspan="14">北京</td><td>《北京市总体城市设计战略研究》</td><td>北京市规划和自然资源委员会</td><td>北京市城市规划设计研究院
北京市建筑设计研究院
中央美术学院</td><td>2017年度全国优秀城乡规划设计奖（城市规划）一等奖</td></tr>
<tr><td colspan="4">后续专题及项目：</td></tr>
<tr><td>《北京中心城高度控制规划方案》</td><td rowspan="4">北京市规划和自然资源委员会
北京市城市规划设计研究院</td><td></td><td>2017年度全国优秀城乡规划设计奖（城市规划）一等奖
2017年度北京市优秀城乡规划设计奖一等奖</td></tr>
<tr><td>《北京城市景观眺望系统研究》</td><td></td><td></td></tr>
<tr><td>《北京城市第五立面美化研究》</td><td></td><td></td></tr>
<tr><td>《北京城市基调与多元化研究》</td><td>中国美术学院
北京市建筑设计研究院有限公司等</td><td>2019年度优秀城市规划设计奖一等奖
2019年北京市优秀城乡规划奖一等奖</td></tr>
<tr><td>《中轴线北延长线意向及未来科学城生态绿心发展战略研究》</td><td>北京未来科学城管理委员会</td><td></td><td></td></tr>
<tr><td>《大兴区总体风貌专题研究》</td><td rowspan="4">北京市规划和自然资源委员会大兴分局</td><td></td><td></td></tr>
<tr><td>《大兴新城总体城市设计研究》</td><td></td><td></td></tr>
<tr><td>《大兴区城市设计重点地区控制引导专题研究》</td><td></td><td></td></tr>
<tr><td>《大兴新城DX00-0203、0204等街区控制性详细规划（清源路街道）》</td><td></td><td></td></tr>
<tr><td>《海淀区总体城市设计》</td><td rowspan="2">北京市规划和自然资源委员会海淀分局</td><td></td><td></td></tr>
<tr><td>《海淀街镇责任规划师工作系列研究》</td><td></td><td>2018年度北京市规划和自然资源委优秀调研成果二等奖</td></tr>
</table>

续表

<table>
<tr><th>城市</th><th>项目名称</th><th>委托单位</th><th>合作单位</th><th>获奖情况</th></tr>
<tr><td rowspan="12">延安</td><td>《延安“生态修复、城市修补”总体规划》</td><td rowspan="12">延安市自然资源局</td><td rowspan="12">延安市规划设计院
中国建筑西北设计研究院</td><td>2019年度优秀城市规划设计奖二等奖
2019年度陕西省优秀城乡规划设计奖一等奖</td></tr>
<tr><td>《三山生态修复及环境提升规划》</td><td rowspan="2">2019年度陕西省优秀城乡规划设计奖二等奖</td></tr>
<tr><td>《延河核心区段综合治理及环境提升规划》</td></tr>
<tr><td>《师范路景观环境提升规划》</td><td rowspan="2">2019年度陕西省优秀城乡规划设计奖二等奖</td></tr>
<tr><td>《圣地路（丁泉砭）周边景观环境提升规划》</td></tr>
<tr><td>《百米大道城市设计》</td><td>2019年度陕西省优秀城乡规划设计奖三等奖</td></tr>
<tr><td>《延安市火车站周边地区综合整治提升规划设计》</td><td>2019年度陕西省优秀城乡规划设计奖三等奖</td></tr>
<tr><td>《延安市文化旅游功能提升规划》</td><td></td></tr>
<tr><td>《延安市老城中心区交通综合整治规划》</td><td></td></tr>
<tr><td>《延安市建筑特色风貌控制与技术导则》</td><td></td></tr>
<tr><td>《延安历史文化名城保护规划》</td><td></td></tr>
<tr><td>《延安市绿道系统专项规划》</td><td></td></tr>
<tr><td>石家庄</td><td>《石家庄市总体城市设计（战略）》</td><td>石家庄市自然资源和规划局</td><td>石家庄市城乡规划设计院</td><td>2019年度优秀城市规划设计奖三等奖
2019年度河北省优秀城市规划设计奖（城市规划类）一等奖</td></tr>
<tr><td>济南</td><td>《济南市中心城区总体城市设计》</td><td>济南市自然资源和规划局</td><td></td><td>2019年度优秀城市规划设计奖二等奖</td></tr>
<tr><td>长沙</td><td>《长沙市总体城市设计与风貌区规划》</td><td>长沙市自然资源和规划局</td><td></td><td></td></tr>
<tr><td>南昌</td><td>《南昌市总体城市设计》</td><td>南昌市自然资源局</td><td></td><td></td></tr>
<tr><td>海口</td><td>《海口市总体城市设计》</td><td>海口市自然资源和规划局</td><td>中规院（北京）规划设计公司 城市设计所</td><td></td></tr>
<tr><td>东营</td><td>《东营市中心城区总体城市设计》</td><td>东营市自然资源和规划局</td><td></td><td></td></tr>
<tr><td>马鞍山</td><td>《马鞍山总体城市设计》</td><td>马鞍山市自然资源和规划局</td><td></td><td></td></tr>
<tr><td>新乡</td><td>《新乡市总体（含40平方公里重点地段）城市设计》</td><td>新乡市自然资源和规划局</td><td>新乡市规划设计研究院</td><td>2019年度河南省优秀城乡规划设计奖（城市规划类）二等奖</td></tr>
</table>

图书在版编目（CIP）数据

拾城：总体城市设计的实践与探讨 / 朱子瑜等编著．—北京：中国建筑工业出版社，2021.9
ISBN 978-7-112-26281-6

Ⅰ.①拾… Ⅱ.①朱… Ⅲ.①城市规划—建筑设计—研究—中国 Ⅳ.①TU984.2

中国版本图书馆CIP数据核字（2021）第131368号

责任编辑：费海玲　张幼平
书籍设计：张悟静
责任校对：李美娜
内容统筹：闫　雨　郭文彬

拾城
——总体城市设计的实践与探讨
朱子瑜　陈振羽　李　明　刘力飞　编著
*
中国建筑工业出版社出版、发行（北京海淀三里河路9号）
各地新华书店、建筑书店经销
北京锋尚制版有限公司制版
北京富诚彩色印刷有限公司印刷
*
开本：787毫米×1092毫米　1/16　印张：22½　字数：538千字
2021年9月第一版　2021年9月第一次印刷
定价：**280.00**元
ISBN 978-7-112-26281-6
（37159）